"十四五"时期水利类专业重点建设教材

"十三五"江苏省高等学校重点教材（编号 2020-1-105）

海上风电机组基础结构（第2版）

主　编　陈　达

副主编　欧阳峰　廖迎娣

主　审　林毅峰

中国水利水电出版社

www.waterpub.com.cn

·北京·

内 容 提 要

本书系统讲述海上风电机组基础结构设计及其防腐蚀防护等相关问题。全书共分7章，主要内容包括绪论、海上风电机组基础结构设计原理及作用效应组合、桩承式基础、重力式基础、筒式基础、漂浮式基础以及海上风电机组基础防腐蚀等。

本书可作为新能源科学与工程专业、风能与动力工程专业、港口航道与海岸工程专业及相关专业本科生的通用教材，也可供从事海上风电领域，尤其是海上风电机组基础建设的工程技术人员参考。

图书在版编目（CIP）数据

海上风电机组基础结构 / 陈达主编. -- 2版. -- 北京：中国水利水电出版社，2023.8
"十四五"时期水利类专业重点建设教材　"十三五"江苏省高等学校重点教材
ISBN 978-7-5226-1041-2

Ⅰ. ①海… Ⅱ. ①陈… Ⅲ. ①海风-风力发电机-发电机组-结构-高等学校-教材　Ⅳ. ①TM315

中国版本图书馆CIP数据核字(2022)第190371号

书　名	"十四五"时期水利类专业重点建设教材 "十三五"江苏省高等学校重点教材 **海上风电机组基础结构（第2版）** HAISHANG FENGDIAN JIZU JICHU JIEGOU
作　者	主编　陈达 副主编　欧阳峰　廖迎娣 主审　林毅峰
出版发行	中国水利水电出版社 （北京市海淀区玉渊潭南路1号D座　100038） 网址：www.waterpub.com.cn E-mail：sales@mwr.gov.cn 电话：（010）68545888（营销中心）
经　售	北京科水图书销售有限公司 电话：（010）68545874、63202643 全国各地新华书店和相关出版物销售网点
排　版	中国水利水电出版社微机排版中心
印　刷	北京印匠彩色印刷有限公司
规　格	184mm×260mm　16开本　17.5印张　426千字
版　次	2014年8月第1版第1次印刷 2023年8月第2版　2023年8月第1次印刷
印　数	0001—2000册
定　价	**52.00元**

本书编委会

主　　编：陈　达

副 主 编：欧阳峰　廖迎娣

主　　审：林毅峰

参编人员：侯利军　达　波　俞小彤　张　研

第2版前言

风能是一种绿色清洁的可再生能源，利用风能发电是碳减排的有效途径之一，在减缓全球气候变化、确保能源安全等方面发挥着重要作用。海上风资源丰富，开发潜力巨大，海上风电开发已成为沿海国家风电发展的主要方向，但同时也面临诸多的挑战。欧洲是海上风电发展的先驱，在世界海上风电已进入大规模开发阶段的背景下，我国海上风电建设也拉开了序幕。2010年，上海东海大桥102MW海上风电场投产运行，标志着我国首个真正意义上的海上风电场正式建成。截至2013年底，我国海上风电建设技术整体还处于起步阶段，既无成熟经验也无相关的建设标准和规范，基础结构设计尚处于边建设边探索阶段。与此同时，教育部根据社会经济发展的需要，于2010年批准成立了新能源科学与工程本科专业，而涉及风电专业的核心课程"近海风电场"的教材却严重缺乏。在此背景下，河海大学联合国内相关设计单位于2014年编写出版了《海上风电机组基础结构》，并得到教育部高等学校水利类专业教学指导委员会支持和国家出版基金资助，入选了全国水利行业规划教材和国家重点图书出版规划项目。

近年来，随着我国海上风电开发的迅猛发展，海上风电机组基础结构型式也逐渐从最初的群桩基础向单桩基础和导管架基础发展，各种基础结构型式的计算方法及其建设技术也逐步在工程实践中得到更新和调整。2018年，国家能源局在总结工程实践经验的基础上，参考国内外先进标准，编制发布了《海上风电场工程风电机组基础设计规范》（NB/T 10105—2018），规范我国海上风电场工程风电机组的基础结构设计工作。为适应当前海上风电场建设和发展的需要，让学生和相关工程设计人员及时了解和掌握当前不断发展的海上风电基础新结构、设计理论和方法，笔者结合现行国家行业标准，对原教材重新进行了修编并作为第2版正式出版。

本书针对海上风电机组基础结构设计相关问题进行阐述，目标明确，重点突出。在内容上尽可能反映海上风电机组基础的新结构、新方法和新技术，并与现行国家和行业标准相一致。全书共分7章，主要内容包括绪论、海上风电机组基础结构设计原理及作用效应组合、桩承式基础、重力式基础、筒式基础、漂浮式基础以及海上风电机组基础防腐蚀等。

本书由河海大学陈达教授担任主编，并负责全书总体审阅与校核，河海大学欧阳峰、廖迎娣、侯利军、达波、俞小彤、张研等共同完成各章节的编写。上海勘测设计研究院有限公司林毅峰总工程师对本书进行了审阅，并提出了有益的建议和修改意见。

海上风电机组基础结构设计领域的相关技术仍处于探索阶段，同时限于作者的水平，书中难免尚有不妥和疏漏之处，希请读者批评指正，以便再版时加以订正。

作者

2022 年 6 月

第1版前言

　　海上风资源丰富、开发潜力巨大，但受海浪、水流、泥沙输运等动力因素的影响，较之于陆上风电场，海上风电场建设所面临的工程技术和科学问题更为复杂。海上风电的开发与发展，急需大批专业技术人才，另一方面，相关结构设计等问题也亟待开展系统深入的研究和探索。笔者根据近年来的研究成果和工程实践经验，结合港口工程、陆上风电工程的相关技术以及国外相关标准编写了本书，充分考虑了学生的教学要求，风力发电专业和土建类、水利类专业本科生可根据不同的教学要求，修读全部内容或其中的部分内容。同时，本书也可供相关专业工程技术人员参考。

　　本书是《风力发电工程技术丛书》之一，针对海上风力发电机组（简称风电机组）基础结构设计相关问题进行阐述，目标明确，重点突出。本书在内容上尽可能反映海上风电机组基础的新结构、新方法和新技术，并与现行的国家标准和行业标准相一致。全书内容包括绪论、海上风电机组基础结构环境荷载、桩承式基础、重力式基础、浮式基础，以及海上风电机组基础防腐蚀等，共6章。

　　参编单位的王淡善、罗金平、蒋欣慰、郁彩云、宋础、刘蔚、刘玮、吉超盈、刘小松、钟耀、谢跃飞、李图强等同志对本书提出了许多宝贵意见，使其内容有了较大改进，特此致谢。本书的编写参阅了大量的参考文献，在此对其作者一并表示感谢。

　　希望本书能为读者的学习和工作提供帮助。限于作者的水平，书中难免有不妥之处，尚希读者批评指正。

作者

2013 年 10 月

目 录

第1章 绪 论

1.1 风能利用背景及意义

1.1.1 能源与需求

能源是经济和社会发展的重要物质基础。最新统计表明,我国 2021 年全年能源消费总量为 42.6 万亿 kW·h,其中煤炭消费量占能源消费总量的 56%,约合 29.3 亿 t 标准煤。随着煤炭、油、气等能源资源长期大规模的开采,造成资源短缺以及能源开发过程中伴生物对生态环境的影响破坏。煤炭大规模开采用来发电,其过程会产生大量二氧化碳,我国 2021 年因火力发电产生超过 70 亿 t 的二氧化碳排放。此外,作为动力燃料和化工原料的石油和天然气在使用过程中也产生了二氧化碳的排放。统计表明,我国 2021 年二氧化碳排放量超过 120 亿 t,占全球总量的 33%,是全球最大的二氧化碳排放国。二氧化碳可吸收长波热辐射线,使地表与低层大气温度增高。二氧化碳的大量排放会引起全球迅速变暖,是造成温室效应的主要因素,引发海平面上升、极端天气加剧、淡水资源缺乏等一系列环境问题。

控制碳排放是控制全球变暖以实现世界免遭灾难性气候变化的共识。1992 年,在里约举行的联合国环境与发展大会通过了《联合国气候变化框架公约》。这是世界上第一个应对全球气候变暖的国际公约,是国际社会在应对全球气候变化问题上进行国际合作的一个基本框架,同时明确二氧化碳减排行动的重要意义。此后,联合国环境与发展大会先后通过《京都议定书》《马拉喀什协定》《哥本哈根协议》《多哈修正》等多项协议,在国家层面设定强制性减排措施,促进全球范围碳减排的有效长期实施。2015 年,《联合国气候变化框架公约》近 200 个缔约方一致同意通过《巴黎协定》,达成一项"具有法律约束力的并适用于各方的"全球减排新协议,其中"国家自主贡献"取代了之前"摊牌式"的强制减排,全球应对气候变化进程迈出了重要一步。开发利用可再生清洁能源替代传统不可再生能源资源是有效降低和控制碳排放的重要手段,已经成为全人类共同关注的焦点。

为了合理开发利用可再生能源资源,促进能源资源节约和环境保护,应对全球气候变化,我国于 2007 年发布了《可再生能源中长期发展规划》。规划首次明确提出了可再生能源发展目标,主要包括水能的充分利用和风能、太阳能、生物质能利用的加快推进,逐步提高优质清洁可再生能源在能源结构中的比例。2022 年发布的《"十四五"现代能源体系规划》进一步明确了能源发展战略目标,非化石能源消费比重在 2025 年提升到 20%。展望 2035 年,非化石能源消费比重在 2030 年达到 25%的基础上进一步大幅提高,可再生能源发电成为主体电源,碳排放总量达峰后稳中有降。作为一个负责任的大国,我国在国际上多次做出了低碳减排的郑重承诺。2015 年举行的气候变化巴黎大会上，我国承诺将于 2030 年左右使二氧化碳排放达到峰值并争取尽早实现，2030 年单位国内生产总值二氧化碳排放比 2005 年下降 60%～65%，非化石能源占一次能源消费比重达到 20% 左右，森林蓄积量比 2005 年增加 45 亿 m^3 左右。在 2020 年举行的联合国生物多样性峰会上，习近平总书记宣布，中国将提高国家自主贡献力度，采取更加有力的政策和措施，二氧化碳排放力争于 2030 年前达到峰值，努力争取 2060 年前实现碳中和。为了落实习近平总书记提出的"四个革命、一个合作"能源发展战略，力争实现 2030 年碳达峰、2060 年碳中和，加快清洁能源开发利用，构建以新能源为主体的新型电力系统是国家深思熟虑做出的重大战略决策。在可再生清洁能源中，风能是应用技术成熟同时具备大规模推广前景的一种能源。

1.1.2　风能资源利用

风能是由地球表面大量空气流动所产生的动能，其能量大小取决于风速和空气的密度，尽管风能仅为太阳能的 2%，但其总量仍是十分可观的。全球的风能约为 27.4 万 GW，其中可利用的风能超过风能总量的 10%，比地球上可开发利用的水能总量还要大 20 倍。自 20世纪 70 年代初第一次世界石油危机以来，传统不可再生能源日趋紧张，各国相继制定法律，以促进利用可再生能源来代替高污染的能源。从世界各国可再生能源的利用与发展趋势看，风能、太阳能和生物质能发展速度最快，产业前景也最好。风力发电相对于太阳能、生物质能等新能源技术更为成熟、成本更低、对环境破坏更小，被称为最接近常规能源的新能源，因而成为产业化发展最快的清洁能源。

进入 21 世纪，全球可再生能源不断发展，其中风能始终保持最快的增长态势，并成为继石油燃料、化工燃料之后的核心能源。全球风电累计装机容量从 2001 年的不足 3GW、2006 年的 7GW、2011 年的 24GW、2016 年的 487GW，至 2021 年底增长到 837GW，年均复合增长率超过 10%，风电正在以超出预期的发展速度不断增长。截至 2020 年，丹麦用电量的 46% 来自风电，英国用电量的 32% 来自风电，西班牙用电量的 31% 来自风电，德国用电量的 27% 来自风电，风电已成为欧洲国家能源转型的重要支撑，这为全球能源结构转型树立了榜样。欧洲风能利用协会已在欧洲建成大量的陆上风电机组，并自 1991 年在丹麦安装了世界上第一台海上风电机组以来持续开展了海上风能的开发利用，以期最终实现风电满足欧洲居民的全部用电需求。

我国风力发电始于 20 世纪 80 年代，虽然开发应用时间较短，但起点较高。自从 2006年 1 月 1 日开始实施《中华人民共和国可再生能源法》后，我国风电市场前期稳步发展、后期迅猛发展。如今在全球的风能发展中，我国风力发电的发展速度最快，至 2022 年 2月，我国并网风电机组总装机容量达到 330GW，稳居世界第一，预计到"十四五"末可再生能源的发电装机占我国电力总装机的比例将超过 50%。但我国风电发展也存在着诸多制约因素，如风能资源与用电市场分布不一致导致严重弃风问题、风电上网电价补贴方式问题、风力发电税收政策转型问题等。

陆上风电和海上风电各有优缺点。在我国，陆地上风能储量约 2.38×10^3 GW，风电场主要集中在内蒙古、新疆、河北等地区，电机设备维护保养方便，但占用土地资源，受环境制约较多，需要建设远距离高压输电线路实现西电东送。同时陆上风电设施受运输条件制约，使得叶片尺寸受到限制，限制了大功率陆上风电机组的应用。与此同时，我国5～50m 水深海上可开发和利用的风能储量约 500GW，有广阔的发展前景，特别是东部沿海水深 50m 内的海域面积辽阔，海上风能资源丰富，距电力负荷中心很近。尽管海上风电场建设与运行维护成本较陆上高，但海上风电具有不占用土地资源、受环境制约少、风电机组容量更大、年利用小时数更高、更具规模化开发的特点，使得近海风力发电技术成为近年来研究和应用的热点。2020 年，全球新增海上风电机组的平均单机容量已经突破6MW，而新增陆上风电机组的平均单机容量仅达到 2.9MW。随着海上风电技术不断完善，投资成本的不断下降，国内海上风电正进入加速发展阶段，必将成为我国东部沿海地区可持续发展的重要能源来源。

1.2 海上风电发展概况

1.2.1 国际海上风电发展概况

欧洲在风能利用方面处于全球领先地位，其中丹麦又远远领先其他欧洲各国。截至2020 年，丹麦全国近一半的电力消耗来自风力发电，其中约 40% 的风电又来自海上风电，海上风电使用占比远高于其他国家。丹麦也是最早从事海上风电开发的国家，世界上第一个真正意义上的海上风电场 Vindeby 建于丹麦洛兰岛西北沿海，从 1991 年开始投入商业营运，直至 2017 年停运并拆除。该海上风电场初始安装了 11 台 450kW 风电机组，1995年又建成 10 台 500kW 风电机组。2003 年还建成了当时世界上最大的近海风电场，共安装80 台 2MW 风电机组。2021 年底，全球最大 14MW 海上风电机组样机在丹麦国家风能测试中心正式投运发电。近年来，在满足电力需求的基础上，丹麦进一步扩张海上风力发电能力，加速推进 Power - to - X 战略，利用风电电解制备绿氢，替代化石燃料以减少碳排放量。根据丹麦政府《能源发展战略》，预计到 2030 年丹麦实现绿电 100% 覆盖各个能耗领域，2050 年全部摆脱对化石能源的依赖，实现碳零排放。丹麦的海上风电场主要处于水深 5～25m 之间的近海海域，一般采用单桩基础。与此同时，丹麦也是风力涡轮机巨头维斯塔斯和全球最大的海上风能开发商沃旭能源的所在地。

英国是海上风电累计装机容量最多的欧洲国家。截至 2020 年底，欧洲海上风电累计装机容量为 25GW，其中英国占比 42%，远高于欧洲其他各国。其中，德国占比 31%，荷兰占比 10%，比利时占比 9%，丹麦占比 7%，其余欧洲国家总和小于 1%。英国海上风力资源优渥，四面被北大西洋围绕，海域面积广阔，大风天气频繁，海上风能资源欧洲第一，约占欧洲总量的 1/3。英国的第一座海上风电场 Blyth 于 2000 年建成，这是全球第三座海上风电场。Blyth 海上风电场安装了 2 台单机容量为 2MW 的风电机组，它们是当时世界上最大的海上风电机组。Blyth 海上风电场于 2019 年停运并拆除。英国通过政策引导，不断加大海上风电场建设。2008 年，英国海上风电装机容量超过丹麦，跃居世界第一。目前全球最大的海上风电场 Hornsea Project One 位于英国约克郡外海 120km 处，2020 年开始投入商业营运，装机容量达 1.2GW，为全球第一个突破 1GW 的海上风电场。

根据英国政府《能源发展战略》，预计到 2030 年海上风电装机容量将提升到 40GW，实现对所有英国家庭的电力供应。英国海域地形条件相对复杂，小于 25m 水深的风电场一般采用单桩基础，超过 25m 水深的风电场多采用导管架基础。

德国是欧洲地区风力发电的主要国家。由于缺乏合适的陆地，德国陆上风电场的新建工作逐渐减缓，进而转向海上风电场的建设。德国首座海上风电场 Alpha Ventus 位于 Borkum 岛西北 45km 处的北海，于 2010 年全部投运并网发电，是世界上第一个使用 5MW 风电机组的海上风电场。截至 2020 年底，德国海上风电累计装机容量达 8GW，仅次于中国和英国，位居世界第三。根据德国政府《能源发展战略》，预计到 2030 年海上风电装机容量将提升到 30GW，满足至少 2000 万户家庭的用电需求。德国并网海上风电机组大部分位于北海，其余位于波罗的海。海上风电机组的平均离岸距离为 64km，平均安装水深为 30m，超过 7 成的基础型式为单桩基础，剩余为导管架基础和其他基础结构型式。

经过十多年的海上风电场建设，荷兰和比利时海上风电装机总量在 2020 年先后突破 2GW。截至 2020 年，英国、德国、荷兰、比利时和丹麦 5 国的海上风电装机容量占欧洲海上风电总装机容量的 99%，这些国家将持续扩大海上风电场建设规模。随着全球各国提高可再生能源发展目标，除上述 5 国外，法国、葡萄牙、挪威、爱尔兰、西班牙、意大利和希腊等欧洲各国近年来也积极开展海上风电场的建设与规划。根据 2020 年生效的《法国多年能源计划》，法国每年将进行 1GW 海上风电项目的建设。葡萄牙 Windfloat Atlantic 漂浮式风电场的 2 台 8.5MW 漂浮式风电机组于 2020 年并网发电，把漂浮式风电向商业化又推进了一步。作为油气大国，挪威政府在 2021 年颁布了《海上风电发展指导方针》，开启能源转型升级发展新篇章。挪威首个商业漂浮式海上风电项目 Hywind Tampen 已于 2020 年底动工建设，2022 年投产，它是目前世界上最大的漂浮式海上风电场。爱尔兰《气候行动计划》承诺，到 2030 年将其海上风电装机量提高至 3.5GW。

综上所述，海上风电的开发利用在欧洲已较为成熟。截至 2020 年底，欧洲海上风电累计装机容量为 25GW，累计 5402 台并网风电机组，分布于英国、德国、荷兰、比利时、丹麦、瑞典、芬兰、爱尔兰、葡萄牙、西班牙、挪威和法国 12 个国家的 116 座海上风电场。相比 2010 年安装的海上风电机组平均单机容量 3MW，2020 年欧洲新安装的海上风电机组平均单机容量达到 8.2MW，2022 年欧洲新安装的风电机组单机容量达到 10～12MW。目前，单桩基础结构仍然独步欧洲海上风电市场，而水深超过 25m 的风电场部分选用导管架基础和其他基础结构型式。随着超过 100m 水深的漂浮式风电场项目的不断出现，漂浮式基础的应用也不断增加。截至 2021 年底，欧洲地区已建最大的海上风电场是 2020 年正式投运的装机总容量为 1.2GW 的英国 Hornsea Project One 风电场，其所占海域达 630km²，平均水深 28m，主要基础结构为单桩基础。当前在建的世界上最大海上风电场是 2020 年开工建设的英国 Dogger Bank 海上风电场，共安装 300 台 12MW 风电机组，装机总容量 3.6GW，预计 2023 年开始发电投运。按照欧洲风能协会（Wind Europe）《欧洲海上风电报告 2020》分析统计，欧洲未来一段时间海上风电机组将保持持续高速建设势头，预计到 2030 年欧洲海上风电累计装机量将达到 111GW。

相对欧洲而言，其他地区和国家海上风电开发应用时间较短，但随着绿色能源意识的增加，各国政府也在大力推进能源结构转型。

美国海上风电资源丰富，主要集中在美国东北部，缅因州、马萨诸塞州、罗得岛州、纽约州、新泽西州、弗吉尼亚州等大西洋沿海地区具有最好的海上风电发展潜力。美国首个海上风电场是 30MW 的罗得岛州布洛克岛风电场，于 2016 年底开始才商业运营。截至 2021 年底，美国仅有两个海上风电场投运，即 12MW 的弗吉尼亚海岸风电场和罗得岛州布洛克岛风电场，总装机容量仅为 42MW。美国海上风电开发利用相对滞后，其中既有美国联邦政府审批海上风电项目的流程过于冗长复杂的原因，也受到了美国渔业和油气行业联合抵制的影响。如规划近 10 年、已经在建的美国 Cape Wind 海上风电场也因纠纷不断最终于 2017 年"夭折"。自 2021 年后，美国积极推动出台利好政策、加快项目审批进程，一批规划项目正在加快推进。如曾一度被推迟进程的 800MW 马萨诸塞州马沙文雅岛海上风电项目已于 2021 年 3 月通过环评审批。目前，美国除了已经投运的两个海上风电场，还有总规模超过 10GW 的 10 余个大型海上风电项目处于前期规划阶段。美国能源部 2021 年推出了能源发展战略，提出了推动美国成为全球海上风电领导者的可行性策略，将在未来加大海上风电投入，预计到 2030 年海上风电装机容量将提升到 30GW。

近年来，亚洲的主要国家及地区也加快了海上风电建设，积极探索清洁能源的可持续发展方向。日本和韩国分别于 2003 年和 2010 年建设了第一个海上风电示范项目。韩国 2008 年提出绿色发展战略以期推动其海上风电发展，2017 年进一步提出了"可再生能源 3020"目标，计划到 2040 年韩国海上风电的装机容量达到 12GW。截至 2020 年底，日本、韩国、越南、中国台湾都有一定数量的海上风电场并网发电，并有多座风电场在建或规划中。此外，南美的巴西和哥伦比亚也先后计划开展海上风电场的建设。

全球风能理事会（Global Wind Energy Council，GWEC）《全球海上风能报告 2021》指出，基于各国与地区政府对去碳化和能源转型的重视、海上风电度电成本的急剧下降、漂浮式风电的商业化和工业化的持续进展以及海上风电在促进跨行业合作方面发挥的独特作用，全球海上风电的发展前景愈发被看好并将保持持续快速增长，预计到 2030 年全球海上风电累计装机容量将达 270GW 以上。其中，亚洲和欧洲将继续保持高速增长，美国将于 2023 年后加快海上风电场建设，从 2025 年起市场将变得更加多样化，届时南美洲作为新兴市场也有可能实现较快增长。

1.2.2 中国海上风电发展概况

在世界海上风电开始进入大规模开发阶段的背景下，中国海上风电场建设也拉开了序幕。2007 年，中国第一台金风 1.5MW 海上风电机组样机在渤海湾建成发电。2010 年，江苏龙源如东 32MW 海上潮间带试验风电场建成，共安装了金风科技、上海电气、远景、明阳智能等 8 家海上风电机组制造商的单机容量为 1.5～3MW 的 16 台试验样机。同年，中国第一个大型海上风电场项目上海东海大桥 102MW 海上风电场建成，共计安装 34 台 3MW 风电机组，于 2010 年 6 月全部并网发电。2011 年，东海大桥海上风电二期项目单机容量 5MW 的样机并网运行，为当时中国并网运行的最大单机容量海上风电机组。上海东海大桥海上风电场的建成标志着中国大规模开发建设海上风电场拉开了序幕。

国内已建、在建和规划中的海上风电项目主要分布在江苏、福建、广东、浙江、河北、辽宁、上海、天津等沿海省（直辖市）。2012 年，150MW 的江苏龙源如东海上潮间带示范风电场二期投产。2015 年，200MW 的江苏龙源如东海上潮间带风电场示范项目扩建工程投产，该海上风电场总装机容量达 382MW，成为当时亚洲最大的海上风电场。2018 年，78MW 的福建福清兴化湾海上风电场一期样机试验风场全部建成，共安装了 GE、金风科技、上海电气、太原重工等 8 家国内外主流风电机组厂商单机容量为 5～6.7MW 的 14 台风电机组，为国内首个大功率海上风电试验风场。2021 年，800MW 的江苏滨海海上风电场全部三期工程建成，共计安装 200 台 4MW 风电机组，是当时亚洲最大的海上风电场。

2021 年底，共计安装了 315 台海上风力发电机组总装机容量 2GW 的广东阳江沙扒海上风电场全容量并网运营。广东阳江沙扒海上风电场是目前世界最大的海上风电场，也是中国首个突破 1GW 的海上风电项目。2021 年 12 月 7 日，全球首台抗台风型漂浮式海上风电机组"三峡引领号"在广东阳江沙扒海上风电场成功并网发电。"三峡引领号"由中国自主研发，风电机组容量为 5.5MW，按 50 年一遇的极端风浪流工况设计，最高可抵抗 17 级台风。这标志着中国在全球率先具备了大容量抗台风型漂浮式海上风电机组自主研发、制造、安装及运营能力，对促进中国海上风电高端装备制造升级、挖潜深远海风能资源具有积极意义。当前，国内在建的海上风电单机容量最大项目是广东揭阳神泉二海上风电场，共布置 34 台单机容量 11MW 和 16 台单机容量 8MW 的风电机组。

中国早期的海上风电场多选用高桩承台基础。目前，中国海上风电场大多建设在水深 5～25m 的近海，根据不同地质情况多采用单桩基础、高桩承台基础和多脚架基础型式。当风电场水深较浅、基岩承载力较高、覆土层厚度较薄时，有时也采用重力式基础。随着海上风电场单机容量和水深的逐步增大，地质和天气条件愈加复杂，导管架基础的应用也逐渐增多。伴随着陆上、潮间带、近海风电机位的饱和，以及追求风电大单机容量和规模化发展的趋势，风电场建设走向深远海已成为必然趋势，漂浮式海上风电机组基础将迎来快速发展。

尽管中国海上风电起步较晚，但发展迅速，近年来的装机容量如图 1.1 所示。2015 年，中国海上风电累计装机容量首次突破 1GW。到 2020 年底，中国海上风电累计装机容量突破 10GW，超过德国成为全球第二大海上风电市场。截至 2021 年底，中国海上风电累计装机达到 27.5GW，约占全球总量的 48%，超过英国跃居世界第一。全球风能理事会《全球海上风能报告 2021》预测，到 2030 年中国海上风电总装机容量将达 70GW 以上。

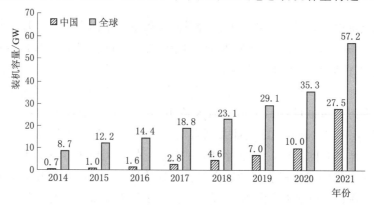

图 1.1 全球海上风电累计装机容量（数据来源：全球风能理事会 GWEC）

随着中国海上风电场建设规模的不断增加，中国海上风电施工装备研发制造进入高速发展阶段，风电安装平台（船）向大型化、高效化趋势发展。2018 年 5 月，上海振华重工自主研发的世界最大 2000t 自升式风电安装平台交付使用。2020 年 8 月，上海振华重工自主研发的世界最大 2500t 坐底式海上风电安装平台（图 1.2）顺利完成首次插桩作业。2022 年 1 月，由中交一航局投资研发、上海振华重工建造的全球桩架最高、吊桩能力最大、施打桩长最长、抗风浪能力最强的专用打桩船"一航津桩"（图 1.3）正式交付。此外，三峡集团"白鹤滩"号 2000t 海上风电安装船和"乌东德"号 3000t 全回转起重船建造进展顺利，将于 2022 年底交付使用。"白鹤滩"号是国内首艘 2000t 级的第四代海上风电安装平台，可用于单机容量 10MW 及以上海上风电机组安装。"乌东德"号是国内首艘具有风电基础"运输＋安装"一体化作业模式的深远海施工船机，将成为世界最先进的自航自升式风电安装平台。这些大国重器的装备标志着中国打破国外技术垄断，实现大型风电安装平台国产化，为中国加快发展海上风电产业提供了装备支撑。

图 1.2　2500t 坐底式海上风电安装平台　　　　图 1.3　"一航津桩"打桩船

与此同时，中国海上风电整机制造商、施工装备制造商、电气设备商不断提升自身技术水平，积极参与国外海上风电场的建设。在海上风电发展水平最高的欧洲地区，2022 年初，中国海上风电整机制造商明阳智能的 10 台 3MW 风电机组在意大利塔兰托海港完成吊装，预计同年实现并网发电。这是中国海上风电整机在欧洲市场的首秀，对于中国风电行业极具里程碑意义。2021 年底，明阳智能与西班牙漂浮式设计公司 Ener Ocean 签订了合作协议，双方将共同开发西班牙 11MW 漂浮式风电项目，这也是中国漂浮式机组进入欧洲市场的首秀。金风科技 2020 年在越南获得装机容量 30MW 的风电整机订单，明阳智能 2021 年在日本获得装机容量 9MW 的风电整机订单，拉开了中国风电机组企业进入亚洲市场的序幕。中国企业也积极参与到国际合作中，如欧洲最先进风电安装船 5000t 海上风电安装船 ORION Ⅰ轮由荷兰船舶设计公司 C－Job 提供设计，最终由中国中远海运重工有限公司于 2019 年完成制造。海上风电施工巨头荷兰海上建筑公司 Van Oord 在 2021 年向中国造船厂烟台中集来福士订购了一艘可用于安装 20MW 海上风电机组的新一代自升式海上风电安装船。此外，中国海缆厂家亨通和东方电缆分别承接了葡萄牙 Windfloat Atlantic 漂浮式海上风电项目 150kV 海缆工程和越南 Binh Dai 海上风电场 35kV 海缆工程等海外项目，为中国企业今后在国外项目开展积累了非常宝贵的经验。

中国海上风电产业的起步和快速健康发展离不开国家政策的引导和推动。2006 年,《中华人民共和国可再生能源法》颁布实施,以法律形式确立了可再生能源发展的地位、基本制度和政策框架,并通过减免税收、鼓励发电并网、优惠上网价格、贴息贷款和财政补贴等激励性政策来鼓励发电企业积极参与可再生能源发电。2009 年,国家能源局印发《海上风电场工程规划工作大纲》。2010 年,国家能源局、海洋局印发《海上风电开发建设管理暂行办法》,这对合理开发利用海上风能资源,确保海上风电场建设的有序开展,规范我国海上风电场工程规划报告编制,推动我国海上风电的健康发展具有重要意义。"十二五"至"十四五"期间国家能源局组织制定的《可再生能源发展规划》高度重视风电发展,明确提出了海上风电可再生能源的发展指标,推动了海上风电规模大幅提升。2014 年,国家发展改革委发布《关于海上风电上网电价政策的通知》,对海上风电实行固定上网电价的政策,用中央财政补贴电费差价,对中国海上风电的快速发展起到重要的推动作用。2019 年,国家发展改革委发布《关于完善风电上网电价政策的通知》,由之前的固定上网电价调整为通过竞争方式确定上网电价,并对 2022 年及之后新增的海上风电项目不再提供中央财政补贴,转而鼓励地方政府给予政策支持。竞争配置政策的出台和执行将进一步推动风电产业市场化发展,可有效促进风电产业高质量发展。降低、取消财政补贴顺应全球范围的风电平价发展趋势,使得真正有技术和规模化成本优势的优质海上风电机组制造商脱颖而出。在国家的规划和政策指导下,中国海上风电项目正由潮间带到近海再到深远海的不断发展,带动产业不断升级,实现中国海上风电规模化和高质量发展。

1.3 海上风电机组系统组成

虽然海上风电发展潜力毋庸置疑,但是相对陆地风电场,海上风电场所处环境恶劣、工程技术复杂、建设技术难度较大。海上风电机组系统主要由风轮-机舱组件和支撑结构两部分组成,如图 1.4 所示。

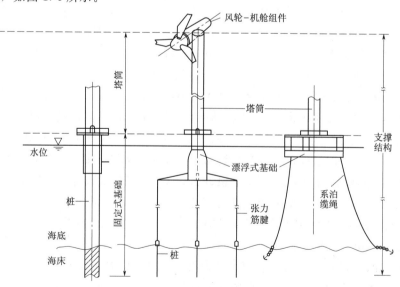

图 1.4 海上风电机组系统组成

1. 风轮-机舱组件

风轮-机舱组件包括风轮、轮毂、发电机组、传动系统等机械和电气部件。气流流经叶片的过程中，受叶片翼型特性的影响，对叶片产生升力和阻力形成力矩驱动叶片转动将风能转换为机械能，风轮通过传动系统带动发电机发电将机械能转换为电能。设置在叶片根部的变桨系统通过调节叶片的桨距角，改变气流对叶片的攻角，进而控制风轮捕获的气动转矩和气动功率。机舱和支撑结构连接处设置偏航系统，通过偏航系统调整风轮-机舱组件绕支撑结构的转动，实现在运行工况下的对风和极端风况的安全避风。

2. 支撑结构

支撑结构是确保风电机组安全和正常运行的重要结构。风轮-机舱组件通过支撑结构伫立在海床上，支撑结构将上部机组传来的风电机组荷载传递到海床，同时承受作用在其上的波浪、海流、海冰、风等环境荷载作用。

支撑结构分为塔筒和基础两个部分。塔筒通常采用圆柱或圆锥形钢筒结构，塔筒底部开设进出塔筒的门洞，并在其外侧设置工作平台。塔筒通过偏航系统与机舱连接，并通过法兰与下部基础连接。下部基础除了将上部风电机组和塔筒荷载传递到海床外，还直接承受海洋环境荷载作用，其结构地处海洋环境，具有重心高、承受风浪等动力荷载、倾覆弯矩大等受力特点，设计分析涉及空气动力学、水动力学、结构力学、岩土力学等学科，属于海洋工程、风工程、结构工程、岩土工程等多专业交叉设计领域，在设计过程中须充分考虑离岸距离、海床地质条件、海上风浪以及海流、冰等外部环境的影响。由于其复杂性和高风险性，海上风电机组基础的造价占风电场建设成本的比例仅次于风电机组，约占海上风电场工程总造价的20%～30%。采用大容量机组、往深远海发展已经成为海上风电场开发的主要方向，在这种条件下海上风电机组基础将面临更复杂的环境条件和更高的建设成本。在充分考虑海上风电场复杂环境的基础上，慎重选择海上风电机组基础结构型式，并进行合理设计是海上风电场建设的关键。

1.4 海上风电机组基础分类

海上风电机组基础作为风电机组的支撑结构组成部分，对风电系统的安全运行起至关重要的作用。风电机组基础型式需要根据风电场所处位置及技术、经济等综合因素决定。海上风电机组基础处于海洋环境中，不仅要承受结构自重、风荷载，还要承受波浪、海流力等。同时，风电机组本身对基础刚度、基础倾角和振动频率等均有非常严格的要求，因而海上风电机组基础结构设计复杂，结构型式也由于不同的海况而多样化。海上风电机组基础根据其与海床固定的方式不同，可分为固定式和漂浮式两大类，类似于近海固定式平台和移动式平台。两类基础适应于不同的水深，固定式一般应用于浅海，适应的水深在0～50m，其结构型式主要分为桩承式基础、重力式基础和筒式基础三大类。漂浮式基础主要用于50m以上水深海域，是海上风电机组基础的深水结构型式。

1.4.1 桩承式基础

桩承式基础结构承载模式和建筑工程中传统的桩基础类似，由桩侧与桩周土接触面产生的法向土压力承受结构的水平向荷载，由桩端与土体接触的法向力以及桩侧与桩周土接触产生的侧向力来承受结构的竖向荷载。桩承式基础按照桩身材料不同可分为钢管桩基础和钢筋混凝土管桩基础，按照结构型式不同可分为单桩基础、三脚架基础、导管架基础和高桩承台基础等。

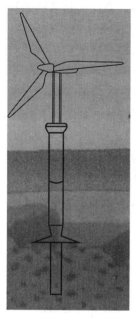

图 1.5 单桩基础

单桩基础是最简单的基础结构型式，一般在陆上预制而成，通过液压锤撞击贯入海床或者在海床上钻孔后沉入，如图 1.5 所示。单桩基础的优点主要是结构简单、安装方便，其不足之处在于受海底地质条件和水深约束较大，在水深较大时容易产生弯曲变形，对冲刷敏感，在海床与基础相接处，需做好防冲刷防护，并且安装时需要专用的设备，如沉桩设备或钻孔设备，施工安装费用较高。单桩基础也是目前使用最为广泛的一种基础型式，适应水深最大为 25～30m。国外现有的大部分海上风电场，如丹麦的 Horns Rev 和 Nysted，爱尔兰的 Arklow Bank，德国的 EnBW Hohe See，英国的 London Array、North Hoyle、Scroby Sands 和 Kentish Flats 等大型海上风电场均采用了这种基础。我国的江苏、上海等区域海上风电项目也采用了较多的单桩基础。

随着水深的增加，单桩基础的适应性下降，因为在深水条件为保证基础刚度和其固有频率，需要采用更大直径的单桩，从而导致经济性降低，而且技术上的难度加大，也降低了施工的可行性。因此，三脚架基础应运而生。三脚架基础吸取了海上油气开采中的一些经验，采用标准的三腿支撑结构，由圆柱钢管构成，增强了周围结构的刚度和强度，如图 1.6 所示。三脚架的中心轴提供风电机组塔架的基本支撑，类似单桩结构。三脚架基础适用于比较坚硬的海床，具有防冲刷的优点，但受地质条件约束大，不适宜浅海区域，应用海域水深通常应超过 30m。德国 Alpha Ventus 海上风电场首批海上风电机组中的 6 台，以及我国江苏龙源如东 150MW 海上潮间带示范风电场的 2.5MW 风电机组都采用了三脚架基础。

导管架基础一般由导管架和桩两部分组成，是海洋平台最常用的基础结构型式，如图 1.7 所示。导管架是一个钢质锥台形空间框架，以钢管为骨棱，基础为三腿或四腿结构，由圆柱钢管构成。基础通过结构各个支腿处的桩打入海床。导管架基础的特点是基础的整体性好，承载能力较强，对打桩设备要求较低。导管架的建造和施工技术成熟，基础结构受到海洋环境荷载的影响较小，对风电场区域的地质条件要求也较低。这种基础型式在深海采油平台的建设中已应用成熟，应用水深已经超过 300m。但在海上风电场中，考虑到建设成本，其应用水深在 20m 左右而且在浅水中不宜使用。英国 Beatrice 海上风电场、德国 Alpha Ventus 海上风电场的部分海上风电机组，中国的三峡新能源阳江沙扒海上风电场、广东珠海桂山海上风电场等均采用了导管架基础。

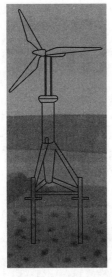

图1.6 三脚架基础 　　　　图1.7 导管架基础

高桩承台基础为海岸码头和桥墩常见的结构型式，由基桩和承台组成，如图1.8所示。根据实际的地质条件和施工难易程度，可以选择不同根数的桩，外围桩一般整体向外有一定的倾斜，用以抵抗波浪、海流荷载。承台一般为钢筋混凝土结构，起承上传下的作用，把承台及其上部荷载均匀地传到桩上。高桩承台基础具有承载力高、抗水平荷载能力强、沉降量小且较均匀的特点，缺点是现场作业时间较长、工程量大。高桩承台基础的主要适用水深为0～25m，适合离岸距离15km以内的海域施工。我国上海东海大桥海上风电场项目即采用了世界首创的风电机组高桩承台基础设计，此外国电电力浙江舟山海上风电公司普陀6号海上风电场也是采用高桩承台基础的近海风电场。

1.4.2 重力式基础

重力式基础是一种传统的结构型式，主要利用自身的重力来保持基础的滑移和倾覆稳定，一般采用沉箱结构，如图1.9所示。为了提高重力式基础的重量和稳定性，往往在沉箱隔仓内填充压仓材料，如砂、碎石或矿渣及混凝土等。该基础一般利用岸边的干船坞进行预制，然后将其拖运至工程海域，再沉放安装于预先整平的基床上面，最后在沉箱内装填压仓材料。

海上风电机组重力式基础主要有沉箱式和沉箱-钢管组合式结构型式。沉箱式基础一般由多边形或圆形沉箱构成，其立面断面形式为底部宽大、上部较细的变截面形式，以便于与上部塔筒连接。沉箱式基础一般采用钢筋混凝土沉箱结构，而且沉箱关键结构部位或壳体沉箱往往采用预应力体系，提高沉箱混凝土的抗裂性能和耐久性。为了降低沉箱自重和对大吨位施工设备的需求，也采用钢沉箱结构。沉箱-钢管组合式基础由外围混凝土或钢沉箱及中部钢管柱组成，充分利用了沉箱可靠的抗倾覆和抗滑移特性以及钢管柱优良的水平承载能力，将重力式基础的适应水深提高到36m，极大地扩展了该型基础的适用范围。

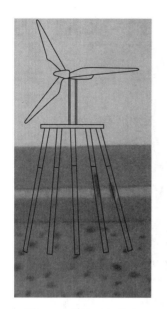

图 1.8　高桩承台基础

图 1.9　重力式基础

重力式基础具有结构简单、耐久性好、抗风暴和风浪袭击性能好等优点，其稳定性和可靠性优势明显。但是，该类型基础体积大、重量大，一般达 1000t 以上，对地质条件和地基承载能力要求较高，海上运输和安装均不方便。因此，该基础一般仅适用于天然地基较好，水深 30m 以内的浅海海域，不适合软土地基海域。目前，重力式基础主要在丹麦、德国、比利时和瑞典等欧洲国家应用较多，在我国福建中闽能源福清 5MW 海上风电样机项目中首次采用了重力式基础方案。丹麦的 Vindeby 和 Rodsand 2、德国的 Albator Ⅰ、比利时的 Thornton Bank Phase Ⅰ、瑞典的 Lillgrund、荷兰的 Tromp Binnen 和法国的 Poweo 等海上风电场采用了重力式基础。

1.4.3　筒式基础

筒式基础也称负压筒式基础，分为单筒、三筒和四筒几种结构型式。单筒基础主要采用大直径宽浅型筒体结构，而多筒结构是通过刚度较大的三脚架或导管架连接结构将多个筒体组合形成整体基础。筒体基础一般采用钢质筒体，也可采用混凝土筒体和钢筒裙-混凝土筒盖复合结构。筒式基础在浅海和深海海域都可以使用。在浅海中的筒式基础实际上是传统桩基和重力式基础的结合，如图 1.10 所示。在深海海域常作为漂浮式基础的海底锚基础，更能体现出其经济优势。目前筒式基础主要应用于浅海海域，一般适用水深为 50m 以内。

筒式基础利用负压原理进行沉贯入土施工。筒体在陆上制作好以后，将其移于水中，向倒扣放置的筒体充气，将其气浮拖运或者采用驳船干式运输到就位地点，定位后抽出筒体中的

图 1.10　筒式基础

气体，使筒体底部附着于泥面，然后通过筒顶预留孔抽出筒内的气体和水，形成真空压力和筒内外水压力差，利用这种压力差将筒体沉入海床一定深度，省去了打桩作业。筒式基础节省了钢材用量和海上施工时间，采用负压施工，施工速度快，便于在海上恶劣天气的间隙施工，但在下沉过程中容易产生倾斜，需要采取纠偏措施。此外，风电场寿命终止时，可以简便地将筒体拔出进行回收利用。丹麦的 Frederikshavn、德国的 Wilhemshaven 和 Borkum Riffgrund 1 等海上风电场，以及国内的江苏启东、江苏响水、广东阳江沙扒、福建莆田平海湾等海上风电场的部分风电机组采用了筒式基础。

1.4.4　漂浮式基础

漂浮式基础通过自身的回复力矩、锚泊力、基础运动所引起的辐射水动力荷载、附加水动力阻尼等因素耦合作用保证基础的运动在允许的范围内，保证风电机组安全运行。按照结构型式不同可分为单立柱式基础、半潜式基础和张力腿式基础等。

单立柱式基础包括长立柱和锚定系统，如图 1.11 所示，通过长立柱底部压载使得浮体重心低于浮心从而保证整个风电机组在水中的稳定，再由锚定系统保证基础的位置。单立柱式基础的结构构造简单、形状规则，便于设计、生产和运输，长立柱尺寸较大，在海上安装难度大。单立柱式基础可用于 100m 以上的深水海域，是目前使用较为广泛的一种基础型式。英国的 Hywind Scotland、挪威的 Hywind Tampen、瑞典的 SeaTwirl S2 和日本的 Fukushima FORWARD 等海上风电项目均采用了这种基础。

半潜式基础包括立柱、水平撑、压水板和锚定系统等，如图 1.12 所示，基础水线面面积较大，当基础在水平荷载作用下发生倾斜后，一侧边缘的立柱浮力增大，另一侧边缘的立柱浮力减小，浮力差对重心产生回复力矩以保持良好的稳定性。尽管半潜式基础稳定性低于单立柱式基础，但其对水深不敏感，50m 以上的水深均适用。制造工艺成熟，可在船坞内进行整体建造安装，再拖航至工作海域，降低了施工成本和难度。近年来，已有多

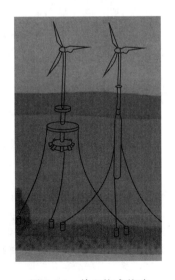

图 1.11　单立柱式基础

图 1.12　半潜式基础

种半潜式基础投入测试与应用，如我国首个漂浮式风电项目"三峡引领号"、英国的 Dounreay Trì、葡萄牙的 Windfloat Atlantic、西班牙的 Nautilus 和法国的 EFGL 项目。

图 1.13　张力腿式基础

张力腿式基础是垂直锚定的半顺应式基础，如图 1.13 所示，浮体的浮力大于重力，张力腿提供初始张力以抵消剩余浮力，基础在横摇、纵摇和垂荡方向仅有微小运动，接近刚性。张力腿式基础稳定性好，基础自重轻，适用于 50m 以上水深，且张力腿锚固半径小，故对附近海域扰动小，对风电场中相邻风电机组的影响小，对海上风电场的规模化和密集化建设具有重要意义。但张力腿的设计与安装工艺复杂，尚未有工程运用，张力腿式基础大多处于概念设计与测试阶段。法国的 Provence Grand Large 项目是全球唯一使用张力腿式基础的海上风电项目，尚未投产。

综上所述，尽管我国在海上风电场建设方面起步相对较晚，但随着我国综合国力的增强，经济、科研实力的提高，以及国家政策扶持力度的加大，海上风电场的建设及相关领域的研究已迎来突飞猛进的发展期，在借鉴国外设计、施工等方面的方法和经验的同时，应结合我国国情，探索适合我国海上风电场场址环境条件、施工条件及科技实力相匹配的海上风电机组基础结构型式等。

思　考　题

1. 简述发展可再生能源的意义。
2. 相比其他可再生能源，海上风电具有怎样的特点？
3. 简述中国在海上风电及相关产业上的进展概况。
4. 简述海上风电机组系统的组成及各自的作用。
5. 海上风电机组基础结构一般有哪几种主要型式？简述其特点及适用条件。
6. 分析海上风电机组漂浮式基础的未来应用前景。

参　考　文　献

［1］ Global Wind Energy Council. Global Wind Report 2021 ［R］. Brussels：Global Wind Energy Council，2021.

［2］ Wind Europe. Offshore wind in Europe Key trends and statistics 2020 ［R］. Brussels：Wind Europe，2021.

［3］ 北京国际风能大会组委会. 风电回顾与展望 2021 ［R］. 北京：北京国际风能大会暨展览会组委会，2021.

［4］ 孙强，李炜. 海上风电发展研究 ［M］. 北京：中国水利水电出版社，2017.

［5］ 林毅峰. 海上风电机组支撑结构与地基基础一体化分析设计 ［M］. 北京：机械工业出版社，2020.

第2章 海上风电机组基础结构设计原理及作用效应组合

结构设计时必须满足一般的设计准则，即在充分满足功能要求的基础上，做到安全可靠、技术先进、确保质量和经济合理。结构计算的目的是在结构的可靠性与经济性之间选择一种最佳平衡，即保证结构构件在使用荷载作用下能安全可靠地工作，既要满足使用要求，又要符合经济要求。结构计算的一般过程是根据拟定的结构方案和构造，按所承受的荷载进行内力计算，确定出各部件的内力，再根据所用材料的特性，对整个结构和构件及其连接进行核算，以符合经济、安全、适用等方面的要求。但从一些现场记录、调查数据和试验资料来看，计算中所采用的标准荷载和结构实际承受的荷载之间、材料力学性能的取值和材料实际数值之间、计算截面和材料实际尺寸之间、计算所得的应力值和实际应力数值之间，以及估计的施工质量与实际质量之间，都可能存在着一定的差异，从而导致计算结果不一定安全可靠。为了保证结构安全具有一定的可靠度，结构设计时的计算结果必须留有余地，使之具有一定的安全度，使结构在各种不利条件下能保证其正常使用。

工程结构设计方法经历了容许应力设计法、破损阶段设计法、多系数极限状态设计法和基于概率理论的极限状态设计法等发展过程。目前海上风电机组基础结构采用概率理论为基础的极限状态设计方法，即根据结构或构件能否满足功能要求来确定它们的极限状态。

2.1 极限状态和设计状况

2.1.1 极限状态

整个结构或结构的一部分超过某一特定状态就不能满足设计规定的某一功能要求，此特定状态称为该功能的极限状态。极限状态是区分结构物的工作状态为可靠或不可靠的标志。

海上风电机组基础结构的极限状态一般可分为承载能力极限状态和正常使用极限状态两类。承载能力极限状态对应于结构或结构构件达到最大承载力而破坏或达到不适于继续承载的变形的状态，这是与结构物安全性有关的最大承载能力状态，超过这一状态，结构物就不安全。正常使用极限状态对应于结构或结构构件达到正常使用或耐久性能的某项规定限值的状态。确定正常使用极限状态，通常是采用一个或几个约束条件，例如混凝土裂缝宽度、外观变形量、地基沉降等，它们的限值应满足使用要求。

2.1.2 设计状况

由于海上风电机组基础结构在不同环境条件下风电机组运行状态均不相同，因此在对基础结构设计时必须针对不同状况进行设计。海上风电机组基础结构的设计状况可分为极端状况、正常使用极限状况、疲劳极限状况和地震状况。

极端状况为上部结构传来的极端荷载效应叠加基础所承受的其他有关荷载。正常使用极限状况为上部结构传来的正常使用极限荷载效应叠加基础所承受的其他有关荷载。疲劳极限状况为上部结构传来的疲劳荷载效应叠加基础所承受的其他有关荷载。地震状况为上部结构传来的正常使用极限荷载效应叠加地震作用和基础所承受的其他有关荷载。

承载能力极限状态应进行极端状况、疲劳极限状况和地震状况下地基基础及结构构件承载能力验算，正常使用极限状态应进行正常使用极限状况下基础结构及地基变形、裂缝宽度验算等。

2.1.3　设计安全等级

根据风电场工程的重要性和基础破坏后果的严重性，如危及人的生命安全、造成经济损失和产生社会影响等，风电机组基础结构安全等级分为两个等级，见表 2.1。

表 2.1　　　风电机组基础结构安全等级

基础结构安全等级	基础的重要性	基础破坏后果
1级	重要的基础	很严重
2级	一般基础	严重

注　风电机组基础的安全等级还应与风电机组和塔筒等上部结构的安全等级一致。

鉴于海上风电场风电机组地基受力环境和海床工程地质条件的复杂性，以及海上风电机组单机容量一般较大，风电机组轮毂高度较高，基础投资较高，产生的社会环境影响后果严重，所以《海上风电场工程风电机组基础设计规范》（NB/T 10105—2018）规定海上风电机组基础结构安全等级应按 1 级设计。

2.2　作　用　及　其　效　应　组　合

施加在结构上的外力以及引起结构外加变形和约束变形的原因，总称为结构上的作用，分为直接作用和间接作用两种。直接施加在结构上的外力，包括集中力和分布力，属直接作用，工程上习惯将它们称为"荷载"，如自重荷载、风荷载、波浪荷载等。引起结构外加变形和约束变形的原因为间接作用，如地基沉降、混凝土收缩变形、温度变形等。

2.2.1　作用的分类

施加在风电机组基础结构上的作用可按时间变异、空间位置的变化和结构反应进行分类，分类的目的主要是作用效应组合的需要。

1. 按时间变异分类

按时间变异可将作用分为永久作用、可变作用和偶然作用三种。在设计使用年限内始终存在且其量值随时间的变化与平均值相比可忽略不计的作用称为永久作用，如设备、塔筒和基础结构自重等。在设计使用年限内，其量值随时间变化与平均值相比不可忽略的作用称为可变作用，如风电机组基础结构上的风荷载、波浪荷载、海流荷载、冰荷载等。在设计使用年限内不一定出现，但一旦出现其量值很大且持续时间很短的作用称为偶然作用，如海上漂浮物的非正常撞击、爆炸、地震作用等。《海上风电场工程风电机组基础设计规范》（NB/T 10105—2018）规定风电机组基础设计使用年限应与风电机组设计使用年限相匹配，风电机组基础设计使用年限不应低于 25 年。

2. 按空间位置的变化分类

按作用点空间位置的变化可将作用分为固定作用和自由作用两种。在结构上具有固定分布的作用称为固定作用，如设备、塔筒和基础结构自重等。在结构的一定范围内可以任意分布的作用称为自由作用，如风荷载、波浪荷载、海流荷载及冰荷载等。

3. 按结构反应分类

按结构反应可将作用分为静态作用和动态作用两种。加载过程中结构产生的加速度可以忽略不计的作用称为静态作用，如自重力等。加载过程中结构产生不可忽略的加速度的作用称为动态作用，如风荷载、波浪荷载等。

在进行结构分析时，对于动态作用应当考虑其动力效应，这些动力效应在结构上产生惯性力，这些惯性力作用在结构上，就等效于这些荷载的动力作用，它与结构的动力特性有必然的联系。运用结构动力学方法考虑其影响，也可采用乘以动力系数的简化方法，将动态作用转换为等效静态作用。

2.2.2 作用的代表值

作用是结构设计的依据，它的取值是否合理和准确，直接影响到结构设计的安全和经济，因而理解及掌握作用取值方法有着特别重要的意义。施加在工程结构上的各种作用，都具有不同性质的变异性，不仅随地而异，而且随时而异，其量值具有明显的随机性，只是永久荷载（恒荷载）的变异性较小，可变荷载（活荷载）的变异性较大。如果在设计中直接引用反映荷载变异性的各种统计参数，通过复杂的概率运算进行具体设计，将会给设计带来许多困难。因此，在设计时，除了采用便于设计者使用的设计表达式外，对作用仍规定具体的量值（例如，混凝土自重 $25kN/m^2$ 等），这些确定的荷载值称为作用代表值。进行工程结构或结构构件设计时，可根据不同的设计目的和要求，在不同的极限状态设计表达式中采用不同的作用代表值，以便更确切地反映它在设计中的特点。作用代表值分为标准值、组合值、频遇值和准永久值四种。标准值是作用的主要代表值。组合值是代表作用在结构上同时出现的量值的组合。频遇值是代表作用在结构上时而出现的较大值。准永久值是代表作用在结构上经常出现的量值，它在设计基准期内具有较长的总持续期。

永久作用只有一个代表值：标准值；可变作用可有四种代表值：标准值、组合值、频遇值和准永久值；偶然作用的代表值，目前国内还没有比较成熟的确定方法，一般是根据历史记载、现场观测、试验资料等，并结合工程经验综合分析判断确定。

1. 标准值

标准值是作用的主要代表值，是根据对结构的不利状态选取的在建筑物设计基准期内作用最大值或最小值概率分布的某一分位值。当作用增大对结构不利时，取较高的分位值；当作用增大对结构有利时，取较低的分位值。

2. 组合值

当结构构件承受两种或两种以上的可变作用时，考虑到这些可变作用不可能同时以最大值（标准值）出现，因此除了一个主要的可变作用取为标准值外，其余的可变作用都可以取为组合值。所以组合值是建筑物在承载能力极限状态下非主导可变作用的代表值，主要用于考虑在建筑物设计基准期内各可变作用最大值同时出现的概率很低的问题。组合值一般由标准值乘以组合值系数 ψ_c 得到，通常取 $\psi_c = 0.7$。

3. 频遇值

可变作用的量值是随时间变化的，有时出现得大些，有时出现得小些，有时甚至不出现。所谓频遇值是在设计基准期内被超越的总时间占设计基准期的比率较小的作用值，或被超越的频率限制在规定频率内的作用值。结构发生局部破坏（如超限值裂缝）或使用功能不良（如超限值变形）与出现作用的较大值有关，故频遇值取作用在结构上时而出现的较大值。频遇值一般由标准值乘以频遇值系数 ψ_f 得到，通常取 $\psi_f = 0.7$。

4. 准永久值

准永久值是在设计基准期内被超越的总时间占设计基准期的比率较大的作用值，是在结构正常使用极限状态分析中将可变作用"折合"成永久作用的值。一种方法是以平均值作为准永久值；另一种方法是将在设计基准期内出现该值的持续期等于或大于总持续期的 50% 的值作为准永久值。准永久值一般由标准值乘以准永久值系数 ψ_q 得到，通常取 $\psi_q = 0.6$。

2.2.3　作用效应及其组合

结构对所受作用 F 的反应称为作用效应 S_F，它可以是结构构件的轴力、弯矩、剪力、扭矩，也可以是结构的应力、变形、位移、裂缝等。

当施加在建筑物上的作用 F 与作用效应 S_F 之间呈线性关系时，作用效应计算表达式为

$$S_F = C_F F \tag{2.1}$$

式中　C_F——作用效应系数。

当作用与作用效应之间是非线性关系时，作用效应要采用作用的函数 $S(F)$ 来表达。

海上风电机组基础结构在使用过程中，常有多个作用同时出现的情况，因此，在进行基础结构设计时，对设计基准期内实际有可能在结构上同时出现的作用，应根据不同的极限状态结合相应的设计状况进行作用效应组合。

在按承载能力极限状态验算时，依据设计状态可分为基本组合和地震组合两种。基本组合是指在极端状况和疲劳极限状况计算时，上部结构传来的极端荷载或疲劳荷载与作用在基础结构上的永久作用和可变作用产生的作用效应的组合。地震组合是指在地震状况计算时，上部结构传来的正常使用极限荷载与地震作用及作用在基础结构上的永久作用和可变作用产生的作用效应的组合。

变形大小和裂缝开展的宽度与荷载作用的时间长短有关，所以一般在按正常使用极限状态验算时，应按作用效应的标准组合、频遇组合及准永久组合分别进行验算。其中标准组合是指在正常使用极限状态验算时，永久作用和可变作用均取为标准值的作用效应组合；频遇组合是指可变作用取为频遇值时的作用效应组合；准永久组合是指可变作用为准永久值时的作用效应组合。但由于海上风电机组基础结构上作用的复杂性和多样性，《海上风电场工程风电机组基础设计规范》（NB/T 10105—2018）中未能给出较为合理的基础结构设计时作用的频遇值系数和准永久值系数，为安全计，规范规定：对正常使用极限状态仅需验算正常使用极限状况下作用效应的标准组合，而不再进行频遇组合和准永久组合验算。因此，在规范中也就不存在"作用频遇值""作用准永久值""作用效应频遇组合"

和"作用效应准永久组合"这类术语。

2.2.4 极限状态设计表达式

2.2.4.1 承载能力极限状态设计表达式

结构承载能力极限状态采用设计表达式为

$$\gamma_0 S_d \leqslant R_d \tag{2.2}$$

式中 γ_0——结构重要性系数,海上风电机组基础结构安全等级为 1 级,取 1.1;

S_d——承载能力极限状态下作用组合效应设计值;

R_d——结构构件的抗力设计值。

1. 基本组合

承载能力极限状态下作用效应基本组合的设计值计算表达式为

$$S_d = \sum_{i=1}^{n} \gamma_{Gi} G_{ik} + \gamma_P P + \gamma_{Q1} Q_{1k} + \psi_0 \left(\sum_{j=2}^{n} \gamma_{Qj} Q_{jk} \right) \tag{2.3}$$

式中 γ_{Gi} ——第 i 个永久作用的分项系数;

G_{ik} ——第 i 个永久作用的标准值;

γ_P ——预应力的分项系数,当预应力效应对结构有利时取 1.0,不利时取 1.2;

P ——结构预应力的标准值;

γ_{Q1} 、γ_{Qj} ——第 1 个和第 j 个可变作用的分项系数;

Q_{1k} ——主导可变作用的标准值;

Q_{jk} ——第 j 个可变作用的标准值;

ψ_0 ——可变作用的组合系数,可取 0.7。

2. 地震组合

承载能力极限状态下作用的地震组合,组合效应设计值计算表达式为

$$S_d = \sum_{i=1}^{n} \gamma_{Gi} G_{ik} + \gamma_P P + \gamma_{Ad} A_d + \psi_0 \left(\sum_{j=2}^{n} \gamma_{Qj} Q_{jk} \right) \tag{2.4}$$

式中 γ_{Ad} ——地震作用的分项系数;

A_d ——地震作用标准值。

2.2.4.2 正常使用极限状态设计表达式

结构正常使用极限状态采用设计表达式为

$$S_d \leqslant C_d \tag{2.5}$$

式中 S_d——正常使用极限状态下作用组合效应设计值;

C_d——结构构件达到正常运行要求所规定的变形、裂缝宽度和沉降等的限值。

对正常使用极限状态作用标准组合效应设计值计算表达式为

$$S_d = \sum_{i \geqslant 1} G_{ik} + P + Q_{1k} + \sum_{j > 1} \psi_{cj} Q_{jk} \tag{2.6}$$

式中 ψ_{cj} ——可变作用的组合系数,可取 0.7。

风电机组基础设计时,各计算组合下的荷载作用分项系数与组合系数可按表 2.2 取值。

表 2.2 荷载作用分项系数与组合系数

状态	状况	组合	计算内容	荷载作用分项系数							荷载作用组合系数
				风电机组荷载分项系数	风荷载分项系数	波浪荷载分项系数	海流荷载分项系数	地震作用分项系数	冰荷载分项系数	自重荷载分项系数	
承载能力极限状态		基本组合	结构强度：包括应力、截面抗弯、抗剪、抗冲切验算	1.50	1.35	1.35	1.35		—	0.90/1.10	0.70
						—			1.35		
			地基承载力验算	1.00	1.00	1.00	1.00		—	0.90/1.10	0.70
						—			1.00		
			地基稳定验算	1.35	1.35	1.35	1.35		—	1.00	0.70
						—			1.35		
	极端状况		桩基承载力验算 压	1.35	1.35	1.35	1.35		—	1.10	0.70
						—			1.35		
			桩基承载力验算 拔	1.35	1.35	1.35	1.35		—	0.90	0.70
						—			1.35		
			桩基承载力验算 水平	1.35	1.35	1.35	1.35		—	0.90/1.10	0.70
						—			1.35		

续表

状态	状况	组合	计算内容	风电机组荷载分项系数	风荷载分项系数	波浪荷载分项系数	海流荷载分项系数	地震作用分项系数	冰荷载分项系数	自重荷载分项系数	荷载作用组合系数
承载能力极限状态	地震状况	地震组合	结构强度：包括应力、截面抗弯、抗剪、抗冲切验算	1.50	1.35	—	1.35	1.35	1.35	0.90/1.10	0.70
			地基承载力验算	1.00	1.00	—	1.00	1.00	1.00	0.90/1.10	0.70
			地基稳定验算	1.35	1.35	—	1.35	1.35	1.35	0.90/1.10	0.70
			桩基承载力验算　压	1.35	1.35	1.00	1.35	1.35	1.35	1.10	0.70
			桩基承载力验算　拔	1.35	1.35	1.00	1.35	1.35	1.35	0.90	0.70
			桩基承载力验算　水平	1.35	1.35	1.00	1.35	1.35	1.35	0.90/1.10	0.70
	疲劳状况	基本组合	结构疲劳验算	1.00	1.00	1.00	1.00	—	—	1.00	1.00
正常使用极限状态	正常使用极限状况	标准组合	变形验算	1.00	1.00	1.00	1.00	—	1.00	0.90/1.10	0.70
			裂缝宽度验算	1.00	1.00	1.00	1.00		1.00	0.90/1.10	0.70

注　0.90/1.10 表示自重荷载对结构安全有利时，分项系数取 0.90；对结构安全不利时，分项系数取 1.10。

2.3　海上风电机组基础作用荷载

2.3.1　风电机组荷载

风电机组荷载是由风和风力发电机叶片相互作用产生的，在风力发电机组运行时，其叶片上的风荷载和风力发电机偏航引起的荷载，通过结构和传动机构作用在塔筒顶端，并传递到塔筒底部与基础环交界面。荷载计算需要采用结构动力学模型，并应包含所有可能出现的风况与运行工况的组合。国际上不同的规范标准对海上风电机组的运行工况与运行荷载采用了不同的规定，但一般均以海上风电机组设计要求 *Wind turbines Part* 3：*Design requirements for offshore wind turbines*（IEC 61400—3）的规定为主。我国《海上风力发电机组设计要求》（GB/T 31517—2015）基于 IEC 61400—3 规定了海上风电机组必须完成发电、发电和有故障、启动、正常停机、紧急停机、停机（静止或空转）、停机和有故障、运输安装维护和修理等 8 种设计工况下的荷载计算，各工况尚应包括各种可能的子工况，并提供相应的极限荷载标准值、设计值或提供塔筒顶、塔筒底不少于 600s 包含所有可能出现的荷载状况的荷载时间历程曲线及风电机组计算边界条件。

海上风电机组基础结构设计中，风电机组荷载为风电机组上部结构传至塔筒底部与基础环交界面的作用效应，宜用荷载标准值表示，包括正常运行荷载、极端荷载和疲劳荷载等三类，疲劳荷载一般用荷载均值和荷载变幅表示。为了设计中明确起见，当上述三类荷载包含安全系数或分项系数时，应先转换为荷载标准值。正常运行荷载为风力发电机组正常运行时的最不利作用效应，极端荷载为除运输安装维护和修理外的其他设计荷载工况（design load case，DLC）中的最不利作用效应，疲劳荷载为上述 8 种设计工况中需进行疲劳分析的所有设计荷载工况中对疲劳最不利的作用效应，应涵盖 25 年运行期不同工况下的时程序列或离散处理的荷载谱，见表 2.3。对于有地震设防要求的风电场工程，在地震状况计算时，其风电机组荷载应计入地震影响状况的风电机组正常稳定运行状态荷载。

风电机组荷载通常由风电机组厂家提供，荷载一般以荷载分量的形式给出，即笛卡儿坐标下的 3 个荷载分量和 3 个弯（扭）矩分量。

2.3.2　风荷载

空气从气压大的地方向气压小的地方流动，相对于地面的运动就形成了风。当风以一定的速度向前运动遇到建筑物等阻碍物时，将对这些阻碍物产生作用力。风荷载是海上风电机组叶轮受到的主要荷载之一，也是塔筒及基础结构的主要荷载之一。本节风荷载计算仅限于风作用于水面至基础平台区间段内结构所产生的荷载。

作用在风电机组基础上的风荷载 F_f 计算公式为

$$F_f = KK_z p_0 A \tag{2.7}$$

其中

$$p_0 = \beta \alpha_f v_t^2 \tag{2.8}$$

式中　F_f——风荷载，N；

　　　K——风荷载形状系数，梁及建筑物侧壁取 1.5，圆柱体侧壁取 0.5，平台总投影面积取 1.0；

海上风电机组的设计荷载工况

表 2.3

设计工况	DLC	风　况	波　浪	风和波浪方向性	海流	水位	其他情况	分析类型	局部安全系数
1. 发电	1.1	NTM $V_{in}<V_{hub}<V_{out}$ RNA—	NSS $H_s=E[H_s\|V_{hub}]$	同向、单向	NCM	MSL	风轮-机舱组件上极端载荷的外推	U	N(1.25)
	1.2	NTM $V_{in}>V_{hub}<V_{out}$	NSS H_s，T_p，V_{hub} 的联合概率分布	同向、多向	无海流	NWLR 或 ≥MSL		F	*
	1.3	ETM $V_{in}<V_{hub}<V_{out}$	NSS $H_s=E[H_s\|V_{hub}]$	同向、单向	NCM	MSL		U	N
	1.4	ECD $V_{hub}=V_r-2\mathrm{m/s}$，$V_r$，$V_r+2\mathrm{m/s}$	NSS(或 NWH) $H_s=E[H_s\|V_{hub}]$	偏向、风向变化	NCM	MSL		U	N
	1.5	EWS $V_{in}<V_{hub}<V_{out}$	NSS(或 NWH) $H_s=E[H_s\|V_{hub}]$	同向、单向	NCM	MSL		U	N
	1.6a	NTM $V_{in}<V_{hub}<V_{out}$	SSS $H_s=H_{s,SSS}$	同向、单向	NCM	NWLR		U	N
	1.6b	NTM $V_{in}<V_{hub}<V_{out}$	SWH $H=H_{SWH}$	同向、单向	NCM	NWLR		U	N
2. 发电和有故障	2.1	NTM $V_{in}<V_{hub}<V_{out}$	NSS $H_s=E[H_s\|V_{hub}]$	同向、单向	NCM	MSL	控制系统故障或电网连接中断	U	N
	2.2	NTM $V_{in}<V_{hub}<V_{out}$	NSS $H_s=E[H_s\|V_{hub}]$	同向、单向	NCM	MSL	保护系统或内部电气故障	U	A
	2.3	EOG $V_{hub}=V_r\pm2\mathrm{m/s}$ 和 V_{out}	NSS(或 NWH) $H_s=E[H_s\|V_{hub}]$	同向、单向	NCM	MSL	外部或内部电气故障，包括电网连接中断	U	A
	2.4	NTM $V_{in}<V_{hub}<V_{out}$	NSS $H_s=E[H_s\|V_{hub}]$	同向、单向	无海流	NWLR 或 ≥MSL	控制系统、保护系统或电气系统故障，包括电网连接中断	F	*

续表

设计工况	DLC	风　况	波　浪	风和波浪方向性	海流	水位	其他情况	分析类型	局部安全系数
3. 启动	3.1	NWP $W_{in} < V_{hub} < V_{out}$	NSS(或 NWH) $H_s = E[H_s \mid V_{hub}]$	同向，单向	无海流	NWLR 或 ≥MSL		F	*
	3.2	EOG $V_{hub} = V_{in}$，V_r，$V_r ± 2m/s$ 和 V_{out}	NSS 或 NWH $H_s = E[H_s \mid V_{hub}]$	同向，单向	NCM	MSL		U	N
	3.3	EDC$_1$ $V_{hub} = V_{in}$，V_r，$V_r ± 2m/s$ 和 V_{out}	NSS 或 NWH $H_s = E[H_s \mid V_{hub}]$	偏向，风向变化	NCM	MSL		U	N
4. 正常停机	4.1	NWP $V_{in} < V_{hub} < V_{out}$	NSS 或 NWH $H_s = E[H_s \mid V_{hub}]$	同向，单向	无海流	NWLR 或 ≥MSL		F	*
	4.2	EOG $V_{hub} = V_r ± 2m/s$ 和 V_{out}	NSS 或 NWH $H_s = E[H_s \mid V_{hub}]$	同向，单向	NCM	MSL		U	N
5. 紧急停机	5.1	NTM $V_{hub} = V_r ± 2m/s$ 和 V_{out}	NSS $H_s = E[H_s \mid V_{hub}]$	同向，单向	NCM	MSL		U	N
6. 停机(静止或空转)	6.1a	EWM(湍流风速模型) $V_{hub} = k_1 V_{ref}$	ESS $H_s = k_2 H_{s50}$	偏向，多向	ECM	EWLR		U	N
	6.1b	EWM(稳态风速模型) $V(z_{hub}) = V_{red50}$	RWH $H = H_{red50}$	偏向，多向	ECM	EWLR		U	N
	6.1c	EWM(湍流风速模型) $V(z_{hub}) = V_{red50}$	EWH $H = H_{s50}$	偏向，多向	ECM	EWLR		U	N
	6.2a	EWM(湍流风速模型) $V_{hub} = k_1 V_{ref}$	ESS $H_s = k_2 H_{s50}$	偏向，多向	ECN	EWLR	电网连接中断	U	A
	6.2b	EWM(稳态风速模型) $V_{hub} = V_{e50}$	RWH $H = H_{red50}$	偏向，多向	ECN	EWLR	电网连接中断	U	A
	6.3a	EWM(湍流风速模型) $V_{hub} = k_1 V_1$	ESS $H_s = k_2 H_{s1}$	偏向，多向	ECM	EWLR	极端偏航角误差	U	N
	6.3b	EWM(稳态风速模型) $V(z_{hub}) = V_{e1}$	RWH $H = H_{red1}$	偏向，多向	ECM	NWLR	极端偏航角误差	U	N
	6.4	NTM $V_{hub} < 0.7 V_{ref}$	NSS H_s，T_p，V_{hub} 的联合概率分布	同向，多向	无海流	NWLR 或 ≥MSL		F	*

续表

设计工况	DLC	风 况	波 浪	风和波浪方向性	海流	水位	其他情况	分析类型	局部安全系数
7. 停机和有故障	7.1a	EWM(湍流风速模型)$V_{hub} = k_1 V_1$	ESS $H_s = k_2 H_{s1}$	偏向、多向	ECM	NWLR		U	A
	7.1b	EWM(稳态风速模型)$V_{(z_{hub})} = V_{e1}$	RWH $H = H_{red1}$	偏向、多向	ECM	NWLR		U	A
	7.1c	RWM(稳态风速模型)$V_{(z_{hub})} = V_{red1}$	EWH $H = H_1$	偏向、多向	ECM	NWLR		U	A
	7.2	NTM $V_{hub} < 0.7 V_{ref}$	NSS H_s、T_p、V_{hub}的联合概率分布	同向、多向	无海流	NWLR 或 ≥MSL		F	*
8. 运输、安装、维护和修理	8.1	由制造商规定						U	T
	8.2a	EWM(湍流风速模型)$V_{hub} = k_1 V_1$	ESS $H_s = k_2 H_{s1}$	同向、单向	ECM	NWLR		U	A
	8.2b	EWM(稳态风速模型)$V_{(z_{hub})} = V_{e1}$	RWH $H = H_{red1}$	同向、单向	ECM	NWLR		U	A
	8.2c	RWM(稳态风速模型)$V_{(z_{hub})} = V_{red1}$	EWH $H = H_1$	同向、单向	ECM	NWLR		U	A
	8.3	NTM $V_{hub} < 0.7 V_{ref}$	NSS H_s、T_p、V_{hub}的联合概率分布	同向、多向	无海流	NWLR 或 ≥MSL	安装期间没有接入电网	F	*

表中所用的缩略语和符号含义：

符号	含义	符号	含义
DLC	设计荷载工况	SWH	极限波高
ECD	方向变化的极端相干阵风	V_{ref}	参考风速，系指50年重现期的轮毂高度处10min平均风速
ECM	极限流速模型	V_1	1年重现期的轮毂高度处10min平均风速
EDC	极限风向变化	V_{50}	50年重现期的轮毂高度处10min平均风速
EOG	极限运行阵风	V_{hub}	轮毂高度处10min平均风速
ESS	极限海况	V_{in}	切入风速
ETM	极限端流模型	V_{out}	切出风速
EWH	极大波高	V_r	额定风速
EWLR	极限水位范围	$V_r \pm 2m/s$	应分析此范围内的所有风速的敏感度
EWM	极限风速模型	H_s	特征波高
EWS	极限风切变	$H_{s,SSS}$	恶劣海况下的特征波高
MSL	平均海平面	H_{s1}	1年重现期的特征波高
NCM	正常流速模型	H_{s50}	50年重现期的特征波高
NTM	正常端流模型	$E[H_s \mid V_{hub}]$	在风速V_{hub}下的特征波高的条件期望
NWH	正常波高	T_p	谱峰周期
NWLR	正常水位范围	F	疲劳强度校核
NWP	正常风廓线模型	U	极限强度校核
NSS	正常海况	N	正常
RWH	折算波高	A	非正常
RWM	折算风速模型	T	运输和吊装
SSS	恶劣海况	*	疲劳局部安全系数

K_z——风压高度变化系数，由表 2.4 确定；

A——垂直于风向的轮廓投影面积，m^2；

p_0——基本风压，Pa；

β——风压增大系数，结构基本自振周期 $T=0.25\text{s}$ 时，取 1.25；结构基本自振周期 $T=0.5\text{s}$ 时，取 1.45；结构基本自振周期 $0.25\text{s}<T<0.5\text{s}$ 时，可用内插法确定；对于结构基本自振周期 $T>0.5\text{s}$，建议参考《浅海钢质固定平台结构设计与建造技术规范》（SY/T 4094—2012）取用；

α_f——风压系数，$\text{N}\cdot\text{s}^2/\text{m}^4$，取 0.613；

v_t——时距为 t 的设计风速，m/s，可选平均海平面以上 10m 处，时距为 3s 的最大阵风风速或时距为 1min 的最大持续风速。

表 2.4 风压高度变化系数 K_z

海平面以上高度 /m	≤2	5	10	15	20	30	40
K_z	0.64	0.84	1.00	1.10	1.18	1.29	1.37
海平面以上高度 /m	50	60	70	80	90	100	150
K_z	1.43	1.49	1.54	1.58	1.62	1.64	1.79

注 不在表中高度范围内时，风压高度变化系数可用内插法确定。

对风荷载作用较为敏感的风电机组基础细长结构部件设计，应注意避免可能由风引起的涡激振动。

2.3.3 波浪荷载

波浪荷载是引起海洋工程结构疲劳及断裂的主要荷载，分析和计算波浪对海洋结构物的作用是一项必须且重要的工作。计算波浪荷载的最常用公式是 Morison 方程，虽然只是计算桩等圆柱体所受到波浪荷载的半经验公式，但在工程中却被广泛应用。

Morison 方程是 1950 年 Morison 等引入的一个半经验公式。根据 Morison 方程，作用在桩等圆柱体上的波浪荷载可以分为两部分：一部分为由于波浪本身运动冲击圆柱的拖曳力；另一部分为波浪水质点运动引起的对圆柱的惯性力。公式的物理意义在于将波浪作用于圆柱结构上的力分解为速度分力和惯性分力，再按力的合成原理，将速度分力和惯性分力叠加，其合力才是波浪对圆柱结构的作用力。从原理而言，Morison 方程只能适用于 $D/L\leqslant0.2$ 的小尺度桩或柱（D 为直径，L 为波长），超过此范围的大尺度圆柱需要考虑绕射效应，或先由 Morison 方程算出初值，然后由实践经验进行修订。下文中所阐述的波浪力计算公式和图表均引自《港口与航道水文规范》（JTS 145—2015）。

2.3.3.1 小尺度桩或柱的波浪力

1. 波浪力计算

对于直径 D 与波长 L 之比 $D/L\leqslant0.2$ 的小尺度桩或柱，如导管架基础或高桩承台基础所采用的桩，当波高 H 与水深 d 之比 $H/d\leqslant0.2$，且水深 d 与波长 L 比值 $d/L\geqslant0.2$；或波高 H 与水深 d 之比 $H/d>0.2$，且水深 d 与波长 L 比值 $d/L\geqslant0.35$ 时，作用于水底面以上高度 z 处的桩或柱体全断面上与波向平行的正向力由速度分力和惯性分力组成，如

图 2.1 所示，计算公式如下：

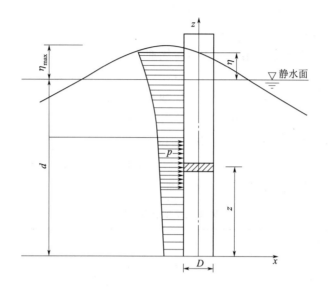

图 2.1　桩或柱全断面上与波向平行的正向力

x—波浪行进方向；z—桩或柱波浪力计算断面距离泥面高度；D—桩或柱
的直径；d—风电机组基础前水深；η—计算水面以上波面高度；
p—桩或柱全断面上与波向平行的正向力

$$p = p_D + p_I \qquad (2.9)$$

其中

$$p_D = \frac{1}{2} \frac{\gamma_w}{g} C_D D u \mid u \mid \qquad (2.10)$$

$$p_I = \frac{\gamma_w}{g} C_M \frac{\pi}{4} D^2 \frac{\partial u}{\partial t} \qquad (2.11)$$

式中　p ——桩或柱全断面上与波向平行的正向力，kN/m；

　　　p_D ——波浪力的速度分力，kN/m；

　　　p_I ——波浪力的惯性分力，kN/m；

　　　γ_w ——水的重度，kN/m³；

　　　g ——重力加速度，m/s²；

　　　D ——桩或柱的直径，m；

　　　C_D ——速度力系数，对圆形断面取 1.2；

　　　C_M ——惯性力系数，对圆形断面取 2.0；

　　　u ——水质点垂直于杆件轴线的速度分量，m/s；

$\partial u / \partial t$ ——水质点垂直于杆件轴线的加速度分量，m/s²。

　　u、$\partial u / \partial t$ 计算公式如下：

$$u = \frac{\pi H}{T} \frac{\operatorname{ch} \dfrac{2\pi}{L} z}{\operatorname{sh} \dfrac{2\pi}{L} d} \cos \omega t \qquad (2.12)$$

$$\frac{\partial u}{\partial t} = -\frac{2\pi^2 H}{T^2} \frac{\mathrm{ch}\frac{2\pi}{L}z}{\mathrm{sh}\frac{2\pi}{L}d}\sin\omega t \tag{2.13}$$

$$\omega = \frac{2\pi}{T} \tag{2.14}$$

式中 H——风电机组基础所在处进行波波高，m，极端状况下波浪单独计算时，可采用
　　　　　$H_{1\%}$ 波高；

　　　　z——桩或柱波浪力计算断面距离泥面高度，m；

　　　　L——波长，m；

　　　　T——波浪周期，s；

　　　　d——风电机组基础前水深，m；

　　　　ω——波浪运动的圆频率，s^{-1}；

　　　　t——时间，s，当波峰通过柱体中心线时 $t=0$。

　　p_D 和 p_I 的最大值 p_{Dmax} 和 p_{Imax} 分别出现在 $\omega t=0$ 和 $\omega t=270°$ 的相位上。

　　2. 单桩或柱最大总波浪作用力和力矩

　　当 $H/d \leqslant 0.2$ 且 $d/L \geqslant 0.2$ 或 $H/d > 0.2$ 且 $d/L \geqslant 0.35$ 时，沿柱体高度选取不同
z 值，按式（2.10）和式（2.11）分别计算 $\omega t=0$ 和 $\omega t=270°$ 时的最大速度分力 p_{Dmax} 和
最大惯性分力 p_{Imax}，计算点不宜少于 5 个点，其中包括 $z=0$、d 和 $d+\eta$ 三点。η 为任意
相位时波面在静水面以上的高度。当 $\omega t=0$ 时，$\eta = \eta_{max}$，η_{max} 为波峰在静水面以上的高度，
按图 2.2 确定；当 $\omega t=270°$ 时，$\eta = \eta_{max}-H/2$。若沿柱体高度断面有变化时，则在交接
面上下应分别进行计算。由 p_{Dmax} 和 p_{Imax} 分布图形即可算出总的 P_{Dmax} 和 P_{Imax}。

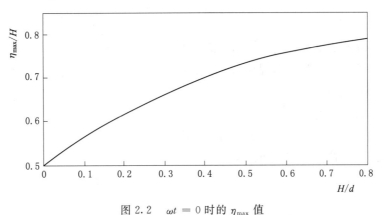

图 2.2　$\omega t = 0$ 时的 η_{max} 值

　　当 z_1 和 z_2 间柱体断面相同时，作用于该段上的 P_{Dmax} 和 P_{Imax} 计算公式分别为

$$P_{Dmax} = C_D \frac{\gamma_w D H^2}{2} K_1 \tag{2.15}$$

$$P_{Imax} = C_M \frac{\gamma_w A H}{2} K_2 \tag{2.16}$$

式中　C_D——速度力系数，对圆形断面取 1.2；

C_M——惯性力系数，对圆形断面取 2.0；

γ_w——水的重度，kN/m^3；

D——桩或柱的直径，m；

H——风电机组基础所在处进行波波高，m；

A——桩或柱体的横断面面积，m^2；

K_1、K_2——系数。

系数 K_1、K_2 计算公式分别为

$$K_1 = \frac{\dfrac{4\pi z_2}{L} - \dfrac{4\pi z_1}{L} + \operatorname{sh}\dfrac{4\pi z_2}{L} - \operatorname{sh}\dfrac{4\pi z_1}{L}}{8\operatorname{sh}\dfrac{4\pi d}{L}} \tag{2.17}$$

$$K_2 = \frac{\operatorname{sh}\dfrac{2\pi z_2}{L} - \operatorname{sh}\dfrac{2\pi z_1}{\operatorname{ch}}}{\operatorname{ch}\dfrac{2\pi d}{L}} \tag{2.18}$$

式中　d——风电机组基础前水深，m；

L——波长，m；

z_1、z_2——计算点在水底面以上的高度，m。

P_{Dmax} 和 P_{Imax} 对 z_1 断面的力矩 M_{Dmax} 和 M_{Imax} 计算公式分别为

$$M_{Dmax} = C_D \frac{\gamma_w D H^2 L}{2\pi} K_3 \tag{2.19}$$

$$M_{Imax} = C_M \frac{\gamma_w A H L}{4\pi} K_4 \tag{2.20}$$

式中　C_D——速度力系数，对圆形断面取 1.2；

C_M——惯性力系数，对圆形断面取 2.0；

γ_w——水的重度，kN/m^3；

D——桩或柱的直径，m；

H——风电机组基础所在处进行波波高，m；

A——桩或柱体的横断面面积，m^2；

L——波长，m；

K_3、K_4——系数。

系数 K_3、K_4 计算公式分别为

$$K_3 = \frac{1}{\operatorname{sh}\dfrac{4\pi d}{L}}\left[\frac{\pi^2(z_2-z_1)^2}{4L^2} + \frac{\pi(z_2-z_1)}{8L}\operatorname{sh}\frac{4\pi z_2}{L} - \frac{1}{32}\left(\operatorname{ch}\frac{4\pi z_2}{L} - \operatorname{ch}\frac{4\pi z_1}{L}\right)\right] \tag{2.21}$$

$$K_4 = \frac{1}{\operatorname{ch}\dfrac{2\pi d}{L}}\left[\frac{2\pi(z_2-z_1)}{L}\operatorname{sh}\frac{2\pi z_2}{L} - \left(\operatorname{ch}\frac{2\pi z_2}{L} - \operatorname{ch}\frac{2\pi z_1}{L}\right)\right] \tag{2.22}$$

式中　d——风电机组基础前水深，m；

　　　L——波长，m；

z_1、z_2——计算点在水底面以上的高度，m。

若沿整个柱体高度断面相同，则在计算整个柱体上的 P_{Dmax} 及其对水底面的力矩 M_{Dmax} 时，应取 $z_1=0$ 和 $z_2=d+\eta_{max}$；而在计算整个柱体上的 P_{Imax} 及其对水底面的力矩 M_{Imax} 时，应取 $z_1=0$ 和 $z_2=d+\eta_{max}-H/2$。

当 $H/d\leqslant0.2$ 且 $d/L<0.2$ 或 $H/d>0.2$ 且 $d/L<0.35$ 时，可仍按式（2.15）～式（2.22）计算作用于整个柱体上的正向波浪力，但应对 P_{Dmax} 乘以系数 α、对 M_{Dmax} 乘以系数 β。α 和 β 可分别按图 2.3 和图 2.4 确定。

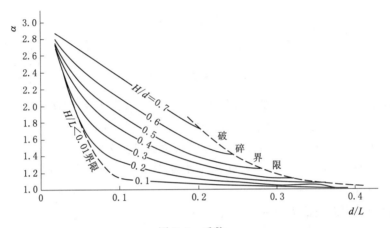

图 2.3　系数 α

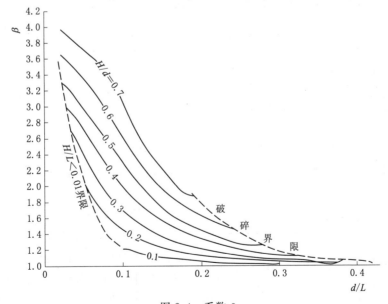

图 2.4　系数 β

当 $0.04 \leqslant d/L \leqslant 0.2$ 时，除按上述规定对 P_{Imax} 和 M_{Imax} 分别乘以系数 α 和 β 外，还应对 P_{Imax} 乘以系数 γ_{P}、对 M_{Imax} 乘以系数 γ_{M}。系数 γ_{P} 和 γ_{M} 可按图 2.5 确定。

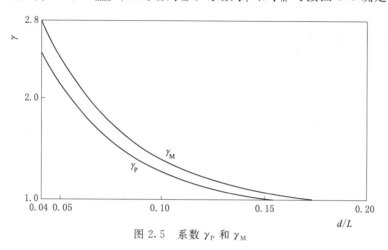

图 2.5　系数 γ_{P} 和 γ_{M}

作用于整个柱体高度上任何相位时的正向水平总波浪力 P，计算公式为

$$P = P_{\text{Dmax}} \cos\omega t \, |\cos\omega t| - P_{\text{Imax}} \sin\omega t \tag{2.23}$$

当 $P_{\text{Dmax}} \leqslant 0.5 P_{\text{Imax}}$ 时，正向最大水平总波浪力的计算公式为

$$P_{\text{max}} = P_{\text{Imax}} \tag{2.24}$$

此时相位为 $\omega t = 270°$。

对水底面的最大总波浪力矩的计算公式为

$$M_{\text{max}} = M_{\text{Imax}} \tag{2.25}$$

当 $P_{\text{Dmax}} > 0.5 P_{\text{Imax}}$ 时，正向最大水平总波浪力的计算公式为

$$P_{\text{max}} = P_{\text{Dmax}} \left(1 + 0.25 \frac{P_{\text{Imax}}^2}{P_{\text{Dmax}}^2}\right) \tag{2.26}$$

此时相位为 $\sin\omega t = -0.5 \dfrac{P_{\text{Imax}}}{P_{\text{Dmax}}}$。

水底面的最大总波浪力矩的计算公式为

$$M_{\text{max}} = M_{\text{Dmax}} \left(1 + 0.25 \frac{M_{\text{Imax}}^2}{M_{\text{Dmax}}^2}\right) \tag{2.27}$$

最大作用力和力矩确定后，作用点的位置便可以确定了，作用点距底面的距离为 $M_{\text{max}}/P_{\text{max}}$。

3. 小尺度群桩效应

当海上风电机组基础采用的是由小直径桩或柱组成的群桩结构时，应根据设计波浪的计算剖面来确定同一时刻各桩上的正向水平总波浪力 P。当桩的中心距 l 小于 4 倍桩直径 D 时，应乘以群桩系数 K。K 值可按表 2.5 采用。

表 2.5　　群桩系数 K

桩列方向	l/D		
	2	3	4
垂直于波向	1.50	1.25	1.00
平行于波向	1.00	1.00	1.00

2.3.3.2 大尺度桩或柱的波浪力

1. 水深较大时大尺度桩或柱的波浪力计算

对直径 D 与波长 L 之比 $D/L > 0.2$ 的大尺度桩或柱，如单桩基础所采用的桩或重力式基础墩柱，最大水平波浪力 p_{max} 计算公式为

$$p_{max} = \frac{\gamma_w}{g} C_M A \frac{2\pi^2 H}{T^2} \frac{ch \dfrac{2\pi}{L}z}{sh \dfrac{2\pi}{L}d}$$

(2.28)

式中　　p_{max}——最大水平波浪力，kN/m；

　　　　C_M——惯性力系数，可按图 2.6 确定。

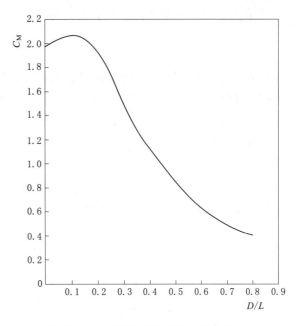

图 2.6　大尺度桩或柱惯性力系数 C_M

任何相位时圆形柱体表面上环向波浪压力强度 p 计算公式为

$$p = \frac{\gamma_w H \, ch \dfrac{2\pi z}{L}}{g \pi \, ch \dfrac{2\pi d}{L}} (f_3 sin\omega t cos\theta + f_1 cos\omega t cos\theta + f_2 sin\omega t - f_0 cos\omega t)$$

(2.29)

式中　　　　p——环向波浪压力强度，kPa；

f_0、f_1、f_2、f_3——桩或柱直径 D 与波长 L 之比有关的系数，可按图 2.7 确定；

　　　　θ——计算点同柱体圆心的连线与波向线间的夹角，(°)。

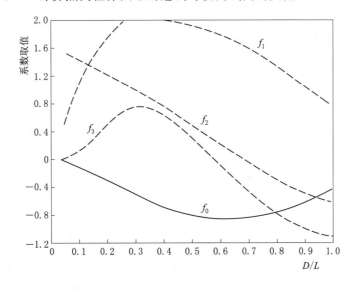

图 2.7　系数 f_0、f_1、f_2、f_3

最大水平总波浪力 P_{max} 计算公式为

$$P_{max} = P_{Imax} \qquad (2.30)$$

最大惯性力 P_{Imax} 及其对水底面的最大惯性力矩 M_{Imax} 可分别按式（2.16）和式（2.20）计算，惯性力系数 C_M 按图 2.6 确定。

2. 水深较小时大尺度桩或柱的波浪力计算

对大尺度桩或柱体，波高 H 与水深 d 比值 $H/d \geqslant 0.1$，且直径 D 与水深 d 比值 $D/d \geqslant 0.4$ 时，最大水平总波浪力 P_{max} 可按下述方法确定。

当相对周期 $T' = T\sqrt{g/d} \geqslant 8$ 时，波面在圆形桩或柱面上的最大壅高 η_{max} 位于桩或柱体迎浪面的顶点处，与波高的比值 η_{max}/H 的计算公式为

$$\frac{\eta_{max}}{H} = (C_1 - C_2 e^{-\alpha R/d}) \left[1 + C_3 \left(\frac{H}{d} - 0.1 \right)^{\beta} \right] \qquad (2.31)$$

式中　　　　　　η_{max} ——波面在圆形桩或柱面上的最大壅高，m；

　　　　　　　　R ——圆形桩柱体的半径，m；

　　　　　　　　H ——风电机组基础所在处进行波波高，m；

　　　　　　　　d ——风电机组基础前水深，m；

C_1、C_2、C_3、α、β ——系数，按表 2.6 确定。

表 2.6　　　　　　　　　　　　系数 C_1、C_2、C_3、α、β

$T' = T\sqrt{g/d}$	8	10	12	14	16	18	20
C_1	0.89	0.96	1.03	1.10	1.16	1.23	1.31
C_2	0.60	0.61	0.62	0.63	0.66	0.70	0.75
C_3	0.96	1.20	1.38	1.44	1.40	1.37	1.29
α	1.60	1.20	0.90	0.70	0.60	0.53	0.48
β	1.24	1.09	0.98	0.89	0.81	0.78	0.76

圆形桩柱上的最大水平总波浪力和最大水平总波浪力矩出现在同一时刻，计算公式为

$$P_{max} = \alpha_P P_{Imax} \qquad (2.32)$$

$$M_{max} = \alpha_M M_{Imax} \qquad (2.33)$$

式中　　α_P、α_M ——系数，分别由表 2.7 和表 2.8 确定。

最大惯性力 P_{Imax} 及其对水底面的最大惯性力矩 M_{Imax} 可分别按式（2.16）和式（2.20）计算，惯性力系数 C_M 按图 2.6 确定。

当相对周期 $T' = T\sqrt{g/d} < 8$ 时，作用于圆柱体上的最大水平总波浪力和最大水平波浪力矩仍可按式（2.32）和式（2.33）计算，但式中系数 α_P、α_M 则按如下规定确定。

（1）当波长与水深之比 $L/d \leqslant 6.67$ 时，α_P 和 α_M 均等于 1.0。

（2）当波长与水深之比 $L/d > 6.67$ 时，α_P 和 α_M 计算公式为

$$\alpha_P = 1 + \frac{(L/d)_t - 6.67}{(L/d)_8 - 6.67}[(\alpha_P)_8 - 1] \tag{2.34}$$

$$\alpha_M = 1 + \frac{(L/d)_t - 6.67}{(L/d)_8 - 6.67}[(\alpha_M)_8 - 1] \tag{2.35}$$

式中　　　d——风电机组基础前水深，m；

　　　　　L——波长，m；

　　$(L/d)_8$——由 $T\sqrt{g/d} = 8$ 算得的 L/d 值；

　　$(L/d)_t$——计算得到的实际的 L/d 值；

$(\alpha_P)_8$、$(\alpha_M)_8$——系数，由 $T\sqrt{g/d} = 8$ 和实际的 H/d 值分别按表 2.7 和表 2.8 确定。

表 2.7　　　　　　　　　　　　　系　数　α_P

H/d	R/d	α_P						
		8	10	12	14	16	18	20
0.1	0.2	1.128	1.099	1.125	1.189	1.259	1.364	1.478
	1.0	1.114	1.109	1.095	1.115	1.174	1.252	1.352
0.2	0.2	1.155	1.203	1.326	1.498	1.702	1.918	2.130
	1.0	1.174	1.176	1.210	1.310	1.458	1.628	1.820
0.3	0.2	1.208	1.355	1.601	1.886	2.189	2.502	2.822
	1.0	1.246	1.267	1.363	1.540	1.763	1.992	2.231
0.4	0.2	1.288	1.561	1.927	2.319	2.723	3.122	3.520
	1.0	1.332	1.381	1.546	1.791	2.059	2.354	2.643
0.5	0.2	1.447	1.817	2.293	2.792	3.282	3.783	4.242
	0.6	1.370	1.669	2.019	2.418	2.822	3.245	3.634
	1.0	1.470	1.520	1.745	2.044	2.362	2.707	3.025
0.6	0.2	1.607	2.113	2.706	3.318	3.898	4.466	5.065
	0.6	1.484	1.900	2.334	2.816	3.291	3.764	4.263
	1.0	1.596	1.687	1.961	2.314	2.683	3.061	3.460
0.7	0.2	1.823	2.488	3.175	3.889	4.572	5.308	6.021
	0.6	1.635	2.219	2.689	3.245	3.800	4.408	4.987
	1.0	1.753	1.916	2.203	2.600	3.027	3.497	3.897

表 2.8　　　　　　　　　　　　　　　　系　数　α_{M}

H/d	R/d	α_{M}						
		8	10	12	14	16	18	20
0.1	0.2	1.075	1.075	1.120	1.196	1.277	1.392	1.515
	1.0	1.075	1.095	1.096	1.127	1.194	1.283	1.392
0.2	0.2	1.124	1.216	1.372	1.575	1.811	2.059	2.312
	1.0	1.161	1.198	1.258	1.381	1.556	1.750	1.976
0.3	0.2	1.212	1.426	1.736	2.085	2.459	2.834	3.212
	1.0	1.266	1.340	1.481	1.705	1.982	2.263	2.555
0.4	0.2	1.341	1.721	2.197	2.703	3.208	3.739	4.244
	1.0	1.394	1.518	1.757	2.083	2.431	2.812	3.181
0.5	0.2	1.568	2.096	2.747	3.402	4.084	4.754	5.336
	0.6	1.484	1.920	2.410	2.946	3.500	4.070	4.574
	1.0	1.589	1.743	2.037	2.490	2.915	3.385	3.812
0.6	0.2	1.820	2.562	3.385	4.263	5.072	5.794	6.627
	0.6	1.671	2.288	2.908	3.598	4.265	4.940	5.586
	1.0	1.786	2.014	2.430	2.931	3.457	3.972	4.544
0.7	0.2	2.157	3.148	4.180	5.205	6.135	7.186	8.363
	0.6	1.923	2.654	3.480	4.316	5.138	5.977	6.856
	1.0	2.037	2.370	2.864	3.432	4.048	4.744	5.293

2.3.3.3　浅水破波区直立桩或柱波浪力

对位于浅水碎波区圆柱体直径与波长之比 $D/L \leqslant 0.2$ 的直立桩或柱，可按下述规定计算最大破波力。

1. 当水底坡度 $i \leqslant 1/15$ 时，作用在直立圆形桩柱上的最大破波力计算公式

$$\frac{P}{\gamma D (H_0')^2} = A \left(\frac{H_0'}{L_0} \right)^{B_1} \left(\frac{D}{H_0'} \right)^{B_2} \tag{2.36}$$

式中　　P——作用于直立圆柱上的破波总力，kN；

　　　　D——圆形柱体直径，m；

　　　　γ——水的重度，kN/m³；

　　　　H_0'——计算深水波高，m；

　　　　L_0——深水波长，m；

A、B_1、B_2——试验系数，A、B_1 可根据 i 按图 2.8 确定，$B_2 = 0.35$。

2. 直立圆形柱上最大破波力的作用点在水底面以上的高度 l 计算公式

当 $i \geqslant 1/20$ 时：

$$\frac{l}{d} = 1.4 - 0.2 \left(\lg \frac{H_0'}{L_0} + 2 \right) \tag{2.37}$$

当 $i \leqslant 1/33$ 时：

图 2.8　系数 A 和 B_1 与水底坡度 i 的关系

$$\frac{l}{d} = 1.2 - 0.2\left(\lg\frac{H'_0}{L_0} + 2\right) \tag{2.38}$$

当 $1/33 < i < 1/20$ 时，按式（2.37）和式（2.38）计算的结果进行线性内插。

式中　l——最大破波力的作用点在水底面以上的高度，m；

　　　i——水底坡度；

　　　d——计算水深，m；

　　　H'_0——计算深水波高，m；

　　　L_0——深水波长，m。

2.3.4　海流荷载

海流荷载是以潮流为主的大范围水体流动所产生的外部作用，是直接作用在海上风电机组基础上的海洋环境荷载。对于海上风电机组基础中长细比较大的构件还可能因为海流荷载产生涡激振动而发生破坏。

2.3.4.1　海流力

1. 海流力计算

圆形构件单位长度上的海流力计算公式为

$$f_{\text{w}} = \frac{1}{2}\rho_{\text{w}}C_{\text{w}}AV^2 \tag{2.39}$$

式中　f_{w}——单位长度上海流力标准值，kN/m；

　　　ρ_{w}——海水的密度，t/m³，取 1.025；

　　　A——单位长度构件垂直于海流方向的投影面积，m²/m；

　　　C_{w}——阻力系数，圆形构件取 0.73，其他形状的结构可按现行行业标准《港口工程荷载规范》（JTS 144 - 1—2010）的有关规定取值；

　　　V——设计海流流速，m/s，具体取值方法见 2.3.4.2 节。

2. 海流力作用点

海流力的作用方向与海流方向一致，合力作用点位置可按下列规定采用：①上部构件：位于阻水面积形心处；②下部构件：顶面在水面以下时，位于顶面以下 1/3 高度处；

顶面在水面以上时，位于水面以下 1/3 水深处。下部构件海流力作用点示意图如图 2.9 所示，其中 h 为水深，l 为构件长度。

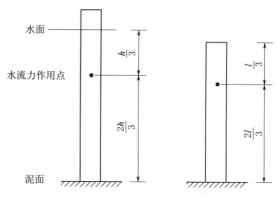

图 2.9　海流力作用点示意图

2.3.4.2　设计海流流速

当仅计入海流作用时，设计海流流速应采用风电机组基础所处范围内使用期间可能出现的最大平均流速，其值应根据现场实测资料整理分析后确定，或者分别计算潮流和余流流速，然后进行叠加。

1. 最大潮流流速计算方法

潮流可能最大流速可参考《港口与航道水文规范》（JTS 145—2015）的规定给出。

（1）对规则半日潮流海区按下式计算：

$$\vec{V}_{\max} = 1.295\vec{W}_{M_2} + 1.245\vec{W}_{S_2} + \vec{W}_{K_1} + \vec{W}_{O_1} + \vec{W}_{M_4} + \vec{W}_{MS_4} \tag{2.40}$$

式中　　　　　　　　$\vec{V}_{\max}$——潮流的可能最大流速，流速：m/s，流向：（°）；

$\vec{W}_{M_2}$、$\vec{W}_{S_2}$、$\vec{W}_{K_1}$、$\vec{W}_{O_1}$、$\vec{W}_{M_4}$、$\vec{W}_{MS_4}$——主太阴半日分潮流、主太阳半日分潮流、太阴太阳赤纬日分潮流、主太阴日分潮流、太阴四分之一日分潮流和太阴太阳四分之一日分潮流的椭圆长半轴矢量。

（2）对规则全日潮流海区按下式计算：

$$\vec{V}_{\max} = \vec{W}_{M_2} + \vec{W}_{S_2} + 1.600\vec{W}_{K_1} + 1.450\vec{W}_{O_1} \tag{2.41}$$

（3）对不规则半日潮流海区和不规则全日潮流海区，采用式（2.40）和式（2.41）中的较大值。

2. 最大余流流速计算方法

最大余流流速主要为由风引起的风海流，利用其与风速的近似关系，可对其进行估算，即

$$v_U = K_c v \tag{2.42}$$

式中　v_U——余流的可能最大流速，m/s；

v——平均海面上 10m 处的 10min 最大持续风速，m/s；

K_c——系数，一般 $0.024 \leqslant K_c \leqslant 0.030$。

近海余流的流向近似与风向一致。

3. 资料不足时的海流流速计算方法

海流流速随水深而变化，其变化规律应尽量通过现场实测确定，实测资料不足时可参考以下估算方法。

$$u_{cr} = (u_s)_1 \left(\frac{x}{d}\right)^{1/7} + (u_s)_2 \frac{x}{d} \tag{2.43}$$

式中　u_{cx}——设计泥面以上 x 高度处的海流速度，m/s；

　　$(u_s)_1$——水面的潮流速度，m/s；

　　$(u_s)_2$——风在水面引起的海流速度，m/s。

2.3.4.3　涡激振动

当流体沿垂直于圆形构件轴线常速流动时，将在构件周围产生尾流和漩涡，这种在构件左右两侧交替、周期性释放的漩涡交错排列，形成 Von Karman 涡流。由于这些漩涡产生一个可变力，当该力的交变频率与构件自振频率相同或接近时，将出现共振现象。海上风电机组基础结构中长细比较大的构件除应关注其所受荷载外，还应避免构件产生过大涡激振动导致构件产生破坏。因此对承受海流作用的构件，应考虑由 Von Karman 涡流引起振动的可能性，需要计算流体动力交变频率，以避免与构件自振频率接近而发生共振。

流体动力交变、涡旋的释放频率 f_{pl} 计算公式为

$$f_{pl} = S_t \frac{V}{D} \tag{2.44}$$

式中　V——垂直于构件轴线的海流速度，m/s；

　　D——细长构件外径，m；

　　S_t——Strouhal 值，可根据雷诺数 Re 按图 2.10 确定。

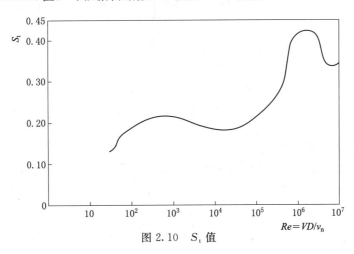

图 2.10　S_t 值

雷诺数 Re 计算公式为

$$Re = VD/v_n \tag{2.45}$$

式中　v_n——运动黏性系数，m^2/s。

为了避免这种共振现象的出现，可采取两个方面的措施。其一为增大结构物构件的刚度，包括增大构件直径和壁厚，从而提高结构物的自振频率；其二为采取措施改变结构物后侧的尾流场，破坏尾流场中漩涡的规律性泄放，达到避免产生共振的目的。

2.3.5　海冰荷载

对于寒冷、冰情严重地区的海上风电机组基础，海冰荷载是一项重要的环境荷载。在

有结冰的海域建造风电场时，应结合工程所在海域的海冰调查和历史严重冰情合理地进行海上风电场工程建设的总体规划和布局，并考虑风电机组的使用要求，合理选择海冰设计参数，如冰期、海冰类型、冰厚、冰物理力学指标、冰速、冰温、冰向等，以便确定作用在结构物上的海冰荷载。海冰设计参数应通过现场实测分析得到，海上风电场工程的海冰设计重现期宜采用 50 年。中国海冰区域包括渤海和北黄海区域，中国海洋石油行业根据相关研究和生产需要，将渤海及北黄海划分为 21 个海冰区域，并给出了每个区域的主要海冰环境参数。

　　海冰荷载的作用型式主要是风和流作用下大面积冰场运动时产生的压力，其荷载模式与海冰和结构物作用后海冰的破坏模式相关。海冰在直立结构上主要发生挤压破坏，在倾斜结构上主要发生弯曲破坏。由于海冰的弯曲强度远小于其压缩强度，其弯曲破坏冰力明显小于挤压破坏冰力。在工程设计中常通过设置椎体结构来降低海冰极值荷载并减少冰激振动。这两种结构型式的海冰破坏模式及荷载简图如图 2.11 所示。

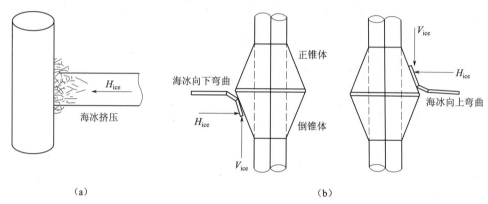

（a）　　　　　　　　　　　　　　　　　（b）

图 2.11　海冰破坏模式及荷载
（a）直立结构；（b）倾斜结构

2.3.5.1　直立结构的海冰荷载

　　海冰在直立或接近直立结构（与水平面交角大于 75°）上的破坏模式主要为挤压破坏。作用于水平面交角大于 75° 的直径 2.5m 以下的孤立桩或柱上的水平挤压冰力计算公式为

$$F = mIf_c\sigma_c Dh \tag{2.46}$$

式中　　m——形状系数，圆形截面取 0.9；方形截面，冰正向作用时取 1.0，冰斜向作用时取 0.7；

　　　　I——嵌入系数；

　　　　f_c——接触系数；

　　　　σ_c——冰无侧限压缩强度，MPa；

　　　　D——冰挤压结构的宽度，m；

　　　　h——冰厚，m。

　　对圆形截面的柱，嵌入系数 I 和接触系数 f_c 的乘积计算公式为

$$If_c = 3.57h^{0.1}/D^{0.5} \tag{2.47}$$

　　对于导管架结构，海冰对其构件的破坏主要是挤压破坏。由于导管架内部存在各种构件，冰不能随海流漂走，往往在导管架内部形成堵塞。堵塞的存在，使冰的破坏变得更加复杂。

内部无堵塞且未设置锥体构造的导管架的总冰力应为导管架各腿柱的冰力之和，其单腿柱冰力可按式（2.46）计算。四腿导管架结构计算总冰力时，宜根据冰力作用方向计入不同的四腿导管架腿柱冰力系数。

导管架出现部分堵塞情况时，导管架上的总冰力应为堵塞区冰力与导管架所有支腿上的冰力之和，堵塞区 If_c 可取 0.40。形状系数 m 在冰斜向作用时可取 0.9，正向作用时可取 1.0。海上风电机组导管架基础设计应避免出现并排基础全部堵塞情况。

对于沉箱等重力式基础结构，嵌入系数 I 和接触系数 f_c 的乘积可根据结构尺寸按表 2.9 取推荐值。

表 2.9　　　　If_c 的 推 荐 值

基础结构迎冰面尺寸/m	If_c 取值
<2.5	按式（2.47）计算
2.5～10.0	0.40
10.0～100.0	0.40～0.25

2.3.5.2 倾斜结构的海冰荷载

当海冰与倾斜结构（与水平面交角小于等于 75°）接触的时候，海冰在倾斜面上爬升或下沉，其破坏模式为弯曲破坏。

1. 斜面结构冰力

作用于斜面结构上的水平冰力和竖向冰力计算公式分别为

$$F_h = K_n h^2 \sigma_f \tan\alpha \qquad (2.48)$$

$$F_V = K_n h^2 \sigma_f \qquad (2.49)$$

式中　F_h——水平冰力，kN；

　　　F_V——竖向冰力，kN；

　　　K_n——系数；

　　　h——冰厚，m；

　　　σ_f——单层冰弯曲强度标准值，MPa；

　　　α——斜面与水平面交角，（°），应小于 75°。

系数 K_n 计算公式为

$$K_n = 0.1B \qquad (2.50)$$

式中　B——结构斜面宽度，m。

2. 锥体冰力

作用于正锥体上的弯曲冰力采用 Ralston 公式进行计算，计算公式为

$$R_{H1} = [A_1\sigma_f h^2 + A_2\gamma_w h b^2 + A_3\gamma_w h_R (b^2 - b_T^2)] A_4 \qquad (2.51)$$

$$R_{V1} = B_1 R_{H1} + B_2\gamma_w h_R (b^2 - b_T^2) \qquad (2.52)$$

式中　　　　　　　R_{H1}、R_{V1}——作用在正锥体上的水平冰力和竖向冰力标准值，kN；

A_1、A_2、A_3、A_4、B_1、B_2——无量纲系数，宜根据实验确定，无实验资料时，可由图

　　　　　　　　2.12 查得。图中，μ 为冰与结构之间的摩擦系数，对于钢结构可取 $\mu = 0.15$，对于混凝土结构可取 $\mu = 0.30$；α 为锥面与水平面的夹角，（°），应小于 75°；

　　　　　　　σ_f——单层冰弯曲强度标准值，kPa，宜根据当地多年实测资料

按不同重现期取值；

h——单层平整冰计算冰厚，m；

γ_w——海水重度，kN/m^3；

b——水线面处锥体的直径，m；

h_R——碎冰的上爬高度，m；

b_T——锥体顶部的直径，m。

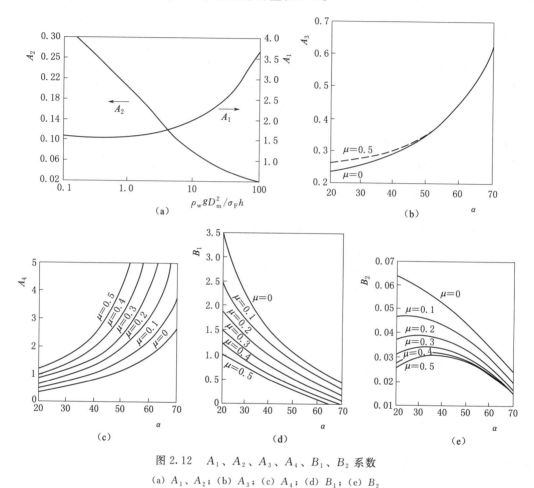

图 2.12　A_1、A_2、A_3、A_4、B_1、B_2 系数

(a) A_1、A_2；(b) A_3；(c) A_4；(d) B_1；(e) B_2

作用于倒锥体上的弯曲冰力同样采用 Ralston 公式进行计算，计算公式为

$$R_{H2} = \left[A_1 \sigma_f h^2 + \frac{1}{9} A_2 \gamma_w h b^2 + \frac{1}{9} A_3 \gamma_w h_R (b^2 - b_T^2) \right] A_4 \tag{2.53}$$

$$R_{V2} = B_1 R_{H2} + \frac{1}{9} B_2 \gamma_w h_R (b^2 - b_T^2) \tag{2.54}$$

式中　　　　R_{H2}、R_{V2}——作用在倒锥体上的水平冰力和竖向冰力标准值，kN；

A_1、A_2、A_3、A_4、B_1、B_2——无量纲系数，宜根据实验确定，无实验资料时，可由图

2.12 查得。图中，μ 为冰与结构之间的摩擦系数，对于

钢结构可取 $\mu = 0.15$，对于混凝土结构可取 $\mu = 0.30$；α

为锥面与水平面的夹角，(°)，应小于 75°；

σ_f——单层冰弯曲强度标准值，kPa，宜根据当地多年实测资料
　　　　按不同重现期取值；

h——单层平整冰计算冰厚，m；

γ_w——海水重度，kN/m^3；

b——水线面处锥体的直径，m；

h_R——碎冰的下潜深度，m；

b_T——锥体底顶的直径，m。

2.3.6　地震作用

2.3.6.1　地震作用的性质

地震是地壳快速释放能量过程中造成的振动，期间会产生地震波的一种自然现象。地震开始发生的地点称为震源，震源正上方的地面称为震中。从震中到震源的垂直距离，称为震源深度。通常地震源深度在 70km 以内的，称为浅源地震，世界上绝大多数地震的震源深度为 5~20km，都属于这个范围；震源深度为 70~300km，称为中源地震；震源深度超过 300km 的，称为深源地震。一般来说，对于同样大小的地震，当震源深度较浅时，则涉及的范围小而破坏的程度大；当震源深度较深时，涉及的范围大而破坏程度小；深度超过 100km 的地震，在地面上一般不引起灾害。

地震时，从震源处释放的能量以地震波的形式向各个方向传播。地震波在土层中传播时，引起土层和地面的强烈运动。地面上原来静止的建筑物及其周围土体随着土层和地面的运动而发生强迫振动。在振动过程中，振动体本身产生振动惯性力，它包括建筑物自重的惯性力和动土压力，统称为地震作用。

地震波有纵波和横波两种，两者合称为体波。纵波是由震源向外传递的压缩波，质点振动方向与波的行进方向一致。横波为剪切波，质点振动方向与波的行进方向垂直。体波传到地面后，又继续沿着地面传播，这种波动称为面波，面波是体波的次生波。

地震时，在地面上某地点，首先传到的是速度最快的纵波，接着来到的是较快的横波，然后是速度最慢的面波。纵波传播速度快，振动频率高，但衰减得快，因此离震中远的地方，纵波影响小。横波振动频率比纵波低 1/2~2/3，衰减也慢，但传播面大。面波与纵波和横波比较，具有不易阻尼的性质。除震中和震中附近地区外，一般是当横波与面波到达时地面振动最强烈。

纵波传到地表时，引起地面建筑物的竖向振动，竖向振动的加速度导致产生建筑物的竖向地震力。横波与面波使地面建筑物产生横向振动，地面的横向振动加速度引起建筑物的水平向地震力。

在震中和震中附近地区，纵波的作用强烈，必须考虑竖向地震力。通常，纵波与横波不会同时到达，所以竖向地震力与水平地震力是分别考虑的。但由于地下的地质构造复杂，或是地震波通过地带及物质的密度不同，地震波传播时会产生波的反射、绕射和干涉等现象，这样有可能产生纵波与横波同时出现的现象；或是纵波在建筑物中的效应尚未消失，而横波又来到，造成两种波动的重叠，此时水平向地震力就与竖向地震力同时出现。

这种情况一般只在高烈度地区才加以考虑。

2.3.6.2 地震震级和地震烈度

1. 地震震级

衡量一次地震的强烈程度，通常用地震震级来表示，它是根据地震时释放的能量大小确定的等级标准。我国使用的震级标准采用国际上通用的里氏震级表。震级越高，释放出来的能量也越多。1级地震释放的能量相当于 2×10^6 J，震级增加一级，释放的能量增大约 32 倍。一次地震震级的确定以地震台的地震记录——地震波图为依据。发生 5 级及以上地震，通常就会引起不同程度的破坏，称为破坏性地震；发生 7 级及以上地震，其破坏性大，统称为强烈地震。

2. 地震烈度

地震所波及的地区叫震区。地震烈度是根据震区内某一地区的地面和各类建筑物遭受一次地震影响的强烈程度而划分的等级。一次地震只有一个震级，但由于距震中的远近以及当地地质构造不同，震区各地的地震烈度是不同的。一般情况下，距离震中越近，烈度就越大。我国的地震烈度分为 12 等级。划分地震烈度的标准，一般是以该地区的宏观破坏现象为依据，中国科学院工程力学研究所根据对大量资料的综合分析，提出用物理量来划分烈度等级。

地震烈度在Ⅶ度、Ⅷ度、Ⅸ度时可用地面加速度当量来反映。所谓地面加速度当量是指地震时地面最大加速度的统计平均值与重力加速度的比值，也就是以重力加速度为单位的地面运动最大加速度，也称为地震系数，可用 K 来表示。不同地震烈度的水平加速度当量也叫水平向地震系数 K_H，其对应值见表 2.10。

表 2.10 水 平 向 地 震 系 数

地震烈度	Ⅶ度 ·	Ⅷ度	Ⅸ度
K_H	0.10（0.15）	0.20（0.30）	0.40

注 括号内数值用于设计基本地震加速度为 $0.15g$ 和 $0.30g$ 的地区。

3. 基本烈度

在设计震区内建筑物时，要考虑抗震设防的要求，因此，需要确定工程所在地区今后一定期限内可能普遍遭遇的最大地震烈度，此烈度称为该地区的基本烈度。不同的区域可以根据当地今后一定期限内发生地震的危险性程度，划分为不同的基本烈度，从而规定不同的抗震设防标准。

基本烈度的含义是在 50 年期限内，在一般场地条件下，可能遭遇超越概率 10% 的烈度值。基本烈度所指地区是一个范围较大的区域，可以是一个城市、一个县、若干个县或是一个地区，而不是指一个具体工程场地。全国各地区的基本烈度是由国家地震局根据各地区的地质构造和地震的历史资料，经过分析研究确定的。我国 1990 年发布的第三代地震区划图《中国地震烈度区划图》将全国划分为＜Ⅵ度、Ⅵ度、Ⅶ度、Ⅷ度、≥Ⅸ度五类地区。如果某具体工程场地的地质地貌比较特殊，此处的地震烈度可以不同于该地区的基本烈度，称它为场地烈度或小区烈度，但需要商请有关部门来予以确定。以地震烈度作为抗震设防依据的不确定性较大，2001 年编制的第四代地震区划图《中国地震动参数区划图》，原有的地震烈度区划被地震动参数区划所代替，地震动参数包括地震动峰值加速度等指标，与地震烈度有所区别。但地震动峰值加速度分区和地震基本烈度之间也可简单地进行对照。第五代地震区划图于 2016 年制定实施，其编制基本原则是考虑将抗倒塌地震动参数作为编图的基准，保证抗倒塌水准的地震动参数的科学性和合理性。

在工程抗震设计中采用的地震烈度称为设计烈度，设计时一般采用基本烈度作为工程的设计烈度。对少数特殊重要的建筑物或因地貌与地质构造特殊，其设计烈度可比基本烈度提高一度；反之，对次要的建筑物以及工程的检修情况，有时其设计烈度可比基本烈度降低，但须经有关部门批准。

2.3.6.3 场地类别划分

不同场地上的结构对地震的反应是不同的。为了根据不同的场地类别采用相应的设计参数进行结构的抗震设计，需要对结构所在场地进行类别划分。建筑物的场地类别一般根据场地土类型和场地覆盖层厚度进行划分。

场地土类型根据地面下 20m 且不深于场地覆盖层范围内各土层剪切波速按表2.11 进行划分。

表 2.11　　场地土类型划分

场地土类型	剪切波速/(m/s)
硬质岩石	$V_s > 800$
坚硬	$800 \geqslant V_s > 500$
中硬	$500 \geqslant V_{se} > 250$
中软	$250 \geqslant V_{se} > 150$
软弱	$V_{se} \leqslant 150$

注　V_s 为土层剪切波速；V_{se} 土层等效剪切波速。

土层等效剪切波速计算公式为

$$V_{se} = d_0 / t \tag{2.55}$$

式中　V_{se}——土层等效剪切波速，m/s；

d_0——场地土计算深度，m，取覆盖层厚度和 20m 两者中的较小值；

t——剪切波在地面至计算深度之间的传播时间，s。

剪切波在地面至计算深度之间的传播时间 t 计算公式为

$$t = \sum_{i=1}^{n} (d_i / V_{si}) \tag{2.56}$$

式中　n——计算深度范围内的土层数；

d_i——计算深度范围内第 i 土层的厚度，m；

V_{si}——计算深度范围内第 i 土层的剪切波速，m/s。

场地类别则根据场地土类型和场地覆盖层厚度划分为四类，其中Ⅰ类可分为Ⅰ$_0$、Ⅰ$_1$两个亚类，见表 2.12。

2.3.6.4 海上风电机组基础结构的抗震设防

海上风电场建筑物与大型建筑工程、水电工程等由于地震失事后果具有显著差异，风电机组基础结构在高强度地震情况下倒塌一般不会造成重大人身伤亡事故，所以海上风电机组基础结构抗震设防的标准应该是：设防后的结构应能抵抗发生设计烈度的地震，并允许它受到一些损坏，这些损坏不致危害人的生命和主要的发电设备，基础本身可以不需维修或经一般维修后仍可继续使用。一般条件下海上风电机组基础结构按海上风电场工程所在区域基本地震烈度设防即可。

表 2.12　　　　　　　　　　　　　　　场 地 类 别 划 分

场地覆盖层厚度 d_{OV}/m	硬质岩石	坚硬场地土	中硬场地土	中软场地土	软弱场地土
$d_{OV}=0$	I_0	I_1		I_1	I_1
$0<d_{OV}<3$			I_1		
$3≤d_{OV}<5$					II
$5≤d_{OV}<15$				II	
$15≤d_{OV}<50$					III
$50≤d_{OV}<80$			II	III	
$80≤d_{OV}$					IV

鉴于我国有多次大地震发生在预期为低烈度地区的实际情况，我国将抗震设防的起点定为基本烈度 6 度。《海上风电场工程风电机组基础设计规范》（NB/T 10105—2018）规定：抗震设防烈度为 6 度时，海上风电机组基础结构可以不进行抗震验算，但应采取必要的抗震构造措施，以提高其抗震性能。在抗震设防烈度为 7 度及以上时，应进行结构强度和稳定性抗震验算，并采取抗震措施。抗震设防烈度为 8 度以上时，应进行专门研究论证。

2.3.6.5　地震作用的计算

地震时地面上原来静止的建筑物及其周围土体、水体发生强迫振动。在振动过程中，振动的建筑物产生惯性力，主要包括地震惯性力、地震动水压力和地震动土压力，这三种力称为地震作用。地震惯性力是地震时由地震加速度和建筑物质量引起的惯性力。地震动水压力是建筑物与周围水体的相互作用而产生的作用力，它是指静水压力外的附加水压力。地震动土压力是建筑物周围土体的振动而产生的作用力。

作用在海上风电机组基础结构的地震作用主要包括地震惯性力和地震动水压力等。地震作用出现概率很小，与它组合而成的作用效应组合称为地震组合。通常只需进行结构承载能力极限状态的作用效应组合的校核。

确定地震力的方法主要有反应谱法、时程分析法和随机振动理论法。目前各国抗震规范基本均按反应谱法来确定地震对结构物的作用。反应谱法是根据各种地震记录曲线，确定地震力计算中所必需的参数与周期的关系曲线，然后取这些曲线的包络线作为地震力计算的依据。所需的参数通常取结构最大加速度响应与重力加速度的比值。根据这个包络线图，乘以质量等参数，即可求出最大惯性力或地震力。反应谱法计算结构的地震响应时，一般结合振型分析进行，因此也称为振型分解反应谱法。

地震造成地面运动是三维运动，故对结构进行抗震验算时，应对结构最不利的主轴方向取荷载的 100% 考虑。对于与主轴相垂直的水平方向取荷载的 100%，对于与水平面垂直的方向取荷载的 50%。用三个方向的地震引起的惯性力与永久作用和相应的可变作用相结合，同时作用在结构上，作为静力问题对结构进行分析。

1. 地震惯性力

地震惯性力是指建筑物和建筑物上的固定设备、机械等在地震时产生的惯性力。地震惯性力除与地震烈度有关外，还与结构本身的动力特性（自振周期、阻尼和振型）和地基土质有关。因此，确定地震惯性力比较复杂，目前尚无严格的计算理论，只能采用半理论半经验的计算方法。对于海上风电机组基础结构，其地震惯性力可采用《水运工程抗震设计规范》（JTS 146—2012）规定的振型分解反应谱法进行计算，具有场地谱资料的风电场工程应采用场地谱进行设计。

地震反应谱是单质点系统在地震时对实际地面运动引起的最大加速度与该系统的阻尼比和自振周期的函数关系。地震反应谱曲线是根据过去大量的水平加速度资料，经过整理分析得到的作为设计使用的具有代表性的标准反应谱曲线。

海上风电机组基础结构设计地震加速度反应谱按图2.13采用，特征周期根据场地类别和设计地震分组按表2.13采用。

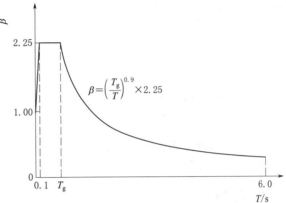

图 2.13　设计地震加速度反应谱曲线（阻尼比 $\xi=0.05$）

T—结构自振周期；β—动力放大系数；T_g—特征周期

表 2.13　　　　　　　　　　　　　　　　特 征 周 期 T_g

设计地震分组	特 征 周 期 T_g/s				
	I_0	I_1	II	III	IV
第一组	0.20	0.25	0.35	0.45	0.65
第二组	0.25	0.30	0.40	0.55	0.75
第三组	0.30	0.35	0.45	0.65	0.90

根据风电机组的整体结构质量分布，地震惯性力采用多质点弹性体系进行计算。沿风电机组整体结构高度作用于质点 i 在 j 振型中的水平向地震惯性力标准值 P_{ij} 按下列公式计算：

$$P_{ij}=CK_H\gamma_j\psi_{ij}\beta_j m_i g \quad (i=1, 2, \cdots, n; j=1, 2, 3, \cdots, m) \tag{2.57}$$

其中

$$\gamma_j=\frac{\sum_{i=1}^n \psi_{ij} m_i}{\sum_{i=1}^n \psi_{ij}^2 m_i} \tag{2.58}$$

式中　P_{ij}——质点 i 在 j 振型中水平向地震惯性力标准值，N；

　　　C——综合影响系数，取 0.30；

　　　K_H——水平向地震系数，按表 2.10 采用；

　　　γ_j——结构 j 振型参与系数；

　　　ψ_{ij}—— j 振型、质点 i 处的相对水平位移；

　　　β_j—— j 振型、自振周期为 T_j 时相应的动力放大系数，可按《水运工程抗震设计规范》（JTS 146—2012）规定的设计地震加速度反应谱查得；

m_i——结构中质点 i 处的质量，kg；

n——质点总数。

2．地震动水压力

地震时，由于建筑物与其周围水体的相互作用，因而产生地震动水压力，它是指静水压力以外的附加水压力。地震时细长杆件的水下部分所受的动水压力标准值计算公式为

$$P = CK_{\mathrm{H}}\beta(C_{\mathrm{M}}-1)V_{\mathrm{tj}}\gamma_{\mathrm{rz}}\sin^2\phi(i,l) \tag{2.59}$$

式中　C——综合影响系数，取 0.30；

　　　P——动水压力标准值，N；

　　　C_{M}——惯性力系数，由实验确定，在实验资料不足时，可按《港口与航道水文规范》（JTS 145—2015）的有关规定执行；

　　　K_{H}——水平向地震系数，按表 2.10 采用；

　　　V_{tj}——浸水部分的构件体积，m³；

　　　γ_{rz}——流体的容重，N/m³；

　$\phi(i,l)$——地震的震动方向 i 与构件 l 之间的夹角，(°)。

2.3.7　船舶荷载

海上风电机组基础一般不作为过往船只停靠使用，但在风电场施工期或风电机组设备检修、维护时，施工船舶或检修运维船舶需要靠泊在基础结构上，因此在基础结构上需要设置系靠船设施，在设计时应考虑系靠船舶的荷载。

船舶荷载按其作用方式分为船舶系缆力、船舶挤靠力和船舶撞击力。凡通过系船缆而作用在系船柱（或系船环）上的力称为系缆力。船舶系缆力主要由风和水流等作用产生，使靠泊船舶对系船设施上的缆绳产生拉伸作用，具有静力性质。船舶系泊时，由于风和水流的作用，使船舶直接作用在基础结构上的力称为挤靠力；在船舶靠泊过程中或系泊船舶在波浪作用下撞击基础结构产生的力称为撞击力。

2.3.7.1　船舶系缆力

1．风和水流产生的系缆力

系靠在海上风电机组基础上的船舶，在风和水流共同作用下产生系缆力，作用在每个系船柱上的系缆力的标准值可按下式进行计算，计算图式如图 2.14 所示。

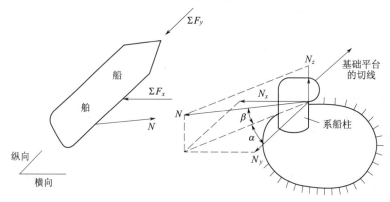

图 2.14　系缆力计算图式

$$N = \frac{K}{n} \left(\frac{\sum F_x}{\sin\alpha\cos\beta} + \frac{\sum F_y}{\cos\alpha\cos\beta} \right) \tag{2.60}$$

式中　　　　N——系缆力标准值，kN；

$\sum F_x$、$\sum F_y$——可能同时出现的风和水流对船舶作用产生的横向分力总和与纵向分力总和，kN；

K——系船柱受力不均匀系数，当实际受力的系船柱数目 $n=2$ 时，$K=1.2$；$n>2$ 时，$K=1.3$；

n——计算船舶同时受力的系船柱数目，根据不同船长、平台尺度及系船柱布置确定；

α——系船缆的水平投影与基础平台切线所成的夹角，(°)；

β——系船缆与水平面的夹角，(°)。

（1）风对船舶的作用。作用在船舶上的计算风压力在垂直基础平台切线的横向分力 F_x 和平行于风电机组基础结构前沿线的纵向分力 F_y 的计算公式为

$$F_x = 73.6 \times 10^{-5} A_x V_x^2 \zeta_1 \zeta_2 \tag{2.61}$$

$$F_y = 49.0 \times 10^{-5} A_y V_y^2 \zeta_1 \zeta_2 \tag{2.62}$$

式中　A_x、A_y——船体水面以上横向和纵向受风面积，m²；

V_x、V_y——设计风速的横向和纵向分量，m/s；

ζ_1——风压不均匀折减系数；

ζ_2——风压高度变化修正系数。

A_x、A_y、V_x、V_y、ζ_1、ζ_2 可参考《港口工程荷载规范》（JTS 144-1—2010）的规定确定。

（2）水流对船舶的作用。水流对船舶的荷载比较复杂，可根据水流条件和船舶型式按《港口工程荷载规范》（JTS 144-1—2010）附录 F 确定。

2. 系缆力的取值标准

除了上述风和水流作用产生的系缆力外，船舶操作等因素也会产生系缆力。根据设计经验，《港口工程荷载规范》（JTS 144-1—2010）规定计算系缆力标准值不应大于缆绳的破断力。对于聚丙烯尼龙缆绳，当缺乏资料时，其破断力的计算公式为

$$N_p = 0.16 D^2 \tag{2.63}$$

式中　N_p——聚丙烯尼龙缆绳的破断力，kN；

D——缆绳直径，mm。

计算系缆力标准值也不应低于《港口工程荷载规范》（JTS 144-1—2010）规定的下限值，见表 2.14。

表 2.14　　　　　　　　系 缆 力 标 准 值

船舶载重量 DW/t	1000	2000	5000	10000	20000	30000	50000
系缆力标准值/kN	150	200	300	400	500	550	650
船舶载重量 DW/t	80000	100000	120000	150000	200000	250000	300000
系缆力标准值/kN	750	1000	1100	1300	1500	2000	2000

2.3.7.2　船舶挤靠力

船舶挤靠力的计算分防冲设施连续布置、防冲设施间断布置两种情况。

1. 防冲设施连续布置

挤靠力标准值 F_j 的计算公式为

$$F_j = \frac{K_j \sum F_x}{L_n}$$
(2.64)

式中　F_j——作用于系靠船结构的单位长度上的挤靠力标准值，kN/m；

$\quad\quad K_j$——挤靠力分布不均匀系数，取 1.1；

$\quad\quad \sum F_x$——可能同时出现的风和水流对船舶作用产生的横向分力总和，kN；

$\quad\quad L_n$——船舶直线段与防冲设施接触长度，m。

2. 防冲设施间断布置

作用于一组（或一个）防冲设施上的挤靠力标准值 F_j' 的计算公式为

$$F_j' = \frac{K_j \sum F_x}{n}$$
(2.65)

式中　F_j'——作用于一组（或一个）防冲设施上的挤靠力标准值，kN；

$\quad\quad K_j$——挤靠力分布不均匀系数，取 1.3；

$\quad\quad n$——与船舶接触的防冲设施组数或个数。

对于海上风电机组基础来说，由于一般采用的都是圆形平台，船舶挤靠力的计算通常采用防冲设施间断布置的情况，以单个防冲设施（即 $n=1$）进行计算。

2.3.7.3　船舶撞击力

船舶撞击力根据产生的原因不同，分为船舶靠泊时对海上风电机组基础结构产生的撞击力和系泊的船舶在波浪作用下对基础结构产生的撞击力。

1. 船舶靠泊时对海上风电机组基础结构产生的撞击力

船舶靠泊碰撞风电机组基础时，其动能转化为防冲设施、船体结构、海上风电机组基础的弹性变形能和船舶转动、摇动及船与基础之间水体的挤升、振动、摩擦、发热等所吸收的能量。其产生撞击力的大小与船舶类型、航行速度、撞击角度、航道水深、水流速度、船舶材料属性、被撞体材料属性等诸多因素有关。一般应根据运维船舶参数、风电场工程海流特性、可能的靠泊或撞击速度等确定。当缺少设计参数时，可按 500t 级运维船舶 0.45m/s 法向靠泊速度设计，按运维期间可能出现的最大表层流速校核。对海上风电机组基础结构的船舶撞击力计算可借鉴港口水工建筑物的设计经验，计算船舶撞击时的有效撞击能量为

$$E_0 = \frac{\rho}{2} m v_n^2$$
(2.66)

式中　E_0——船舶撞击时的有效撞击能量，kJ；

$\quad\quad \rho$——有效动能系数，取 0.7～0.8；

$\quad\quad m$——船舶质量，按满载排水量计算，t；

$\quad\quad v_n$——船舶撞击时的法向速度，一般应根据可能出现的船舶大小综合确定，m/s。

防冲设施和海上风电机组基础结构由于船舶的撞击产生变形，变形能与有效撞击能量

相等，则有：

$$H = k_1 y_1 = k_2 y_2 \qquad (2.67)$$

$$\frac{1}{2} k_1 y_1^2 + \frac{1}{2} k_2 y_2^2 = E_0 \qquad (2.68)$$

式中　k_1、k_2——基础结构和防冲设施的弹性系数，kN/m；

　　　　y_1、y_2——基础结构和防冲设施的变形，m；

　　　　H——船舶产生的撞击力，kN。

设计时可先假定基础结构的弹性系数，同时根据防冲设备的弹性系数（一般由防冲设备厂家提供），可计算出基础结构的变形量，进而可以根据变形量计算出基础结构的弹性系数，与开始假设的弹性系数对比，迭代计算，直至两者达到误差范围为止。根据迭代得到的弹性系数和变形量可以计算出作用在基础结构上的撞击力大小。

对于安装有橡胶护舷的基础结构，橡胶护舷吸收的能量 E_s 比基础结构的吸收能量 E_j 大很多，因此可考虑船舶有效撞击能量 E_0 全部被橡胶护舷吸收，根据橡胶护舷的性能曲线即可得到撞击力大小。

2. 系泊的船舶在波浪作用下对基础结构产生的撞击力

这种撞击力主要由横向波浪引起，在某些情况下，可能大于靠船时的船舶撞击力。由于情况比较复杂，一般均应通过模型试验确定。《港口工程荷载规范》（JTS 144 - 1—2010）附录 J 提供的经验公式仅供缺乏试验资料时使用。

2.3.8　其他荷载

处在海洋环境中的海上风电机组基础结构，除了承受前面所述的 7 种荷载类型外，还受到基础自重与海水产生的浮力作用、风电机组工作平台由于工作人员活动而产生的平台荷载、失控船只或排筏会对基础结构产生撞击力和海生物附着荷载等。本节给出这些荷载的相关计算方法。

1. 自重与浮力

海上风电机组基础结构的自重常采用标准值来表示，自重标准值通常按照结构物的设计尺寸和材料的平均重度来计算，对于固定设备的重力则按照质量来换算。对于不同的基础类型，其对应的自重计算项目也不尽相同。通常包括以下几项：钢结构部分的自重、混凝土部分的自重、构筑物中填料重量、灌浆连接材料重量、防腐蚀阳极块重量、平台自重、附属结构物（爬梯、靠船柱）重量以及海生物附着引起的重量等。

基础位于水下部分将受到浮力作用，对于水下部分结构自重计算应扣除浮力的作用，采用浮重度来计算自重。海洋环境条件下随着潮汐与风浪变化，基础结构所处的水位也时刻处在变化中，因此基础结构物所受到的海水浮力也是一个变化的值。在具体的计算项目中，首先需要确定对应的水位，然后才能得到对应的浮力大小。

2. 平台荷载

平台荷载是与风电机组工作平台使用有关的荷载，按其作用方向分为竖向荷载与护栏水平荷载。

平台上无设备区域的操作荷载，包括操作人员、检修人员、一般工具等，可按均布荷载考虑，采用 $2.0kN/m^2$。平台的爬梯荷载采用集中力来表示，一般可取 $2.0kN$ 或按实际情况取用。当平台上临时存放特定设备时，竖向荷载应进行调整。平台甲板上看台、栏杆等所受到的水平荷载，应按照线性荷载考虑，一般可取 $0.5kN/m$。

3. 失控船只或排筏撞击力

第 2.3.7 节给出了检修运维船舶靠泊产生的撞击力，但在风场施工期、运行期或检修期也存在着工程船舶走锚及附近偏离航道后的船舶对基础结构的意外撞击作用的风险。一般来说，海上风电场会远离主航道布置，在航线之外发生船舶事故撞击仅可能为迷航的船只或者动力失控的船舶。为判定船舶事故撞击的风险，应当进行相应的航行风险评估。风险评估将首先绘制该区域的船只等级以及其航迹线，然后运用国际通用的模型来评估船只与风力发电场发生碰撞的风险。据此就可以根据风险评估的结果决定风电机组基础的设计是否应当考虑承受这种船只碰撞事故的后果。

当风电机组基础承受船只或排筏撞击时，撞击力可按下式计算：

$$F_{zj} = \gamma_{dn} V \sin\alpha_{jj} \sqrt{\frac{W}{C_1 + C_2}} \qquad (2.69)$$

式中　　F_{zj}——撞击力，kN；

　　　　γ_{dn}——动能折减系数，当船只或排筏斜向撞击墩台时取 0.2，正向撞击时取 0.3；

　　　　V——船只或排筏撞击墩台时的速度，m/s，船只可采用航运部门提供的数据，排筏可采用筏运期的海流速度；

　　　　α_{jj}——船只或排筏驶近方向与墩台撞击点处切线所成的夹角，(°)，可根据具体情况确定，无法确定时可取 $20°$；

　　　　W——船只重力或排筏重力，kN；

　　C_1、C_2——船只或排筏的弹性变形系数和墩台圬工的弹性变形系数，资料缺乏时二者之和可取 $0.0005m/kN$。

4. 海生物附着荷载

在海上风电机组基础上附着海生物是非常普遍的现象。经验证明，海生物的存在对海洋结构的强度有一定的影响。海生物不仅导致结构重量的增加，还加大了构件的尺寸和粗糙度，引起波浪力的增大。因此在相应荷载计算时，应予以考虑海生物附着的影响。附着于风电机组基础上的海生物种类、厚度、密度、分布范围等参数可根据工程场区及周边区域调查资料得到。

海生物种类对波浪荷载计算中使用的水动荷载系数值的影响可按相应柱段上的波浪力乘以增大系数来处理，增大系数 n 可按表 2.15 选取。

海生物引起结构重量的增加，可采取附加质量法。计算时宜根据工程场区及周边区域调查资料，确定海生物生长轮廓线。

表 2.15　　增 大 系 数 n

附着生物程度	相对糙率 ε/D	n
一般	< 0.02	1.15
中等	$0.02 \sim 0.04$	1.25
严重	> 0.04	1.40

注　ε 为附着生物的平均厚度，m；D 为桩（柱）直径，m。

2.4　设计环境工况作用效应组合

由于海上风电机组基础结构所处海洋环境条件复杂，所以海上风电机组基础结构设计时，不仅需要考虑发电、发电和有故障、启动、正常停机、紧急停机、停机（静止或空转）、停机和有故障、运输安装维护修理等 8 种风电机组设计工况，还需要考虑这些设计工况与不同的风、波浪、海流、水位等环境条件的组合，从而确定海上风电机组基础结构完整的设计作用效应组合。

《海上风电场工程风电机组基础设计规范》（NB/T 10105—2018）规定了海上风电机组基础结构设计时，各极限状态不同风电机组设计工况与各环境条件下的荷载组合，见表 2.16。

表 2.16　　　　　　　　　不同风电机组设计工况与各环境条件下的荷载组合

极限状态	荷载组合	风电机组荷载	环境荷载种类和对应的不同重现期					备注
			风	波浪	海流	海冰	水位	
承载能力极限状态	基本组合	极端荷载	50 年	50 年	50 年		极端高水位（50 年） 极端低水位（50 年） 设计高水位 设计低水位	
			50 年		50 年	50 年	平均海平面	固定冰区
			50 年		50 年	50 年	设计高水位 设计低水位	流冰作用
		疲劳荷载	多年平均	多年平均	多年平均		平均海平面	
			多年平均		多年平均	多年平均	平均海平面	
	地震组合	正常运行荷载	多年平均		多年平均		设计高水位 设计低水位	
正常使用极限状态	标准组合	正常运行荷载	50 年	50 年	50 年		极端高水位（50 年） 极端低水位（50 年） 设计高水位 设计低水位	
			50 年		50 年	50 年	平均海平面	固定冰区
			50 年		50 年	50 年	设计高水位 设计低水位	流冰作用

2.5　荷载的动态特性

上述基础结构上作用荷载计算方法基本均假定荷载为静力荷载，然后将这些荷载施加在结构上进行结构静力分析。然而海上风电机组基础结构在运行过程中，实际受到风、波浪、海流等海洋环境动力荷载作用，风荷载作用在风轮叶片上也将向基础结构传递气动荷载。因此对海上风电机组基础结构进行分析时，除需开展静力分析外，还需对结构进行动力分析，分析结构及构件在风电机组空气动力荷载、波浪荷载、地震作用等这些动力荷载作用下的动力响应及其对结构的影响。准确描述荷载的动态特性是开展结构动力分析的前提。考虑相对于风和波浪，海流荷载随时间的变化程度较小，因此本节将主要讨论风荷载、气动荷载、波浪荷载和地震作用的动态特性及结构动力分析时这些荷载的常用模拟方法。

2.5.1　风荷载

对于空间结构，受到风荷载作用通常会产生三个相对方向的运动，平行、垂直和扭转。但针对于高耸的塔架结构，纵向风速较大，对结构整体的动态响应贡献最大，故在计算风荷载时重点考虑沿塔架顺风向风速的影响。在特定风况下，风速的大小主要受作用高度、作用时间的影响，塔筒沿高度方向任意一点的瞬时风速可表示为

$$u(z,t) = \overline{u}(z) + u_\mathrm{t}(z,t) \tag{2.70}$$

式中　$u(z,t)$——距海平面高度为 z 的点在 t 时间点的瞬时风速，m/s；

$\quad\quad\ \overline{u}(z)$——距海平面高度为 z 的点的平均风速，m/s；

$\quad\quad\ u_\mathrm{t}(z,t)$——距海平面高度为 z 的点在 t 时间点的脉动风速，m/s。

一般以结构高度 10m 处的平均风速作为参考风速，结构任意高度处的平均风速分布规律通常采用指数模型表示：

$$\frac{\overline{u}(z)}{\overline{u}_{10}} = \left(\frac{z}{10}\right)^{\alpha} \tag{2.71}$$

式中　$\overline{u}_{10}$——结构高度 10m 处的点的平均风速，m/s；

$\quad\quad\ z$——距海平面的高度，m；

$\quad\quad\ \alpha$——风剖面指数，反映海平面的粗糙程度。

脉动风是由大气的不规则运动引起的，其强度和方向随时间随机变化，在时域上的均值为 0。研究中常用风谱（即风速功率谱）来表现脉动风速，包括 API 谱、NPD 谱、Kaimal 谱、Davenport 谱等，应用较为广泛的是 API 谱和 NPD 谱。

1. API 谱

API 谱的表达式为

$$S_{\mathrm{API}}(f) = \frac{\sigma(z)^2}{f_\mathrm{p}\left(1 + 1.5\dfrac{f}{f_\mathrm{p}}\right)^{5/3}} \tag{2.72}$$

其中
$$\sigma(z) = \begin{cases} 0.15\left(\dfrac{z}{z_\mathrm{s}}\right)^{-0.125}\overline{u}(z) & z \leqslant z_\mathrm{s} \\[3mm] 0.15\left(\dfrac{z}{z_\mathrm{s}}\right)^{-0.275}\overline{u}(z) & z > z_\mathrm{s} \end{cases} \tag{2.73}$$

$$f_\mathrm{p} = 0.025\frac{\overline{u}(z)}{z} \tag{2.74}$$

式中　$S_{\mathrm{API}}(f)$——在频率 f 处的能量谱密度；

$\sigma(z)$——距海平面高度为 z 的点脉动风速标准差；

z_s——表面层厚度，取 20m；

f_p——由风谱测量获得的平均频率。

2. NPD 谱

NPD 谱的表达式为

$$S_{NPD}(f) = \frac{320\left(\dfrac{\overline{u}_{10}}{10}\right)^2\left(\dfrac{z}{10}\right)^{0.45}}{(1+\widetilde{f}^{0.468})^{3.561}} \tag{2.75}$$

其中

$$\widetilde{f} = \frac{172f\left(\dfrac{z}{10}\right)^{2/3}}{\left(\dfrac{\overline{u}_{10}}{10}\right)^{3/4}} \tag{2.76}$$

式中　$S_{NPD}(f)$——在频率 f 处的能量谱密度。

选定风速功率谱后，通常采用数值模拟的方式得到脉动风速时程曲线，谐波合成法和线性滤波法是最常用的两种模拟方法。谐波合成法是一种离散化的数值模拟方法，其基本思想是利用离散谱逼近目标随机过程。线性滤波法的原理是将人工产生的均值为 0、呈正态分布的白噪声随机序列输入滤波器，进行相应变换后输出具有给定谱特征的随机序列。一般利用Matlab、Fortran 等编写风电机组不同高度处脉动风荷载时程曲线进行风场脉动风模拟，并将风荷载模拟数据导入到 ANSYS、ABAQUS 等有限元分析软件中，实现风荷载的施加。

2.5.2　气动荷载

由于风轮扫掠面积大，在其扫掠面内风速分布为随时间和空间变化的三维场。由此造成叶轮同一点处在旋转过程中所受到的风速差异较大，形成风剪效应。当前风电机组主要采用水平轴风力机，由于塔筒正前方的气流会被强制分流到塔筒的两侧通过，使得处于塔筒前方的叶片产生的气动转矩较其他位置要低，形成塔影效应。由风剪和塔影效应产生的含周期脉动的气动转矩会使机组传动轴承受较大的转矩脉动，即为气动荷载。

目前，风电机组气动荷载计算主要基于叶素-动量理论（BEM）、广义动态尾迹模型（GDW）和计算流体力学（CFD）方法。其中，叶素-动量理论是最主要的计算方法，其核心是求解轴向诱导因子 a 和周向诱导因子 b，再根据诱导因子计算风轮"叶素"上的气流速度和作用力，最后积分求得风轮推力和转矩。

1. 动量理论

动量理论是对作用在风轮上的力与来流速度之间关系的描述。动量理论将风轮附近的流场简化为一个通过风轮平面的理想流管，如图 2.15 所示，并作以下假设：①空气不可压缩且气流均匀定常；②把风轮简化看成一个没有厚度的平面桨盘，桨盘上忽略摩擦力；③气流模型可简化看成一个通过风轮的单元流管；④风轮两侧无限远处的气流压强相等；⑤轴向推力均匀分布在风轮桨盘平面上。

在风轮的轴向动量变化的基础上，将动量方程代入图 2.15 所示的风流管中便能够得出风轮受到的轴向推力 T：

$$T = m(V_1 - V_2) \tag{2.77}$$

其中

$$m = \rho V_t A \tag{2.78}$$

式中　m —— 单位时间通过风流管中的空气质量流量，kg/s；

　　　V_1 —— 风轮前来流风速，m/s；

　　　V_2 —— 风轮后尾流风速，m/s；

　　　ρ —— 空气密度，kg/m^3；

　　　V_t —— 通过风轮平面处风的轴向速度，m/s；

　　　A —— 风轮扫掠面积，m^2，可表示为 πR^2。

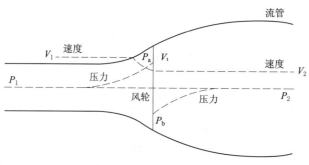

图 2.15　理想流管示意图

根据理想风轮的简化假设和质量守恒定律，作用于风轮上的轴向推力为

$$T = \frac{1}{2} \rho A (V_1^2 - V_2^2) \tag{2.79}$$

定义 V_a 为风轮处风的轴向诱导速度，轴向诱导因子 a 定义为

$$a = V_a / V_1 \tag{2.80}$$

进一步可得

$$V_t = V_1(1 - a) \tag{2.81}$$

$$V_2 = V_1(1 - 2a) \tag{2.82}$$

考虑到风轮运行的实际情况，当前方来流产生风轮转矩时，气流也同样受到了风轮的反作用力，使得尾流呈反方向旋转，将其运用至如图 2.16（a）所示的厚度为 dr 微元控制体积进一步说明，实际流经风轮平面处气流的相对速度 V_{rel} 是轴向速度 V_t 与转动速度 V_{rot} 的合速度，旋转速度 $V_{rot} = \Omega r(1 + b)$，其中 b 为周向诱导因子，Ω 为风轮转动角速度。根据动量方程得到 dr 微元上的风轮轴向推力与转矩：

$$dT = 4\pi \rho V_1^2 a(1 - a) r \, dr \tag{2.83}$$

$$dM = 4\pi \rho \Omega V_1 b(1 - a) r^3 \, dr \tag{2.84}$$

2. 叶素理论

叶素理论基于微积分的思想，其基本原理是将风轮叶片沿长度方向分解成许多微段，称为叶素。定义在各个叶素上的流体运动相互独立，所以可将叶素看作为一个平面的翼型，把各叶素微段上受到的力及力矩积分进而得到风电机组叶片整体受到的推力及转矩。

和动量理论相比，叶素理论将叶片微段周围的气体流动作为入手点来描述风轮上力的作用情况及相应的能量交换，因此可以更准确地描述气体流动对叶片的影响。

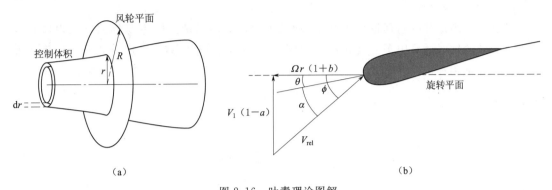

图 2.16 叶素理论图解

（a）叶素的控制体积；（b）叶素上的气流速度三角形

图 2.16（b）中 α 为叶素的当地攻角，θ 为叶片的局部桨距角，ϕ 为叶素位置处的入流角，即风轮平面和相对速度的夹角。V_{rel} 的表达式为

$$V_{rel} = \sqrt{V_t^2 + V_{rot}^2} = \sqrt{V_1^2(1-a)^2 + \Omega^2 r^2(1+b)^2} \tag{2.85}$$

由图 2.16（b）可知，叶素位置处的入流角的表达式为

$$\phi = \arctan\left[\frac{V_1(1-a)}{\Omega r(1+b)}\right] \tag{2.86}$$

叶素的当地攻角的表达式为

$$\alpha = \phi - \theta \tag{2.87}$$

设叶素弦长为 c，则其受到的升力和阻力可分别表示为

$$dF_L = \frac{1}{2}\rho V_{rel}^2 C_L c \, dr \tag{2.88}$$

$$dF_D = \frac{1}{2}\rho V_{rel}^2 C_D c \, dr \tag{2.89}$$

式中 C_L——叶素翼型的升力系数；

      C_D——叶素翼型的阻力系数。

气流对叶素的作用力在法向和切向上的分量分别为

$$dF_n = \frac{1}{2}\rho c V_{rel}^2 C_n \, dr = \frac{1}{2}\rho c V_{rel}^2 (C_L\cos\phi + C_D\sin\phi) \, dr \tag{2.90}$$

$$dF_t = \frac{1}{2}\rho c V_{rel}^2 C_t \, dr = \frac{1}{2}\rho c V_{rel}^2 (C_L\sin\phi - C_D\cos\phi) \, dr \tag{2.91}$$

式中 C_n——叶素翼型的法向力系数；

      C_t——叶素翼型的切向力系数。

考虑叶片数量为 B，则作用在风轮平面 dr 圆环上的轴向推力和转矩分别为

$$dT = \frac{1}{2}\rho B c V_{rel}^2 C_n \, dr \tag{2.92}$$

$$dM = \frac{1}{2}\rho B c V_{rel}^2 C_t r \, dr \qquad (2.93)$$

3. 叶素–动量理论

结合动量理论和叶素理论可得叶素–动量理论，应用该理论的主要目的是求得风轮各叶素位置处的轴向诱导因子 a 和周向诱导因子 b。令动量理论和叶素理论微元上求得的推力和转矩分别相等，即联立式（2.83）和式（2.92）、式（2.84）和式（2.93），可得

$$\frac{a}{1-a} = \frac{\sigma C_n}{4\sin^2\phi} \qquad (2.94)$$

$$\frac{b}{1+b} = \frac{\sigma C_t}{4\sin\phi\cos\phi} \qquad (2.95)$$

其中

$$\sigma = \frac{Bc}{2\pi r} \qquad (2.96)$$

式中　σ——实度，定义为控制体积环形面积被叶素所覆盖面积的比值。

根据上面的关系式可以通过迭代方法求得轴向诱导因子 a 和周向诱导因子 b，从而可得到入流角，然后就可以算出对应的推力和转矩。

气动荷载模拟常借助 Fast 软件与 Bladed 软件进行模拟分析。Fast 软件通过调用 AeroDyn 空气动力学模块对水平风电机组叶片和塔筒进行气动荷载模拟分析，该模块是基于 BEM 理论和 GDW 理论开展风轮叶片气弹分析，得到作用于叶片旋转平面的气动荷载。Bladed 软件以 BEM 理论作为其后台理论基础，可通过输入叶片的形状、尺度等参数直接计算出风轮受力等结果。

2.5.3　波浪荷载

工程计算中传统的方法是将波浪考虑为规则波，计算结构的荷载。但实际上波浪是不规则的，需要考虑波浪的随机性。尽管柱或桩的应用范围广泛，但对于其他形状的大尺度构件，如漂浮式基础结构中的浮箱，第 2.3.3 节中波浪荷载计算公式难以求解，需要用到数值方法。

1. 波浪谱

从统计角度看，随机波浪可以看作由无数个不同频率、相位、波高的成分波组成，一般通过概率分布或者谱分布进行分析。海面上某一点处的波面方程为

$$\eta(t) = \sum_{i=1}^{\infty} a_i \cos(\omega_i t + \varepsilon_i) \qquad (2.97)$$

式中　a_i——组成波 i 的波幅；

　　　ω_i——组成波 i 的圆频率；

　　　ε_i——组成波 i 的初相位。

根据线性波理论的波能公式，每个组成波具有不同的能量，故单位面积垂直水柱内不同组成波的能量为

$$E_i = \frac{1}{2}\rho g a_i^2 \qquad (2.98)$$

式中　ρ——水的密度；

　　g——重力加速度。

由于随机波浪由无数个频率在 $0\sim\infty$ 的规则波组成，且这些波浪的分布具有连续性，则在任意频率间隔 $\omega\sim\omega+\Delta\omega$ 内的波能量为 $\dfrac{1}{2}\rho g\sum\limits_{\omega}^{\omega+\Delta\omega}a_i^2$。该能量明显正比于频率间隔 $\Delta\omega$，并与此间隔内各频率组成波的能量有关，令

$$S(\omega)\Delta\omega=\frac{1}{2}\sum_{\omega}^{\omega+\Delta\omega}a_i^2 \tag{2.99}$$

进一步得到

$$S(\omega)\rho g=\frac{1}{\Delta\omega}\sum_{\omega}^{\omega+\Delta\omega}\frac{1}{2}\rho g a_i^2 \tag{2.100}$$

$S(\omega)$ 正比于频率位于间隔 $\omega\sim\omega+\Delta\omega$ 内各组成波所提供的平均能量，代表了波浪能量对于组成波频率的分布。取 $\Delta\omega=1$，则 $S(\omega)$ 正比于单位频率间隔内的能量，即能量密度。$S(\omega)$ 被称为波谱，由于它反映能量相对于频率的分布，又称为频谱。目前常用的波谱有 P-M 谱、JONSWAP 谱、Bretschneider 双参数谱、ITTC 双参数谱。

（1）P-M 谱。P-M 谱函数表达式为

$$S_{\mathrm{PM}}(\omega)=\frac{5}{16}H_s^2\omega_p^4\exp\left[-\frac{5}{4}\left(\frac{\omega}{\omega_p}\right)^{-4}\right] \tag{2.101}$$

其中
$$\omega_p=2\pi/T_p \tag{2.102}$$

式中　ω_p——对应的谱峰周期的圆频率，rad/s；

　　T_p——谱峰周期，s；

　　H_s——有效波高，m。

（2）JONSWAP 谱。JONSWAP 谱本质上是 P-M 谱的变形，其表达式为

$$S_{\mathrm{JON}}(\omega)=DS_{\mathrm{PM}}(\omega)\gamma\exp\left[-0.5\left(\frac{\omega-\omega_p}{q\omega_p}\right)^2\right] \tag{2.103}$$

式中　γ——谱峰升高因子，平均值为 3.3，当 $\gamma=1$ 时，JONSWAP 谱等效于 P-M 谱；

　　q——谱型参数，当 $\omega>\omega_p$ 时，$q=0.09$；当 $\omega\leqslant\omega_p$ 时，$q=0.07$；

　　D——无因次参数，$D=1-0.2871\ln\gamma$。

尽管 JONSWAP 谱是由 P-M 谱变形而来，但是两者适用范围不同，P-M 谱用于无限风区充分发展的波浪，而 JONSWAP 谱则用于有限风区的情况。另外，两者所用的风速亦不相同，P-M 谱取平静海面上空 19.5m 处的风速，而 JONSWAP 谱则取平静海面上空 10m 处的风速。

（3）Bretschneider 双参数谱。Bretschneider 双参数谱不仅适用于充分发展的海浪，也适用于成长中的海浪或涌浪组成的海浪，其表达式为

$$S(\omega)=\frac{1.25}{4}\frac{\omega_p^4}{\omega^5}H_s^2\exp\left[-1.25\left(\frac{\omega_p}{\omega}\right)^4\right] \tag{2.104}$$

（4）ITTC 双参数谱。ITTC 双参数谱的表达式为

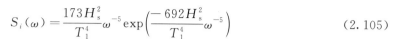

$$S_i(\omega) = \frac{173 H_s^2}{T_1^4} \omega^{-5} \exp\left(\frac{-692 H_s^2}{T_1^4} \omega^{-5}\right) \tag{2.105}$$

式中　　T_1——波浪的特征周期，$T_1 = 1.296 T_p$。

2. 任意形状大尺度构件的波浪力

波浪对于大尺度构件具有明显的绕射和辐射效应，通常会采用经典的势流理论求解波浪力。对于桩或柱等圆柱体结构型式，波浪力存在解析解，相应的计算公式可见第 2.3.3 节，但对于几何形状和边界条件复杂的结构构件，难以找到解析解，需要采用数值方法计算。

势流理论基于水为无黏性（理想流体）、不可压缩且无旋的假设，并且不考虑水的自由表面张力影响。流场中的速度势需满足 Laplace 方程和一系列定解条件。Laplace 方程为

$$\nabla^2 \boldsymbol{\Phi} = 0 \tag{2.106}$$

定解条件包括自由表面边界条件和其他的浮体运动学边界条件、扰动波外辐射条件等，具体如下：

（1）在自由水面 S_F 上，线性自由水面条件为

$$\frac{\partial \boldsymbol{\Phi}}{\partial z} = \frac{\omega^2}{g} \tag{2.107}$$

（2）在物体表面 S_B 上，物面条件为

$$\frac{\partial \boldsymbol{\Phi}}{\partial n} = V_n \tag{2.108}$$

式中　　V_n——物体表面上的法向速度，m/s；

n——物体表面的法向量。

（3）在海底 S_D 处，需要满足不透水条件：

$$\frac{\partial \boldsymbol{\Phi}}{\partial n} = 0 \Big|_{z=-h} \tag{2.109}$$

流体速度势可以分解为入射势和散射势之和，即

$$\boldsymbol{\Phi} = \boldsymbol{\Phi}_I + \boldsymbol{\Phi}_S \tag{2.110}$$

式中　　$\boldsymbol{\Phi}_I$——已知的入射势；

$\boldsymbol{\Phi}_S$——物体不动时的散射势，是 $\boldsymbol{\Phi}_D$ 与物体运动时产生的辐射势 $\boldsymbol{\Phi}_R$ 之和。

$\boldsymbol{\Phi}_D$ 与 $\boldsymbol{\Phi}_R$ 均为向外传播的散射势，对于开敞水域，需满足：

$$\lim_{r \to \infty} \sqrt{r}\left(\frac{\partial \boldsymbol{\Phi}_S}{\partial r} - ik\boldsymbol{\Phi}_S\right) = 0 \tag{2.111}$$

辐射势和绕射势为未知量，运用格林公式形成与流场势函数和自由面格林函数有关的边界面积分方程，再通过面元法进行求解。具体求解时，首先将结构构件湿表面离散成网格状，并在每个网格面元上分布强度未知的面源，然后根据定解条件求得每个面元上的面源强度，最后根据湿表面上的源强分布来确定场内各点的辐射势和绕射势。

当前自由面格林函数边界元法已广泛运用于结构构件三维绕射和辐射水动力分析，有多个基于边界元法的三维水动力分析软件程序，包括美国麻省理工开发的 Wamit 软件、法国船级社开发的 Hydrostar 软件、ANSYS 中 AQWA 软件包、Fast 中 HydroDyn 水动力模块等。

2.5.4　地震作用

如第 2.3.6 节所述，确定地震作用的方法主要有反应谱法、时程分析法和随机振动理论法。目前各国抗震规范基本均按反应谱法来确定地震对结构物的作用。反应谱法虽然能很快求出最大地震力，从而进行抗震验算，但是它不能提供某一时刻结构的受力及破损情况，因而无法了解地震作用下结构受力的演变过程。因此有些学者建议直接根据不同的地震地面加速度时程记录曲线进行计算，从而获得结构反应的时间历程，提供更多的响应信息。如果结构在各种地震记录曲线下都是安全的，结构设计便是可靠的。这种以时程记录曲线为基础的计算方法，常称为时程分析法或直接动力法。

采用时程分析法计算地震作用效应时，所选用的地震曲线，宜按烈度、近震、远震和场地类别选用适当数量的类似场地地震地质条件的实测加速度记录和以设计反应谱为目标谱的人工生成模拟地震加速度时程曲线。一般选用实际强震记录和人工模拟的地震动加速度时程曲线，其中强震记录的数量应不少于总数的 2/3。常用的强震记录包括埃尔森特罗（El Centro）地震波、塔夫特（Taft）地震波、天津地震波、滦县地震波、兰州地震波等。其中，埃尔森特罗地震波适用于中软场地，塔夫特地震波适用于中硬场地，天津地震波适用于软弱场地，滦县地震波适用于坚硬场地。在具体应用时至少应采用 4 条不同的地震加速度曲线，其中宜包括一条本地区历史上发生地震时的实测记录；如当地无地震记录，可根据当地场地条件选用合适的其他地区的地震记录；如没有合适的地震记录，可采用人工模拟地震波。

时程分析法在实际应用时已由线性分析发展到非线性分析，弹性分析扩展到弹塑性分析，目前已成为地震作用的重要分析方法。当前主流的有限元分析软件（如 ABAQUS、ANSYS 等）均提供了可供地震动力时程分析的模块。

思 考 题

1. 简述海上风电机组基础结构上的作用的分类，作用的代表值有哪些？

2. 海上风电机组基础结构设计时，一般需要考虑哪些极限设计状态、设计状况和作用效应组合？各种设计状况的适应条件是什么？在各作用效应组合中，如何选取作用的代表值？

3. 海上风电机组基础结构上的作用主要有哪几种？

4. 风电机组荷载的确定主要包括哪些设计工况？基础结构计算时一般如何表达风电机组荷载？

5. 海上风电机组基础结构上受到的波浪力有哪几种类型？各用于哪类结构的波浪力计算？

6. 海冰荷载作用于海上风电机组基础结构上的作用类型有哪些？分别如何确定这些海冰荷载？

7. 什么叫地震作用？考虑地震作用的一般规定是什么？海上风电机组基础结构设计时，需要考虑哪些地震作用？

8. 简述静力计算和动力计算的区别。

9. 海上风电机组基础结构上一般承受哪些动力荷载？设计时如何考虑这些动力荷载？

10. 简述设计环境工况对海上风电机组基础结构设计的影响。

参 考 文 献

［1］ NB/T 10105—2018 海上风电场工程风电机组基础设计规范［S］

［2］ JTS 145—2015 港口与航道水文规范［S］

［3］ SY/T 4084—2010 滩海环境条件与荷载技术规范［S］

［4］ JTS 144-1—2010 港口工程荷载规范［S］

［5］ JTS 146—2012 水运工程抗震设计规范［S］

［6］ FD 003—2007 风电场机组地基基础设计规定［S］

［7］ GB/T 18451.1—2012 风力发电机组　设计要求［S］

［8］ GB/T 36569—2018 海上风电场风力发电机组基础技术要求［S］

［9］ GB/T 31517—2015 海上风力发电机组设计要求［S］

［10］ GB 50011—2010 建筑抗震设计规范（2016年版）［S］

［11］ Q/HS-3000—2002 中国海海冰条件及应用规定［S］

［12］ DNV-OS-J 101 Design of offshore wind turbine structures［S］

［13］ 邱大洪. 工程水文学（港口航道与海岸工程专业用）［M］. 北京：人民交通出版社，2004.

［14］ 张燎军. 风力发电机组塔架与基础［M］. 北京：中国水利水电出版社，2017.

［15］ 邱大洪. 波浪理论及其在工程中的应用［M］. 北京：高等教育出版社，1985.

［16］ 王伟，杨敏. 海上风电机组地基基础设计理论与工程应用［M］. 北京：中国建筑工业出版社，2013.

［17］ 河海大学，武汉大学，大连理工大学，等. 水工钢筋混凝土结构学［M］. 4版. 北京：中国水利水电出版社，2009.

［18］ 陈建民，娄敏，王天霖. 海洋石油平台设计［M］. 北京：石油工业出版社，2012.

［19］ 林毅峰. 海上风电机组支撑结构与地基基础一体化分析设计［M］. 北京：机械工业出版社，2020.

［20］ 孙意卿. 海洋工程环境条件及其荷载［M］. 上海：上海交通大学出版社，1989.

［21］ 马山，赵彬彬，廖康平. 海洋浮体水动力与运动性能［M］. 哈尔滨：哈尔滨工程大学出版社，2019：71-72，87-88.

［22］ 王元战. 港口与海岸水工建筑物［M］. 北京：人民交通出版社，2013.

［23］ 韩理安. 港口水工建筑物［M］. 北京：人民交通出版社，2008.

［24］ 姚谦峰，常鹏. 工程结构抗震分析［M］. 北京：北京交通大学出版社，2012.

［25］ 张大刚. 深海浮式结构设计基础［M］. 哈尔滨：哈尔滨工程大学出版社，2012.

［26］ 孙丽萍，闫发锁. 船舶与海洋工程结构物强度［M］. 哈尔滨：哈尔滨工程大学出版社，2017.

［27］ MARTIN O L Hansen. 风力机空气动力学［M］. 肖劲松，译. 北京：中国电力出版社，2009.

第3章 桩承式基础

桩是设置于土中的竖直或倾斜的柱形基础构件，其横截面尺寸比长度小得多。桩基础是深基础的一种，有着悠久的历史，早在史前的建筑活动中，人类就已经在湖泊和沼泽地带采用木桩来支承房屋。桩所承受的轴向荷载是通过作用于桩周土层的桩侧摩阻力和桩端土层的桩端阻力来支承的，而水平荷载则依靠桩侧土层的侧向阻力来支承。桩基础具有承载力高、稳定性好、沉降量小等特点，所以桩基础在港口、桥梁和土建等工程中得到了广泛的应用。

目前应用于海上风电机组的桩基础结构型式多样，如单桩基础、三脚架基础、导管架基础和高桩承台基础等，但它们的共同点是整体结构所承受的荷载最终都通过桩传递给地基，所以将这些基础结构型式统称为桩承式基础。桩承式基础结构较轻，对波浪和海流的阻力较小，适用于可以沉桩的各种地质条件，特别适用于软土地基。在岩基上，如有适当厚度的覆盖层，也可采用桩基础；覆盖层较薄时可采用嵌岩桩。

由于海上地质条件复杂多变，所以国外多个海上风电场建设项目都采用桩承式基础来应对这些地质条件，如丹麦的 Horns Rev 项目、瑞典的 Utgrunden 项目、爱尔兰的 Arklow Bank 项目和英国的 Kentish Flats 项目均采用单桩基础面对软土地基的情况，瑞典的 Bockstigen 项目和英国的 North Hoyle 项目则同样运用单桩基础克服岩石地基带来的困难，德国的 BARD Offshore 1 风场采用了三脚架基础，而德国的 Alpha Ventus 海上风电场和比利时的 Thornton Bank 则将导管架基础运用在项目中。桩承式基础在国内同样应用广泛。2007 年 11 月，由中国海洋石油总公司在渤海湾绥中 36-1 废弃石油平台基础上建设的我国第一台 1.5MW 海上风电机组投产运行，其基础采用的是四腿导管架基础，江苏如东等近海风电场则成功应用了单桩基础和三脚架基础，上海东海大桥 100MW 海上风电示范项目则是全球首个使用高桩承台基础的海上风电场。

虽然桩承式基础在近海地区应用广泛，但其缺点在于受水深的约束较大，随着水深的增加，风电机组基础桩的尺寸和造价将急剧增加。此外，基础安装时需要专用的打桩设备，施工安装费用较高，对冲刷敏感，桩周附近海床需做好防冲刷措施。

随着风电机组单机容量大型化、风电场建设远岸化的发展趋势，海上风电机组基础也根据环境和设计边界条件，呈现出由单桩等简单的基础结构型式向刚度更大、承载性更强的导管架基础、高桩承台基础等多桩基础结构型式发展的趋势。

3.1 桩承式基础的结构型式及其特点

根据基桩的数量和连接方式的不同，可将桩承式基础分为单桩基础、三脚架基础、导管架基础和高桩承台基础等。

3.1.1 单桩基础

单桩基础通常由主体桩和附属结构组成，主体桩为一根大直径钢管桩支撑塔筒等上部结构，附属结构包括工作平台和靠泊结构等，是桩承式基础中最简单的一种基础结构型式，如图 3.1 所示。主体桩由钢板卷制而成的焊接钢管组成，其直径根据负荷的大小而定，一般在 4.0～8.0m，壁厚约为桩径的 1%。为了调整沉桩过程的桩身倾斜以满足上部塔筒和风电机组的安装要求，可以在单桩顶部设置过渡段。过渡段与塔筒之间通过法兰与塔筒的底法兰连接，过渡段与钢管桩之间则采用灌浆连接。欧洲的单桩基础大都采用了带过渡段的型式。随着海上沉桩设备和技术的进步，海上单桩基础施工倾斜度的控制水平

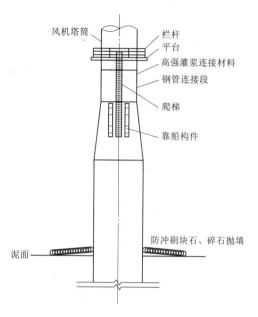

图 3.1　单桩基础

有了显著提升，在这种条件下可以取消过渡段。无过渡段单桩基础已成为我国海上风电机组单桩基础的主要型式。无过渡段单桩减少了过渡段安装环节，进一步发挥了单桩施工快捷的优点。桩插入海床的深度与海底的地质条件和桩径等有关。随着水深的增大，基桩的长度会随之增大，这可能会导致基础的刚度和稳定性不满足要求，并且基桩的施工难度与经济成本也会随之提高，所以单桩基础主要适用于水深小于 25m 的海域。

单桩基础施工工艺较为简单，无须做任何海床准备，利用打桩、钻孔或喷冲的方法将桩安装在海底泥面以下一定的深度。对于软土地基可采用锤击沉桩法，对于岩石地基可采用钻孔的方法，边形成钻孔边下沉钢桩，但相应成本较高。单桩基础的桩径较大，若采用锤击沉桩法则需要超大型打桩设备。由于受到打桩设备的限制，单桩基础在我国海上风电场中的应用在初期就受到了制约。近年来我国自行研制及从国外进口了部分大型液压打桩锤，打桩作业的效率大大提高。

单桩基础技术成熟，结构简单，施工简便、快捷，适应性强，经济性好，是目前海上风电场项目中应用比例最高一种基础型式，在全球已建海上风电场中应用比例超过 75%。欧洲作为全球海上风电发展最早和装机容量最大的地区，由于其海上风电场上部海床普遍分布强度较高的砂土层，在早期风电机组单机容量相对较小，开发水深 30m 以内的海上风电场中大部分采用单桩基础。截至 2019 年，在欧洲海域共安装了 4258 个海上风电单桩基础，所占份额高达 81%。目前我国已建海上风电场中约 2/3 的风电机组基础采用了单桩基础。但单桩基础也存在结构刚度小、固有频率低，在水平外力作用下易产生侧向变形，结构安全受海床冲刷影响较大的缺点。

3.1.2 三脚架基础

为了解决单桩基础桩径过大和沉桩困难的问题，工程技术人员提出了海上风电机组三

脚架基础结构。三脚架基础采用标准的三腿支撑结构，由中心柱、三根插入海床一定深度的中等直径钢管桩、撑杆结构和桩套管组成，如图 3.2 所示。中心柱即三脚架的中心钢管，为上部塔筒提供基本支撑，类似单柱结构。三根等直径的钢管桩一般呈等边三角形均匀布设。三脚架可以采用垂直或倾斜套管与钢管桩灌浆连接。撑杆结构为预制钢构件，包括斜撑和横撑。斜撑承受上部塔筒荷载，并将荷载分散至桩套管位置，进而传递给三根打入海床的钢管桩。横撑设数根水平和斜向钢连杆，其分别连接三根钢套管以及中心柱，中心柱顶端与上部塔筒相接。

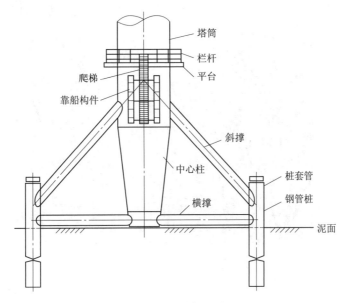

图 3.2 三脚架基础

与单桩基础相比，三脚架基础除了具有单桩基础的优点外，还克服了单桩基础需要冲刷防护的缺点。另外，由于由平面布设的三根钢管桩共同承受上部荷载，所以三脚架基础的刚度相对较大，且钢管桩的桩径一般只需要 1.0～2.8m，从而解决了单桩基础桩径过大，沉桩困难的问题，其成本介于单桩和三腿导管架结构之间，适用水深范围及地质条件也比较广泛。挪威船级社 *Design of offshore wind turbine structures*（DNV - OS - J 101）标准推荐三脚架基础适用水深为 0～30m。

三脚架在陆上车间预加工，通过船舶直接运到风电场指定位置进行下放安装，然后再将钢管桩依次插入桩套管内，并用打桩锤将钢管桩沉桩到指定高程。施工过程中可一次性将钢管桩全部插入各个桩套管内，以解决三脚架基础的调平问题。桩套管与钢管桩的连接在水下进行，可采用灌注高强化学浆液或充填环氧胶泥（一般每根桩需要配专用水下液压卡桩器）、水下焊接等措施进行连接。

三脚架基础对船机设备要求不高，结构刚度相对较大，整体稳定性好，可以不需要冲刷防护。其缺点主要在于安装时需要进行海上连接等操作，增加了施工难度，如应用于浅水地区，容易与船舶发生碰撞。

三脚架基础主要应用于欧洲海域，截至 2019 年，该地区共安装了 126 个海上风电机组三脚架基础,所占份额约为 2.4%。我国龙源电力集团在江苏如东潮间带试验风电场也使用了类似的基础结构。

由于三脚架基础需要进行水下打桩和水下灌浆,德国的 BARD Offshore 1 海上风电场中的 80 台风电机组和 Hooksiel 海上风电场的 1 台风电机组采用了高三桩门架基础,如图 3.3 所示,风电机组单机容量均为 5MW。类似于三脚架基础,高三桩门架基础由 3 根呈正三脚形布设的大直径钢管桩定位于海底,桩与上部风电机组塔筒用门式连接梁代替传统的斜撑加横撑的连接形式,桩顶通过内插钢套管支撑上部钢结构体系,构成门架式基础,如图 3.3 所示。门式连接梁分为两段,即靠近塔筒侧的水平渐变段和靠近套管侧的斜向渐变段。

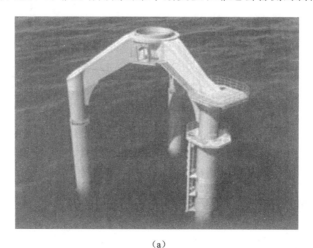

(a)

图 3.3 高三桩门架基础

(a) 模拟图;(b) 立面图;(c) 平面布置图

高三桩门架基础采用先打桩后放导管架的施工方式，要求严格控制打桩精度，对打桩设备的能力及打桩精度要求提高，确保上部门架准确定位。为将灌浆提高至水面以上，桩顶需高出水面。为减小波浪荷载作用，方箱梁的底高程大于极端高潮位$+2/3H_{1\%}$，上部门架可采用空间梁板结构。上部门架与钢管桩之间采用高强灌浆料连接。高三桩门架基础具有整体性好、刚度较大、上部套管及下部连接为水上灌浆连接、施工条件方便等优点，但其斜向渐变段制作较为复杂。

3.1.3 导管架基础

导管架基础由导管架与桩两部分组成（图 3.4），是海洋平台最常用的基础结构型式，在深海采油平台的建设中已经成熟应用，可推广应用于海上风电机组基础结构。导管架是一个以钢管为骨棱的钢质锥台形空间框架，可以设计成三腿、四腿、三腿加中心桩、四腿加中心桩结构，一般由圆柱钢管构成，桩腿之间用撑杆相互连接，形成一个足够强度和稳定性的空间桁架结构。导管架基础通过钢管桩将导管架结构固定于海底。导管架与钢管桩的连接通过灌浆来实现。这种基础型式在深海采油平台的建设中已应用成熟，应用水深超过 300m。但在海上风电场上，考虑到建设成本，导管架基础的适用水深为 0～50m，最适用于水深为 20～50m 的海域，因为当水深超过 20m 时，相对于单桩基础和三脚架基础，导管架基础的用钢量更少。

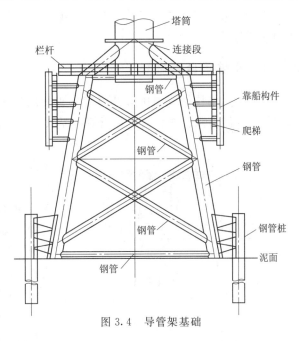

图 3.4　导管架基础

导管架为预制钢构件，一般在陆上先焊接预制好，然后运输到指定海域安装就位。根据钢管桩沉桩和导管架结构安装施工的先后顺序，导管架基础可分为先桩法导管架和后桩法导管架。对于先桩法导管架，首先将钢管桩先沉桩到位，然后再将导管架下部的桩腿套管插入到钢管桩中，最后采用灌浆材料填充桩基础和桩腿套管之间的环形空间实现连接。为了实现导管架的顺利套入，先桩法导管架对桩基础沉桩的垂直度和平面定位精度有较高要求。对于后桩法导管架，则先将导管架安装到海床指定位置，然后通过导管架桩腿套管将钢管桩打入海床，最后完成灌浆连接。后桩法导管架对导管架安装的水平度有较高要求，通常需要在导管架底部设置防沉板结构来支撑和调整导管架。

导管架基础最早出现于欧洲，在英国、德国与比利时等欧洲海域应用较为广泛。例如英国的 Beatrice 海上试验风电场 2 台 Repower 的 5.0MW 风电机组、德国的 Alpha Ventus 海上风电场 4 台 Multibrid 的 M5000 机组和 4 台 Repower 的 5.0MW 风电机组等均采用了四桩导管架基础，水深都在 40m 左右。根据欧洲风能协会的统计，截至 2019 年底，欧洲安装了 468 个导管架结构基础，占全部基础数量的 8.9％。而现阶段我国国内应用导管架基础相对较少，珠海桂山海上风电示范项目的风电机组采用了四桩导管架基础，平均水深约 11m。

导管架基础的优点在于导管架结构主要采用小杆件，可降低波浪和水流的荷载作用。与单桩基础相比，其结构刚度较高，整体性好，承载能力大幅提高，且对地质条件要求不高，对打桩设备要求相对较低。导管架在陆地上预制而成，施工相对简便，基础施工工艺成熟，海上作业环节少，施工关键点不多，综合风险低。其缺点主要在于导管架大部分浸于海水中，受海洋环境荷载的作用，结构受力相对复杂，导管架节点数量多，疲劳损伤较大，且都要求专门加工，建造及维护成本较高，在一定程度上增加了海上风电的投资成本。此外，由于水下灌浆质量较难检测和监测，所以导管架和钢管桩之间的灌浆连接也是结构的薄弱点。

3.1.4 高桩承台基础

高桩承台结构是我国桥墩和海港码头常用的结构型式，2008 年中国长江三峡集团上海勘测设计院有限公司针对上海近海深厚软土海床地质条件，首次将高桩承台应用于上海东海大桥 100MW 海上风电机组基础结构中，桩的直径可大大减小。高桩承台基础由一组沉入海床的桩和水平承台组成，如图 3.5 所示。沉入海床的多根桩根据不同地质条件可采用钻孔灌注桩、预应力混凝土管桩或钢管桩，桩直径一般为 1.5～2.5m，桩基数量则根据风电机组荷载和海洋环境荷载确定。从结构受力和控制水平变位角度考虑，桩基通常呈圆周形倾斜布置以提高结构的整体侧向刚度。水平承台将多根桩基连接起来形成整体，可采用钢筋混凝土现浇结构或预制装配式结构。混凝土水平承台内预埋一个钢结构基础环，经法兰与风电机组塔筒相连，或者采用预应力锚栓结构取代基础预埋环与塔筒连接。在桩基和预埋环之间采用钢结构连接件进行连接，在采用预应力锚栓时则可不设置连接件。对于深水场址，钢管桩用钢量显著增加，建设成本明显增加。因此，高桩承台基础主要适用于水深为 0～25m，离岸距离不远的海域。

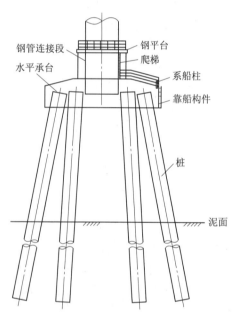

图 3.5 高桩承台基础

高桩承台基础在沉桩施工完成后，通过夹桩抱箍、支撑梁、封底钢板等辅助设施在桩顶或桩侧安装钢套箱模板。承台钢筋绑扎及混凝土浇筑主要采用钢套箱围堰挡水，将海上施工转变为陆上施工。钢套箱可陆上整体预制，在风电场内相同基础情况下可重复利用。

高桩承台基础由我国首创，是结合我国海洋工程施工技术现状和海上风电场软土地基条件提出的一种新型海上风电机组基础型式。在应用于海上风电机组基础之前，高桩承台

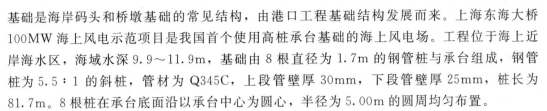

基础是海岸码头和桥墩基础的常见结构，由港口工程基础结构发展而来。上海东海大桥100MW海上风电示范项目是我国首个使用高桩承台基础的海上风电场。工程位于海上近岸海水区，海域水深9.9~11.9m，基础由8根直径为1.7m的钢管桩与承台组成，钢管桩为5.5∶1的斜桩，管材为Q345C，上段管壁厚30mm，下段管壁厚25mm，桩长为81.7m。8根桩在承台底面沿以承台中心为圆心，半径为5.00m的圆周均匀布置。

高桩承台基础桩直径小，有效解决了大直径单桩施工受大型打桩设备制约的问题。结构采用可倾斜布置的中小直径群桩，整体侧向刚度大，抗水平荷载能力强。混凝土承台有类似工程的施工经验，并且通过适当控制承台高程用钢筋混凝土承台抵抗船舶的撞击，不需另外设置防护桩。但由于高桩承台基础普遍使用钢筋混凝土结构，自重大、需桩多，承台现浇工作量大，海上施工时间长，施工工序较多，程序复杂，对海上施工窗口期要求苛刻，限制了这类风电机组基础的进一步应用。对于沿海浅表层淤泥较深、浅层地基承载力较低，且外海施工作业困难，打桩定位精度难以保证时，高桩承台由于桩数多，所需要的单根桩直径较小，且高桩承台基础对打桩精度要求相对较低，比较适合作为该类地区的海上风电机组基础的结构型式。

3.2 桩承式基础的一般构造

3.2.1 桩

海上风电机组桩基础按成桩工艺可分为打入桩、灌注桩和嵌岩桩。打入桩按制桩材料可分为钢管桩和预制钢筋混凝土管桩等；灌注桩按成孔方法可分为钻孔灌注桩和挖孔灌注桩；嵌岩桩按成桩方法、结构组成和嵌岩型式可分为灌注型嵌岩桩、预制型植入嵌岩桩、预制型芯柱嵌岩桩和预制型组合式嵌岩桩等。

1. 钢管桩

钢管桩一般是在工厂用钢板焊接而成。钢管桩的壁厚由两部分组成：一部分是有效厚度，是管壁在外力作用下所需要的厚度；另一部分为预留腐蚀厚度，为建筑物在使用年限内管壁防腐蚀所需要的厚度。海上风电场中采用的单桩基础，其钢管桩直径可达4~8m，壁厚可达70~80mm。小直径钢管桩的外径与壁厚之比在全长范围内不应大于100，以免打桩时由于壁厚较薄而导致部分钢管桩发生柱状屈曲或局部屈曲破坏。单桩基础钢管桩径厚比可适当放宽。对于沉桩困难的钢管桩，应适当增加壁厚，一般采取在桩顶或桩底1倍桩径范围内增加壁厚的措施，来减少沉桩过程中桩基受到的损伤。

钢管桩的优点是强度高，抗弯能力大，能承受较大的水平力；穿透能力强、自重轻、锤击沉桩的效果好；制作方便，起吊、运输或沉桩、接桩都很方便，施工进度快。所以钢管桩是目前绝大多数海上风电机组基础所采用桩基类型。但钢管桩的耗钢量大，成本高，而且容易产生锈蚀，影响使用年限，所以必须对钢管桩采取有效的防腐措施，具体见第7章。

2. 预制钢筋混凝土管桩

预制钢筋混凝土管桩有非预应力和预应力两种。非预应力钢筋混凝土管桩在吊运和打桩过程中，桩身会出现裂缝，影响桩的耐久性。预应力钢筋混凝土管桩能有效地解决裂桩问题，并可节省钢材。由于预应力钢筋混凝土管桩的抗弯和抗裂能力高，给采用长桩和重桩锤打桩创造了有利条件，所以对于采用预制钢筋混凝土管桩的海上风电机组基础应采用预应力钢筋混凝土管桩。

预应力钢筋混凝土管桩一般在专门工厂制作。根据制造方法不同，预应力钢筋混凝土管桩有先张法和后张法两种。先张法为 PHC（Prestressed High-Intensity Concrete）桩，通常是分段在离心机上制造，制作好的管段运到工地后，根据需要的桩长，现场连接。PHC 桩外径一般为 1.0～1.4m，管壁厚一般为 130～150mm，管段的长度一般为 33～55m。后张法预应力大直径钢筋混凝土管桩是以标准长度的管节拼装而成。标准管节长度为 4～8m，管断面为空心圆形，外径为 1.0～1.4m，壁厚为 130～145mm。标准管节以螺旋环向箍筋和纵向构造筋为骨架，在由离心、振动、辊压三个系统组成的离心振动成型机上制作而成。在管壁上预留一定数量的孔道，用来穿设预应力钢绞线。制好的管节运到施工工地后，按需要的桩长进行拼接。管桩的拼接在接桩台车上进行，拼接管节时，要在管节两端涂刷环氧树脂黏结剂。为了增加接缝的强度，管节端面需用磨光机磨平，并把边缘削成 1cm 的倒角。为了使环氧树脂与混凝土能有效黏结，在处理好的管节端面还需涂刷有机偶联剂。管节黏结完成后，用自动穿丝机将高强钢丝束穿入预留孔，然后管桩两端同时张拉钢丝束，施加预应力，待张拉完毕，对预留孔道用压力灌入水泥浆予以填塞。当水泥浆体凝固达到一定强度后，卸下张拉锚具。预加应力完全依靠浆体与钢丝束的握裹力和浆体与孔壁之间的黏结力传递到管节混凝土，即后张自锚。

3. 灌注桩

灌注桩在我国桥梁工程中早已得到广泛应用。钻孔灌注桩首先用钻机在地基中钻孔并用泥浆护壁，然后将绑制好的钢筋笼放入钻孔内，最后进行水下灌注混凝土。灌注桩一般采用圆形断面，常用的直径为 1.0～3.5m，根据需要，也可采用更大的直径。灌注桩宜采用直桩，有条件时也可采用斜桩。施工时应严格控制混凝土质量，并采取可靠的检测手段对桩身混凝土完整性进行评价。

灌注桩桩身截面配筋率应根据计算确定，最小配筋率不得小于 0.6%。考虑到海上风电机组基础所采用的桩需要承担水平力作用，灌注桩地面以下的配筋长度不宜小于 4 倍桩的相对刚度系数。

桩的主筋应采用变形钢筋，数量不宜少于 12 根，直径不宜小于 16mm。采用束筋时，每束不宜多于 2 根钢筋。纵向钢筋应沿桩身周边均匀布置，其净距不应小于 80mm。钢筋笼底部主筋宜稍向内弯折。箍筋直径不宜小于 8mm，箍筋间距宜为 200～300mm，应采用螺旋式箍筋；在承台底面以下 3～5 倍桩径范围内箍筋应加密。当钢筋笼长度超过 5m 时，应每隔 2.0～2.5m 设置一道加强箍筋；当钢筋笼长度超过 10m 时，应每隔 5.0～8.0m 在笼内设置一道焊接支撑架。

4. 嵌岩桩

当需要在覆盖层相对较薄，甚至没有覆盖层的岩基上采用桩基础时，例如我国福建、广东等省海上风电场存在大范围分布的海底基岩埋深较浅或者单桩可直接打入的土层厚度较小的区域，在这种地质条件下，通常需要采用将桩端嵌入岩体的嵌岩桩。灌注桩、钢管桩、预应力混凝土桩等均可成为嵌岩桩，其桩身内部构造与一般的桩相同，但嵌岩方式不同。

　　根据嵌岩施工工艺的差异，我国在海上风电场建设中提出了"打-钻-打"嵌岩、"植入"嵌岩和"打-灌"嵌岩等三类嵌岩桩基础型式。

　　（1）"打-钻-打"嵌岩。该型式的单桩基础如图3.6所示。首先通过沉桩设备将单桩打到岩层顶面，然后通过钻岩设备在单桩下部岩层中进行钻孔作业，待钻孔深度达到设计深度后通过沉桩设备将上部单桩继续沉桩到位。根据岩层钻孔与单桩直径大小的关系可分为两种情况：采用扩孔工法的岩层钻孔直径大于单桩直径的时候，需要在嵌岩段和单桩之间进行灌浆处理；在岩层钻孔直径小于单桩直径的时候，通常不需要进行桩周灌浆处理，这种处理方法适用于岩层强度相对较低、通过桩内引孔后可直接打入的情况。

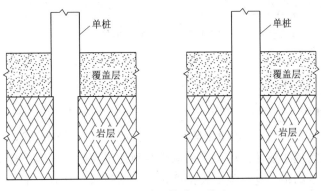

图3.6　"打-钻-打"嵌岩

　　（2）"植入"嵌岩。该型式的单桩如图3.7所示。首先通过钢护筒的辅助在岩层中钻出一个大于单桩直径的钻孔，然后将整根单桩植入钻孔，最后在单桩与外侧岩体之间进行灌浆。"植入"嵌岩通常在覆盖层过浅，无法满足沉桩过程单桩自稳的条件下采用。

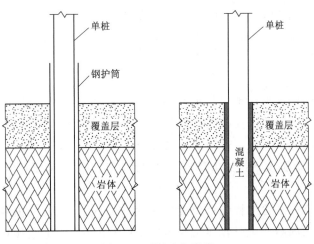

图3.7　"植入"嵌岩

（3）"打-灌"嵌岩。该型式的单桩如图 3.8 所示。将单桩通过沉桩设备打到岩层顶部，然后通过钻岩设备在单桩下部岩层中钻孔到设计深度，最后在岩层钻孔内放置钢筋笼并浇筑混凝土延伸进入单桩桩身内。这种类型的单桩是上部钢管桩和下部灌注桩的组合体。

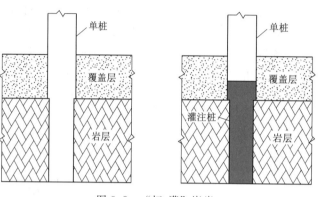

图 3.8 "打-灌"嵌岩

3.2.2 导管架（三脚架）

3.2.2.1 钢管构件

导管架通常是由具有一定厚度的圆柱形钢管按照一定的结构型式，用焊接方法组装而成的钢质锥台形空间框架整体结构，用来承受各种使用荷载和风浪等环境荷载。圆管构件广泛应用于近海平台结构。与其他型式构件相比，圆管构件具有以下优点：圆管构件是轴对称构件，材料分布合理，各方向稳定性相等，在相同的截面积下，刚度最大，抗压和抗扭性能最好，因而是中心压杆的理想截面；圆管构件具有近似流线型表面，在海上风、浪、冰等自然环境荷载作用下，受到的绕流阻力较小；钢管立柱便于引导钢桩施打，并使钢桩和导管架共同受力，形成整体结构，以抵抗风浪等荷载；钢管外表光洁，可做成封闭管端，防止水汽浸入，外露表面最小，便于油漆，抗锈蚀性能好；在同样荷载作用下，圆管构件用钢量最少。但圆管构件也存在构件相交处的管结点应力分布复杂，应力集中严重的缺点。因此导管架管节点是导管架基础的薄弱环节，其设计和制造要比普通型式的构件结点困难。

1. 钢管材料

导管架钢管构件用钢材一般采用船舶与海洋工程用结构钢，其选用决定于钢材的强度、韧性、抗疲劳、抗腐蚀以及加工和焊接性能。为了得到良好的韧性，圆管构件通常采用普通和中等强度的钢材制造，选用钢材屈服强度 $\sigma_s < 420\text{MPa}$，管件径厚比 $D/t \leqslant 120$，管件壁厚 $t \geqslant 6\text{mm}$。高强度钢虽然重量轻，但韧性较差，需要采用特殊焊接工艺，制造困难，所以用得较少。

对于大气区和浪溅区的结构设计温度应采用作业区域近 10 年内最冷月份平均气温，低温地区水下浸没区的结构设计温度应取 0℃。对于在 0℃ 以下结冰环境条件下的构件，应通过试验或已有的使用经验，证明所选用的钢材对设计的环境条件具有良好的断裂韧性。

　　根据导管架结构构件所承受的载荷、应力水平及模式、关键荷载传递和应力集中以及失效后果，导管架结构构件类型可分为：①次要构件，其失效不可能影响结构整体完整性的不重要的构件；②主要构件，对结构整体完整性有重要作用的构件；③特殊构件，在关键荷载传递点和应力集中处的主要构件。

　　各等级钢材允许使用的最大构件厚度可根据构件类型和最低设计温度按表 3.1 确定。

表 3.1　　　　　　　　　　导管架结构用各等级钢材允许最大构件厚度

构件类型	次要构件						主要构件						特殊构件					
最低设计温度/℃	0	−10	−20	−30	−40	−50	0	−10	−20	−30	−40	−50	0	−10	−20	−30	−40	−50
A	30	20	10				20	10										
B	40	30	20	10			25	20	10				15					
D	50	50	45	35	25	15	45	40	30	20	10	30	20	10				
E	50	50	50	50	45	35	50	50	50	40	30	20	50	45	35	25	15	
A32，A36，A40	40	30	20	10			25	20	10				15					
D32，D36，D40	50	50	45	35	25	15	45	40	30	20	10	30	20	10				
E32，E36，E40	50	50	50	50	45	35	50	50	50	40	30	20	50	45	35	25	15	
F32，F36，F40	50	50	50	50	50	50	50	50	50	50	50	40	50	50	50	50	40	30
A420，A460，A500，A550，A620，A690	40	25	10				20											
D420，D460，D500，D550，D620，D690	50	45	35	25	15		45	35	25	15			25	15				
E420，E460，E500，E550，E620，E690	50	50	50	45	35	25	50	50	45	35	25	15	50	40	30	20	10	
F420，F460，F500，F550，F620，F690	50	50	50	50	50	50	50	50	50	45	35		50	50	50	40	30	20

（左侧纵向标注：允许使用最大构件厚度/mm）

注　最低设计温度处于表列中间值时，可使用内插法确定允许使用的最大构件厚度。

　　2. 钢管类型

　　钢管按有无焊缝进行分类，一般可分为焊接钢管和无缝钢管；按断面形状又分为圆管和异形管。圆管与圆形实心柱相比，当抗弯抗扭刚度相同时，前者重量轻，是一种经济截面。钢管的制造工艺和过程对钢管构件的工作性能影响很大。在钢管的制造过程中，其在不同程度上受到加工时的几何缺陷、冷加工和焊接时的残余应力和边界条件的影响。一般焊接钢管要比无缝钢管具有更大的几何缺陷和残余应力。

　　无缝钢管因其制造工艺的不同，可分为热轧无缝钢管和冷轧无缝钢管两种。小直径的无缝钢管适宜采用冷轧工艺，大直径的无缝钢管适宜采用热轧工艺。冷轧无缝钢管的精度高于热轧无缝钢管，生产成本也高于热轧无缝钢管。

　　热轧无缝钢管和冷轧无缝钢管的应力-应变特性因制造工艺不同而有较大区别。热轧无缝钢管具有明显的屈服现象，在屈服点之前应力-应变呈线性关系，在屈服点后钢管发生塑性变形。冷轧无缝钢管则呈逐渐屈服特性，在屈服点后呈非线性屈服。这种屈服特性对选择制造工艺具有参考意义。

　　焊接钢管是指用钢带或钢板弯曲变形为圆形、方形等形状后再焊接成的表面有焊缝的钢管。根据焊接方法不同可分为电弧焊管、电阻焊管、摩擦焊管、气焊管、炉焊管等。焊接钢管比无缝钢管成本低、生产效率高。按焊缝形状可分为直缝焊管和螺旋焊管。直缝焊管生产工艺简单、生产效率高、成本低，发展较快。螺旋焊管的强度一般比直缝焊管高，能用较窄的胚料生产管径较大的焊管。同样宽度的胚料生产管径不同的焊管，与相同长度的直缝焊管相比，焊缝长度增加 30%～100%，且生产速度较低。因此，较小直径的焊管大都采用直缝焊，大直径焊管则大多采用螺旋焊。

3.2.2.2　管节点

　　导管架是由圆管焊接而成的空间框架结构。若干圆管汇交的节点，简称为焊接管节点。管节点的主要作用是将撑杆的荷载传递给弦杆或其他撑杆。如果从三维几何形状考虑，管节点的布置型式不胜枚举，即便只考虑位于同一平面内的管件连接（即管件的所有轴线处于同一平面内），仍然有许多布置型式。由于空间节点受力十分复杂，工程设计中通常把空间节点简化为平面节点进行分析。所谓平面节点是指交汇于节点的各撑杆轴线与弦杆轴线共处同一平面。本节叙述的节点分类及与此有关的术语都限于平面节点。

　　1. 管节点类型

　　位于同一平面内的管节点，主要的撑杆间没有搭接、无节点板、无隔板或加筋板的节点，称为简单节点。根据外形，管节点可分为 T 型、Y 型、K 型和交叉型等几种型式，如图 3.9 所示。T 型管节点是撑杆与弦杆垂直；Y 型管节点是撑杆与弦杆轴线夹角为 30°～

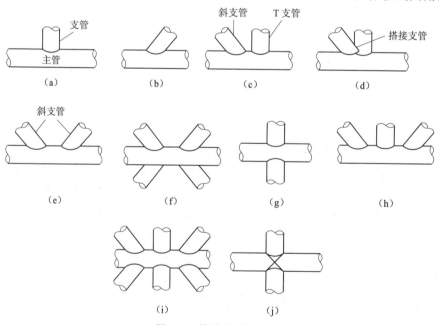

图 3.9　管节点基本型式

（a）T 型管节点；（b）Y 型管节点；（c）TY 型管节点；（d）搭接 TY 型管节点；（e）K 型管节点；
（f）双 K 型管节点；（g）双 T 型管节点；（h）TK 型管节点；（i）双 TK 型管节点；（j）X 型管节点

60°；K 型管节点是两撑杆与弦杆轴线分别为 30°～60°；TK 型管节点是弦杆一侧的 3 根撑杆中，1 根与弦杆垂直，另 2 根与弦杆轴线分别为 30°～60°；TY 型管节点是弦杆一侧的 2 根撑杆中，1 根与弦杆垂直，另 1 根撑杆与弦杆轴线成 30°～60°；X 型管节点是弦杆两侧的 2 根撑杆均与弦杆垂直，且 2 根撑杆的轴线共线。如 2 根撑杆相互重叠焊在弦杆上，则称为搭接管节点，如图 3.9 （d）的搭接 TY 型管节点。

对于采取加强措施，如设置节点板、内外加强环、加隔板等，以增强弦杆管壁刚度，称为加强管节点，如图 3.10 所示。将弦杆段部分截面扩大，以改善节点的应力状况，称为扩大节点。这类管节点均称为非简单管节点型式。

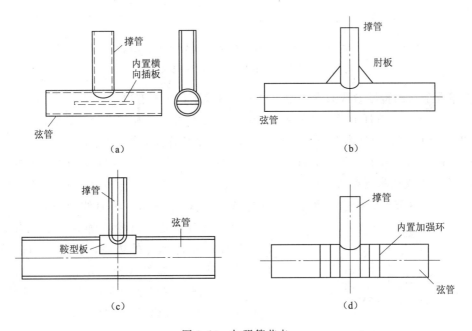

图 3.10 加强管节点

(a) 用内置横向插板加强的 T 型管节点；(b) 用肘板加强的 T 型管节点；
(c) 用鞍型板加强的 T 型管节点；(d) 用内置加强环加强的 T 型管节点

2. 管节点各部分的符号及名称

图 3.11 所示为典型的 T 型和 K 型管节点，其符号规定如下：

R——弦杆平均半径，mm；

r——撑杆的平均半径，mm；

D——主管直径，mm；

d——支管直径，mm；

T——弦杆壁厚，mm；

t——撑杆壁厚，mm；

θ——撑杆轴线与弦杆轴线夹角，(°)；

g——撑杆之间的间隙，mm；

e——两支管中心轴线的交点与主管中心轴线的距离，mm；

l——T 型支管自由末端到主管与支管交接处最高点的距离，mm；

L——主管长度，m。

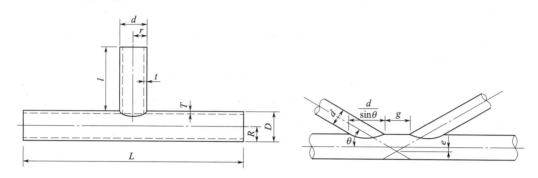

图 3.11　T 型管节点和 K 型管节点几何参数

(a) T 型管节点；(b) K 型管节点

简单管节点的特性参数通常采用无量纲参数表示，主要有以下三个：

(1) $\beta = r/R$，撑杆半径与弦杆半径之比，它是荷载传递和应力分布的指标。

(2) $\gamma = R/T$，弦杆半径与弦杆壁厚之比，它是弦杆径向柔度指标。

(3) $\alpha = t/T$，撑杆壁厚与弦杆壁厚之比，它是撑杆与弦杆的相对弯曲刚度指标。

3. 管节点设计构造要求

(1) 简单管节点的构造。撑杆不应穿过弦杆管壁，撑杆和弦杆轴线间的夹角不宜小于30°。如果在节点处弦杆管壁加厚，则节点加厚管段的长度应超过撑杆外边缘，包括焊脚以外至少 $D/4$ 或 305mm，如图 3.12 所示。

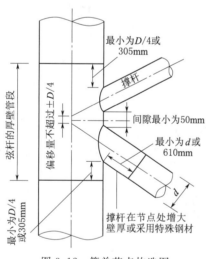

图 3.12　简单节点构造图

如果撑杆在节点处增大壁厚或采用特殊钢材，其长度应从连接端部延伸出最少等于撑杆直径 d 或 610mm，取其较大值。

理论上的同心节点可用撑杆和弦杆轴线交点作为工作点，工程上不搭接撑杆之间应有 50mm 的最小间隙。为了使弦杆节点管段不至于过长，沿弦杆轴线上偏移量应不超过 $D/4$。

在简单管节点中，如果在工作点的允许偏移限度之内，撑杆的最小间隙小于 50mm 时，则应设计成搭接节点。节点加厚管段的环焊缝与撑杆应尽量避免相交，当撑杆较多时，可设计成搭接节点，节点加厚管段的环焊缝与撑杆相交时，应增加焊缝交叉处弦杆环焊缝的探伤要求。

(2) 搭接管节点的构造。搭接管节点是指部分荷载通过焊缝从一根撑杆直接传递到另一撑杆的节点。两撑杆搭接部分的高度 l_2 必须保证搭接部分至少能承担垂直于弦杆的撑杆分力 $P_{D\perp}$ 的一半，如图 3.13 所示。撑杆的壁厚应不超过弦杆的壁厚。

当各撑杆承受显著不同的荷载或者一撑杆比另一撑杆壁厚时，应将受载较大的或壁厚

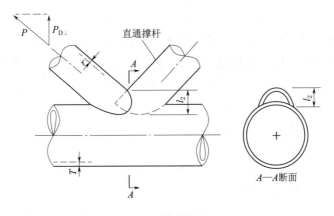

图 3.13　搭接管节点

较厚的撑杆做成直通，将其全部周长满焊于弦杆管壁上。

3.2.2.3　导管架（三脚架）与桩的连接

导管架（三脚架）基础中的桩通过特殊灌浆的方式与导管架（三脚架）相连，如图 3.14 所示。海上风电机组基础承受较大的水平荷载，连接段承受弯矩较大，这对灌浆连接的质量和作用效果提出了很高的要求。

桩与导管架（三脚架）的连接灌浆材料可采用高强灌浆料。高强灌浆料具有大流动度、无收缩、早强及高强等特点，28d 抗压强度可达 90MPa 以上，与钢材的黏结强度可达 6MPa 以上，且配制简单，满足海上风电机组导管架（三脚架）对灌浆材料指标的要求。

海上风电机组导管架（三脚架）基础的连接段一般完全或部分处于水下，宜采用底部灌注方式。灌浆过程中，在浆液充满环形空间后，进行一段时间的压力闭浆。采用底部灌浆结石体与管壁黏结比较密实，结石体内部的蜂窝状孔隙很小且较少，灌浆效果较好。

导管架桩套管内壁一般还需要设置导向块，该导向块一方面便于导管架的吊装安放，另一方面需要确保导管架桩套管内壁与桩之间各侧面形成一定的环形空间，确保灌浆厚度。

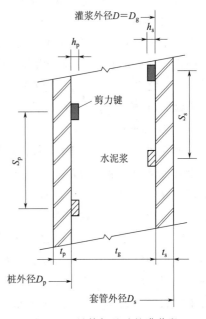

图 3.14　导管架基础的灌浆段

3.2.3　承台

承台是高桩承台基础的基本组成部分，通常采用钢筋混凝土现浇结构，根据地质条件和风电机组荷载量级，可采用不同数量的桩基支撑。

1. 承台高程

桩与承台底部相连，承台的底部高程应考虑使用要求、施工水位、波浪对结构的影响、靠船检修运维、低潮时防止船舶直接撞击下部桩的需要等因素，一般设置在平均海平面附近。此时靠船防撞构件可依靠混凝土承台进行设置，在其周围设置橡胶护舷。为尽量减少波浪荷载对结构的作用，设计时也有将承台底高程设置于高潮位相应波峰线上方的情况。但这种承台处于高位的基础，其防撞设置相对较为复杂，且防撞能力较承台设置于平均海平面附近的要低。为防止船舶撞击以及满足停靠运维船只的需要，需要联系梁将钢管连接成一个整体作为防撞构件。

高桩承台基础过渡段的顶高程即基础平台底高程应从设计水位、设计波高、结构受到的波浪力综合考虑。一般情况下，需保证基础上方塔筒与基础结合面不受海水浸泡和波浪打击。但顶面高程过高，不方便维护人员的上下。其高程计算公式为

$$T = H_w + \frac{2}{3}H_b + \Delta \tag{3.1}$$

式中 T——风电机组基础平台底高程，m；

       H_w——50 年一遇极端高潮位，m；

       H_b——极端高潮位下的最大波高，m；

       Δ——安全超高，m，可取 0.5～1.5m。

2. 承台尺寸

桩基承台的厚度主要由承台的抗冲切、抗剪切、抗弯承载力以及桩与塔筒的连接要求综合确定，且不宜小于 1.5m。承台的平面尺寸主要决定于桩的平面布置以及检修操作的空间需求。除此之外还有一些构造要求，如桩基承台的最小宽度不应小于 500mm，边桩中心至承台边缘的距离不应小于桩的直径或边长，且桩的外边缘至承台边缘的距离不应小于 150mm。

3. 桩与承台的连接

海上风电机组的上部结构荷载对高桩承台基础产生的最大影响是弯矩，上部荷载最终由钢管桩承受。承台与桩之间的连接设置不当的话，底部混凝土若产生裂缝、破碎等现象则很难修复，所以高桩承台基础中承台与基桩之间的连接应采用刚接连接。连接处应能承受桩顶弯矩、剪力和轴向力作用，不得采用铰接连接。

基桩采用钢管桩时，刚接连接可采用桩顶直接伸入承台的型式［图 3.15（a）］或桩顶通过锚固铁件或钢筋伸入承台的型式［图 3.15（b）］也可采用桩顶伸入与桩顶锚固铁件伸入组合的型式。有经验时，也可采用桩顶部设置桩芯钢筋混凝土的连接方式，桩芯混凝土的长度、配筋应满足受力要求。相应的验算项目见表 3.2。

3.2.4 附属结构

海上风电机组基础附属结构主要包括靠泊防撞设施、爬梯、电缆管、内外平台与吊机支撑结构。附属结构的设置应根据工程场区水深、潮位及主导风向、浪向、流向，结合运维船舶工作特性综合确定，并应与塔筒门朝向、电缆开孔朝向、风电机组内部电气设备布置朝向等相协调。

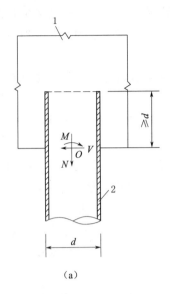

(a)

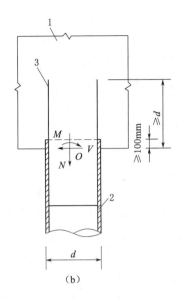

(b)

图 3.15　钢管桩与承台连接

(a) 桩顶直接伸入承台的型式；(b) 桩顶通过锚固铁件或钢筋伸入承台的型式

1—承台；2—钢管桩；3—锚固铁件

表 3.2　　　　　　　　　桩顶锚固验算项目

荷载情况	桩顶直接伸入承台	桩顶通过锚固铁件或钢筋伸入承台	桩顶伸入与锚固铁件伸入组合
轴向压力	桩顶混凝土的挤压和冲切		
轴向拉力	桩顶锚固深度	锚固铁件的截面积、锚固长度和焊缝长度	桩顶锚固深度、锚固铁件的截面积、锚固长度和焊缝长度
水平剪力、力矩	桩侧混凝土的挤压应力	桩侧混凝土的挤压和铁件应力	桩侧混凝土的挤压和铁件应力

注　1. 桩顶直接伸入承台内时，桩顶伸入的最小深度不小于 1 倍桩径。

　　2. 桩顶通过锚固铁件或钢筋伸入承台内时，桩顶伸入的深度不小于 100mm。

　　3. 当桩受轴向拉力时，桩顶直接伸入承台的部分必要时可加焊锚固铁件。

　　4. 采用桩顶伸入与锚固铁件伸入相结合的型式时，桩顶伸入长度和锚固件伸入长度可根据受力要求和具体结构进行调整。

3.2.4.1　平台、栏杆及爬梯

海上风电机组需设置检修平台，位置一般在高于海平面的适当位置，需保证平台底高程高于海平面以及平台不受波浪的影响。为了保障检修人员的安全，平台所有敞开边缘应设置防护栏杆，对平台可能进行海上操作作业的工作面，防护栏杆宜带踢脚板。为了方便检修人员上下检修平台，在靠船处与平台之间需设置爬梯，爬梯布置应凹进基础一侧一定距离，以免受运维船舶撞击破坏。

3.2.4.2　靠泊防撞设施

海上风电场范围较大，为了减少风电机组尾流的影响，风电机组的间距一般为 400～

1500m，有些特殊区域间距更大，最容易受撞击的位置为风电场周边的风电机组基础。每座基础如果都按较高的标准进行防撞设计，工程造价将非常高。因此，一般只对风电场外围的风电机组基础布置防撞设施。

靠泊防撞设施按照与海上风电机组基础结构的关系可以分为分离式和附着式两类。

1. 分离式防护系统

分离式防护系统主要包括浮体系泊防护系统、群桩墩式防护系统及单排桩防护系统等。

（1）浮体系泊防护系统。该系统由浮体、钢丝绳、锚定物组成。浮体移动、钢丝绳变形、锚定物在碰撞力作用下移动等都可吸收大量能量，对碰撞船舶也有很好的保护作用。该系统占用水域大，建造复杂，一般仅适用含有球首的较大型船舶。

（2）群桩墩式防护系统。该系统由多根桩和防撞墩组成。群桩墩式结构刚度大，一旦发生碰撞事故，船只的损伤比较大，因而该防护系统仅适用于碰撞概率较低，且采用其他防护措施不够经济的情况。

（3）单排桩防护系统。该系统采用间隔布置的钢管桩作为防撞设施，钢管桩之间通过锚链或水平钢管相连。计算防撞能力时不考虑桩间联系刚度，即按单桩计算防撞能力。单排桩防护系统仅能抵抗小型船舶的撞击，对于中大型的船舶仅起到警示和缓冲作用。

2. 附着式防护系统

当撞击能量相对较小，海上风电机组基础结构抵抗水平力的能力较大，或者受地质条件限制，不易设置分离式防护系统时，也可采用附着式防护系统。该系统可以利用风电机组基础结构本身作为支承结构，不必单独进行基础的处理。

附着式防护系统设计的主要内容是缓冲装置设计。缓冲装置对基础结构本身和船舶都有很好的保护，因而在桥梁工程中得到较多的应用，主要采用钢质套箱和加装防冲橡胶护舷两种型式。海上风电机组基础作为独立个体，采用附着式防护系统较经济合理，因此目前一般固定式风电机组基础的防护基本采用该类防撞措施。

3. 设施设置范围

靠泊防撞设施设置应适应工程海域潮位变化特性，设置范围宜在设计高、低潮位之间，并考虑浪高和运维船舶干舷高度的影响。当运维船舶参数无法确定时，对于低潮位露滩的潮间带海域，靠泊防撞设施应设置自海床面至设计高潮位以上不小于 3.0m，对于近海海域，靠泊防撞设施应设置自设计低潮位以下 1.0m 至设计高潮位以上不小于 3.0m。

4. 警示装置设计

警示装置设计是防撞设计的重要内容。所有处在外围的风电机组基础均需设置夜间和雾天警示灯，警示灯布置在基础醒目位置。为防止个别警示灯意外损害，每个基础需布置多套警示灯。若海上风电场与海上航线接近，航道边应设置浮标。同时，靠近航线侧的风电机组基础应设置雷达应答器，以便装有雷达装置的较大型船舶能及早发现障碍物，避免越过浮标位置碰撞风电机组基础。

3.3 桩 基 布 置

3.3.1 导管架（三脚架）基础桩基布置

导管架与三脚架类似，均是由多个钢结构杆件连接形成的空间结构体系，其桩基布置也类似。

导管架承受上部风电机组塔筒荷载、波浪及海流等环境荷载和自重，并将荷载通过撑杆（钢管）传递给打入海床的钢管桩，桩数一般可设计成 3～6 根，以 4 根居多。导管架基础采用钢管桩定位于海底，钢管桩一般呈正多边形均匀布设，桩顶通过钢套管支撑上部导管架结构，构成组合式基础。海况环境差、定位困难时，亦可在多边形中心打入一根定位桩。

3.3.2 高桩承台基础桩基布置

高桩承台基础桩基布置直接关系到整个基础结构的受力，其布置原则是：①应能充分发挥桩基承载力，且使同一承台下的各桩受力尽量均匀，使基础的沉降和不均匀沉降较小；②应使整个高桩承台基础的建设比较经济；③应考虑桩基施工的可能性与方便性。

桩的布置宜符合下列条件：

（1）为充分发挥基桩的承载力，桩的最小中心距应符合表 3.3 的规定。

表 3.3   桩 的 最 小 中 心 距

土类与成桩工艺		排数不少于 3 排且桩数不少于 9 根的摩擦型桩	其他情况
非挤土灌注桩		3.0D	3.0D
部分挤土桩		3.5D	3.0D
挤土桩	饱和黏性土	4.5D	4.0D

注　1. D 为圆桩直径。

　　2. 当纵横向桩距不相等时，其最小中心距应满足"其他情况"一栏的规定。

（2）宜尽量使桩群承载力合力点与竖向永久荷载合力作用点重合，并使桩在受水平力和力矩较大方向有较大的抗弯截面模量。

（3）尽量采用对称布置，其位置、坡度及桩端嵌固情况均宜对称，这种布置结构简单，计算容易，施工方便。

（4）应选择较硬土层作为桩端持力层。桩端全断面进入持力层的深度，对于黏性土、粉土不宜小于 2D，砂土不宜小于 1.5D，碎石类土不宜小于 1D。当存在软弱下卧层时，桩端以下硬持力层厚度不宜小于 3D。

海上风电机组高桩承台基础中，基桩一般为斜桩且倾斜的角度一般不超过 15°。桩基在进行平面布置时，应安排好斜桩的倾斜方向，要避免桩与桩在泥面下相碰。考虑到打桩偏差，两根桩交叉时的净距不宜小于 50cm。此外，还要考虑桩基布置对施工程序的影响，保证每根桩都能打，且施工方便；不妨碍打桩船的抛锚和带缆；尽量减少调船和变动打桩架斜度。

为减小基础的沉降，应采取以下措施：①同一承台下的基桩，宜打至同一土层，且桩端高程不宜相差太大；②当桩端进入不同的土层时，各桩沉桩贯入度不宜相差过大；③同一承台的基桩桩端不应打入软硬不同土层。

3.4 桩承式基础的计算

3.4.1 桩承式基础的计算内容

海上风电机组基础设计时，应按不同的极限状态、采用相应设计状况的作用效应组合，对相关内容进行计算和验算。桩承式基础设计考虑承载能力和正常使用两种极限状态，承载能力极限状态应分别考虑极端状况、疲劳极限状况下的基本组合和地震状况下的地震组合，正常使用极限状态应考虑正常使用极限状况下的标准组合。表 3.4 给出了桩承式基础的计算和验算内容及相应的极限状态和作用效应组合。

表 3.4 桩承式基础的计算和验算内容

序号	计算和验算内容	极限状态	作用效应组合
1	按桩基承载力确定桩基础桩数和桩身尺寸	承载能力极限状态	基本组合
2	基础结构的材料强度验算、配筋计算等	承载能力极限状态	基本组合
3	基础结构构件稳定性	承载能力极限状态	基本组合
4	结构疲劳验算	承载能力极限状态	基本组合
5	地震状况下桩基承载力	承载能力极限状态	地震组合
6	地震状况下强度、截面抗震验算	承载能力极限状态	地震组合
7	变形验算、基础裂缝宽度验算等	正常使用极限状态	标准组合

3.4.2 桩基础轴向承载力

桩基础轴向承载力指桩在轴向荷载作用下到达破坏前或出现不适于继续承载的变形时所对应的最大荷载，主要取决于地基承受桩轴向力的能力。摩擦桩抗压承载力由桩侧摩擦阻力和桩端阻力两部分组成；对于端承桩，起主要作用的是桩端阻力。桩抗拔时则不存在桩端阻力。影响桩基础轴向承载力的因素很多，静载荷试验是确定桩基承载力最可靠的方法，用高应变动测法确定承载力的技术经过约 30 年的研究和实践也日趋成熟。在方案设计阶段或无条件试桩时，可根据具体情况采用承载力经验参数法或静力触探等确定单桩轴向极限承载力。

3.4.2.1 单桩轴向抗压承载力

1. 钢管桩或预制钢筋混凝土管桩

根据土的物理指标与承载力参数之间的经验关系确定钢管桩或预制钢筋混凝土管桩的单桩轴向抗压承载力设计值时，计算公式为

$$Q_d = \frac{1}{\gamma_R}(U \sum q_{fi} l_i + \eta q_R A) \tag{3.2}$$

式中　Q_d——单桩轴向抗压承载力设计值，kN；

　　　γ_R——单桩轴向承载力抗力系数，可按表3.5取值；

　　　U——桩身截面外周长，m；

　　　q_{fi}——单桩第i层土的单位面积极限侧摩阻力标准值，kPa；

　　　l_i——桩身穿过第i层土的长度，m；

　　　q_R——单桩单位面积极限桩端阻力标准值，kPa；

　　　A——桩端外周面积，m^2；

　　　η——桩端闭塞效应系数，可按桩基础静荷载试验及地区经验取值；无当地经验时，可按表3.6的规定取值。

表3.5　　　　　　　　　　　　　　单桩轴向承载力抗力系数

桩的类型		静载试验法 γ_R	经验参数法 γ_R		
打入桩		1.30～1.40	1.45～1.55		
灌注桩		1.50～1.60	1.55～1.65		
嵌岩桩	抗压	1.60～1.70	覆盖层 γ_{cS}	预制型	1.45～1.55
				灌注型	1.55～1.65
			嵌岩段 γ_{cR}		1.70～1.80
	抗拔	1.80～2.00	—		

注　1. 当地质情况复杂时取大值，反之取小值。

　　2. γ_{cS}为覆盖层单桩轴向受压承载力抗力系数；γ_{cR}为嵌岩段单桩轴向受压承载力抗力系数。

表3.6　　　　　　　　　　　　　　桩端闭塞效应系数 η

桩型	桩的外径/m	η	取值说明
敞口钢管桩	$0.80<d\leqslant1.20$	入土深度大于20m或20d时，取0.50～0.30	根据桩径、入土深度和持力层特性综合分析，入土深度较大，进入持力层深度较大，桩径较小时取大值，反之取小值
	$1.20<d\leqslant1.50$	入土深度大于25m时，取0.35～0.20	
	$d>1.50$	入土深度小于25m时，取0；入土深度大于或等于25m时，取0.25～0	
半敞口钢管桩		参照同条件的敞口钢管桩酌情增大	
预制钢筋混凝土管桩	$d<0.80$	入土深度大于20d时，取1.0	
	$0.80\leqslant d<1.20$	入土深度大于20d或20m时，取1.0～0.80	
	$d=1.20$	入土深度大于25m时，取0.85～0.75	

注　1. 表层为淤泥时，考虑的入土深度应适当折减。

　　2. 入土深度大于30d或30m，进入持力层深度大于5d，可分别认为入土深度较大和进入持力层深度较大。

　　3. 本表不适用于持力层为全风化和强风化岩层的情况，不适用于直径大于2m的桩。

对于敞口钢管桩而言，沉桩过程中桩端部分土将涌入管内形成"土塞"，土塞的高度及闭塞效果与土性、管径、壁厚、桩进入持力层的深度等诸多因素有关。而桩端土的闭塞程度又直接影响桩的承载力性状，故称此为桩的闭塞效应。闭塞程度的不同导致端阻力以不同模式破坏。一种是如同闭口桩一样破坏，称为完全闭塞。另一种是土塞沿管内向上挤出，或由于土塞压缩量大而导致桩端土大量涌入，这种状态称为非完全闭塞，这种非完全闭塞将导致端阻力降低。土塞的闭塞程度主要随桩端进入持力层的相对深度 h_b/d（h_b 为桩端进入持力层的深度，d 为钢管桩外径）而变化。已有的研究表明，对于敞口钢管桩，桩径小于 600mm 且当桩端进入良好持力层的深度大于 5 倍桩径时，可认为桩端土的闭塞效应得到充分发挥。而当桩外径达到 800mm 以上时由于闭塞效应的影响，桩端承载力明显下降。

综上所述，为解决桩端闭塞效应，沉桩时一定要保证桩底端进入持力层一定深度。对于特大直径钢管桩，也可在桩底端管内焊接横隔板以解决桩端闭塞效应。对于半敞口钢管桩，表 3.6 并未对桩端闭塞效应系数 η 给出明确的数值，仅建议参照同条件的敞口钢管桩酌情增大。对于持力层为黏性土时增大值不宜大于敞口时的 20%，较密实砂性土增大值可适当增加。实际上，涉及桩端闭塞效应的敞口钢管桩垂直承载力情况较复杂，一般需通过静载荷试桩确定承载力。关于桩端闭塞效应系数大小的确定还需更多试验进行进一步的研究。在实际工程中，若将桩内土抽出并填充混凝土，则桩体自重增大从而会对桩基础的稳定性有利，具体到桩基轴向抗压承载力则会略有降低。

2. 大直径灌注桩

对于桩径大于 800mm 的大直径灌注桩，应考虑极限侧阻力和极限端阻力的尺寸效应。大直径桩静载试验 $Q\text{-}S$ 曲线均呈缓变型，反映出其端阻力以压剪变形为主导的渐进破坏模式。研究表明，砂土中大直径桩的极限端阻力随桩径增大而呈双曲线减小的规律。同时大直径桩成孔后产生应力释放，孔壁出现松弛变形，导致侧阻力也呈现出随桩径增大呈双曲线减小的规律。

基于上述分析规律，根据土的物理指标与承载力参数之间的经验关系确定大直径灌注桩单桩轴向抗压承载力设计值时，计算公式为

$$Q_d = \frac{1}{\gamma_R}(U\sum\psi_{si}q_{fi}l_i + \psi_p q_R A) \tag{3.3}$$

式中　ψ_{si}、ψ_p——大直径灌注桩桩侧阻力、桩端阻力尺寸效应系数，可按表 3.7 的规定取值。

表 3.7　　大直径灌注桩桩侧阻力尺寸效应系数 ψ_{si} 和桩端阻力尺寸效应系数 ψ_p

土　类　型	黏性土、粉土	砂土、碎石类土
ψ_{si}	$(0.8/d)^{1/5}$	$(0.8/d)^{1/3}$
ψ_p	$(0.8/d)^{1/4}$	$(0.8/d)^{1/3}$

注　1. d 为灌注桩的外径，m。

　　2. 如有现场试验经验时，可结合现场试验情况取值。

3. 嵌岩桩

对于桩端置于完整、较完整基岩的嵌岩桩，其承载力计算应采用嵌岩桩对应的计算方法。按承载力经验参数法，嵌岩桩轴向抗压承载力设计值计算公式为

$$Q_{cd} = \frac{U_1\sum\xi_{fi}q_{fi}l_i}{\gamma_{cS}} + \frac{U_2\xi_s f_{rk}h_r + \xi_p f_{rk}A}{\gamma_{cR}} \tag{3.4}$$

式中　γ_{cS}——覆盖层单桩轴向受压承载力抗力系数，可按表 3.5 取值；

　　　γ_{cR}——嵌岩段单桩轴向受压承载力抗力系数，可按表 3.5 取值；

U_1、U_2——覆盖层桩身周长和嵌岩段桩身周长，m；

ξ_{fi}——桩周第 i 层土的侧阻力计算系数，$D \leqslant 1.0\text{m}$ 时，岩面以上 $10D$ 范围内的覆盖层，取 $0.5 \sim 0.7$，$10D$ 以上覆盖层取 1.0；$D > 1.0\text{m}$ 时，岩面以上 10m 范围内的覆盖层，取 $0.5 \sim 0.7$，10m 以上覆盖层取 1.0；D 为覆盖层中桩的外径；

q_{fi}——桩周第 i 层土的单位面积极限侧摩阻力标准值，kPa；

l_i——桩身穿过第 i 层土的长度，m；

ξ_s、ξ_p——嵌岩段侧阻力和端阻力计算系数，可根据嵌岩深径比 h_r/d 按表 3.8 采用；

f_{rk}——岩石饱和单轴抗压强度标准值，kPa，应根据工程勘察报告提供的数据并结合工程经验确定，黏土质岩石取天然湿度单轴抗压强度标准值，f_{rk} 大于桩身混凝土轴心抗压强度标准值 f_{ck} 时，取 f_{ck} 值；遇水软化岩层或 $f_{rk} <$ 10MPa 的岩层，桩的承载力宜按灌注桩计算；

h_r——桩身嵌入基岩的长度，m，当 $h_r > 5D'$ 时，取 $5D'$；当岩层表面倾斜时，应以岩面最低处计算嵌岩深度，D' 为嵌岩段桩径；

A——嵌岩段桩端面积，m^2。

表 3.8 微风化岩体中嵌岩段侧阻力和端阻力计算系数（ξ_s、ξ_p）

嵌岩径深比 h_r/b	1.0	2.0	3.0	4.0	5.0
ξ_s	0.070	0.096	0.093	0.083	0.070
ξ_p	0.72	0.54	0.36	0.18	0.12

注　当嵌入中等风化岩时，按表中数值乘以 $0.7 \sim 0.8$ 计算。

3.4.2.2　单桩轴向抗拔承载力

与单桩基础不同，三脚架基础、导管架基础和高桩承台基础由多根基桩组成。由于空间上的距离，当风电机组荷载、波浪荷载、海流荷载、冰荷载或船舶荷载等从某一方向作用于整体结构时，基础中部分桩可能受到下压荷载作用，而部分桩则可能受到上拔荷载作用，如图 3.16 所示，其中 C 桩承受下压荷载，A 桩则可能承受上拔荷载。因此，与单桩基础相比，三脚架基础、导管架基础和高桩承台基础除计算桩的抗压承载力和水平承载力外，还需计算桩的抗拔承载力。

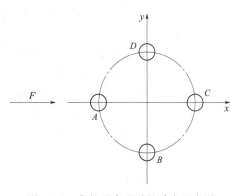

图 3.16　高桩承台基础桩受力示意图

桩的轴向抗拔承载力标准值宜通过现场试验确定，并且在确定桩的轴向抗拔承载力标准值时，应考虑包括静水上浮力和土塞重量在内的桩有效重量。由于海上风电机组基础所采用的桩往往较长，可能存在接桩部位，桩与承台之间也存在连接部位，所以桩的抗拔承载力还受桩身焊接处以及桩与承台连接处的连接强度控制。因此，在确定桩的轴向抗拔承载力标准值的同时，还需验算桩的轴向抗拔承载力是否超过桩身焊接处以及桩与承台连接处的抗拉强度。

1. 打入桩和灌注桩

未做静载荷试桩的工程，打入桩和灌注桩的单桩抗拔承载力设计值计算公式为

$$T_{\mathrm{d}} = \frac{1}{\gamma_{\mathrm{R}}} \left(U \sum \xi_i q_{\mathrm{f}i} l_i + G \cos\alpha \right) \qquad (3.5)$$

式中　　T_{d}——单桩抗拔承载力设计值，kN；

γ_{R}——单桩轴向承载力抗力系数，可按表 3.5 取值；

U——桩身截面外周长，m；

ξ_i——抗拔折减系数，对黏性土取 0.7～0.8；对砂土取 0.5～0.6，桩的入土深度大时取大值，反之取小值，对大直径管桩结构，该参数应根据工程经验或现场试桩试验确定；

$q_{\mathrm{f}i}$——桩周第 i 层土的单位面积极限侧摩阻力标准值，kPa；

l_i——桩身穿过第 i 层土的长度，m；

G——桩重力，水下部分按浮重力计，kN；

α——桩轴线与垂线夹角，(°)。

2. 嵌岩桩

未进行抗拔试验的嵌岩桩工程，若嵌岩深度不小于 3 倍桩径，其单桩轴向抗拔承载力设计值计算公式为

$$Q_{\mathrm{td}} = \frac{U_1 \sum \xi'_{\mathrm{f}i} \xi_{\mathrm{f}i} q_{\mathrm{f}i} l_i + G \cos\alpha}{\gamma_{\mathrm{ts}}} + \frac{U_2 \xi'_{\mathrm{s}} f_{\mathrm{rk}} h_{\mathrm{r}}}{\gamma_{\mathrm{tr}}} \qquad (3.6)$$

式中　　Q_{td}——嵌岩桩单桩轴向抗拔承载力设计值，kN；

U_1、U_2——覆盖层桩身周长和嵌岩段桩身周长，m；

γ_{ts}——覆盖层单桩轴向抗拔承载力抗力系数，预制桩取 1.45～1.55，灌注桩取 1.55～1.65；

γ_{tr}——嵌岩段单桩轴向抗拔承载力抗力系数，取 2.0～2.2；

$\xi'_{\mathrm{f}i}$——第 i 层覆盖土的侧阻力抗拔折减系数，取 0.7～0.8；

$\xi_{\mathrm{f}i}$——桩周第 i 层土的侧阻力计算系数，岩面以上 10m 范围内的覆盖层取 0.5～0.7，10m 以上覆盖层取 1.0；

$q_{\mathrm{f}i}$——桩周第 i 层土的单位面积极限侧摩阻力标准值，kPa；

l_i——桩身穿过第 i 层土的长度，m；

G——桩重力，水下部分按浮重力计，kN；

α——桩轴线与垂线夹角，(°)；

ξ'_{s}——嵌岩段侧阻力抗拔计算系数，取 0.045；

f_{rk}——岩石饱和单轴抗压强度标准值，kPa，应根据工程勘察报告提供的数据并结合工程经验确定，黏土质岩石取天然湿度单轴抗压强度标准值，f_{rk} 大于桩身混凝土轴心抗压强度标准值 f_{ck} 时取 f_{ck} 值；遇水软化岩层或 $f_{\mathrm{rk}} < 10\mathrm{MPa}$ 的岩层，桩的承载力宜按灌注桩计算；

h_{r}——桩身嵌入基岩的长度，m，当 $h_{\mathrm{r}} > 5D'$ 时，取 $5D'$；当岩层表面倾斜时，应以岩面最低处计算嵌岩深度，D' 为嵌岩段桩径。

对于桩端达到或进入基岩的抗拔桩，可采用预应力锚杆嵌岩的方式增加桩的抗拔能力，锚杆的锚固长度应根据计算确定且不小于 3m。

3.4.2.3 黏性土中的管桩单位面积极限侧摩阻力和单位面积极限桩端阻力

对黏性土中的管桩，沿桩长度上任何一点的单位面积极限侧摩阻力标准值 q_{fi}（kPa）可采用计算式：

$$q_{fi} = \alpha c_u \tag{3.7}$$

其中

$$\alpha = \begin{cases} \dfrac{1}{2\sqrt{c_u/p_0'}} & \dfrac{c_u}{p_0'} \leqslant 1.0 \\[3mm] \dfrac{1}{2\sqrt[4]{c_u/p_0'}} & \dfrac{c_u}{p_0'} > 1.0 \end{cases} \tag{3.8}$$

式中 α——无量纲系数，$\alpha \leqslant 1.0$；

c_u——计算点地基土的不排水抗剪强度，kPa；

p_0'——计算点的有效上覆压力，kPa。

对端部支撑在黏土中的管桩，单位面积极限桩端阻力标准值 q_R（kPa）可采用计算式：

$$q_R = 9c_u \tag{3.9}$$

3.4.2.4 非黏性土中的管桩单位面积极限侧摩阻力和单位面积极限桩端阻力

非黏性土中的管桩单位面积极限侧摩阻力标准值 q_{fi}（kPa）可采用计算式：

$$q_{fi} = K_h p_0' \tan\delta \tag{3.10}$$

式中 K_h——无因次侧向土压力系数（水平与垂向有效应力之比），对未形成土塞的开口打入桩取 0.8，对闭口桩和形成充分土塞的开口桩取 1.0；

p_0'——计算点的有效上覆压力，kPa；

δ——地基土与桩壁之间的摩擦角，（°），在没有相关资料的情况下，可参考表 3.9 取用。

对端部支撑在非黏性土体中的管桩，单位面积极限桩端阻力标准值 q_R 计算式为

$$q_R = p_0 N_q \tag{3.11}$$

式中 p_0——桩端处的有效上覆压力，kPa；

N_q——非黏性土无量纲承载力系数，可根据表 3.9 取值。

表 3.9 非黏性土的设计参数

密实度	土的类别	$\delta/(°)$	q_{fi}/kPa	N_q	$q_R/$ MPa
极松 松 中密	砂 砂质粉土 * 粉土	15	47.8	8	1.9

续表

密实度	土的类别	$\delta/(°)$	q_{fi}/kPa	N_q	q_R/MPa
松 中密 密实	砂 砂质粉土 * 粉土	20	67.0	12	2.9
中密 密实	砂 砂质粉土 *	25	81.3	20	4.8
密实 极密	砂 砂质粉土 *	30	95.7	40	9.6
密实 极密	砂砾 砂	35	114.8	50	12.0

注 1. 本表给出的设计参数仅作为参考，具体宜通过诸如现场圆锥试验、高质量土样的强度试验、模型试验等方法确定。

2. 砂质粉土 * 指那些含有大量砂粒和粉粒的土，其强度一般随砂粒含量的增加而增高，随粉粒含量的增加而降低。

　　侧摩阻力作用于桩壁的内、外两侧，但桩的总阻力包括桩的外侧摩阻力和桩端环形面积的支撑力以及桩的内侧摩阻力或土塞端阻力中的较小者。当桩尖处于有较弱的邻近土层的非黏性土中的桩，桩尖贯入该层土的深度为 2～3 倍桩径或更大时，且桩尖在距离层底接近 3 倍桩径（以免穿透该层土），此时桩端承载力系数可按照表 3.9 选取。如果达不到上述要求的距离，则必须对表中的资料作修正。如果邻近土层与计算土层的强度相当，则桩尖邻近交界面的距离无影响。

3.4.2.5　轴向承载桩基础的群桩效应

　　当基础由群桩组成时，由于桩和周边土组成一个相互作用的整体，其变形和承载力均受群桩相互作用的影响。制约群桩效应的主要因素包括群桩自身的几何特征，诸如桩间距、桩长、桩基置型式和桩数等，还包括桩侧和桩端土体特性、土层分布和成桩工艺等。群桩效应具体反映在群桩侧摩阻力、端阻力、群桩沉降和群桩破坏模式等随荷载的变化过程与单桩不同。

　　对于海上风电机组基础结构中的桩承式基础，除了高桩承台基础型式外，其他基础型式中桩间距一般较大，群桩相互作用程度很弱，可不考虑群桩效应的影响。对于高桩承台基础，桩土相互作用程度与群桩的类型密切相关。端承型群桩基础，由于桩与土体相互作用程度很弱，其极限承载力可取单桩承载力之和来计算。对于摩擦型群桩基础，应根据其破坏模式建立相应的计算模式。

　　《海上风电场工程风电机组基础设计规范》（NB/T 10105—2018）中规定：在打入桩群桩基础中，桩与桩的中心距不小于 6 倍桩径或中心距为 3～6 倍桩径，且桩端进入良好持力层时，轴向承载力可按单桩计算；当桩与桩的中心距小于 3 倍桩径或中心距为 3～6 倍桩径的摩擦桩应考虑群桩效应对桩基承载能力的影响。但规范并没有对如何考虑群桩效应加以明确。

《浅海钢质固定平台结构设计与建造技术规范》（SY/T 4094—2012）中规定：在黏性土中的群桩，当桩距小于 8 倍桩径时，群桩承载力可能小于孤立单桩承载力乘以群桩中的桩数，应考虑群桩效应对承载力及变形的影响。而在砂性土中，群桩承载力可能大于单桩承载力的总和，因此可不考虑群桩效应对承载力的影响。

对于黏性土中桩距小于 3 倍桩径的群桩基础，其轴向承载力可按公认的整体深基础法；对于桩距在 3～8 倍桩径的群桩基础，其轴向承载力设计值 Q 计算公式为

$$Q = Q_d ne \qquad (3.12)$$

其中

$$e = \frac{1}{1+\eta} \qquad (3.13)$$

式中　Q——群桩轴向承载力设计值，kN；

　　　Q_d——单桩轴向承载力设计值，kN；

　　　n——群桩中的桩数；

　　　e——群桩效应系数；

　　　η——应力折减率，按表 3.10 取值。

《码头结构设计规范》（JTS 167—2018）中也规定了对于按群桩设计的高桩承台，其承载力设计值可按单桩计算的轴向承载力设计值乘以群桩折减系数的方法确定。其折减系数的计算方法与《浅海钢质固定平台结构设计与建造技术规范》（SY/T 4094—2012）中的计算方法基本一致，只是个别系数有所区别，并且《码头结构设计规范》（JTS 167—2018）只针对矩形布置的群桩基础的群桩折减系数做了相关规定。

海上风电机组群桩基础一般为高桩承台，且桩基布置多是环形布置，在设计过程中计算群桩折减系数时，可参考《浅海钢质固定平台结构设计与建造技术规范》（SY/T 4094—2012）进行。

此外，对于海上风电机组的高桩承台桩基础，其一般都是由若干根斜桩组成，而国内考虑群桩效应的群桩基础承载力计算是基于直桩基础得到的。因此，对于由斜桩组成的群桩基础，当对其按照直桩的相关规范进行设计时，其轴向承载力目前还难以判断是偏安全还是偏不安全，在进行具体工程应用时，在有条件的情况下，建议对其轴向承载力进行现场试验，为实际设计提供依据。

3.4.2.6　桩基础轴向承载力验算

在计算得到桩基础轴向承载力后，还需要根据各种计算工况下的基本组合和地震组合作用效应对其验算。

桩基础轴向承载力验算可按下式进行：

$$N_d \geqslant Q_d \qquad (3.14)$$

式中　N_d——桩顶轴向荷载效应设计值，kN；

　　　Q_d——单桩轴向承载力设计值，kN，地震状况验算时 Q_d 可提高 25%。

表 3.10　应力折减率 [《浅海钢质固定平台结构设计与建造技术规范》(SY/T 4094—2012)]

类别	桩位简图 (桩尖平面)	应力折减率 η	符号说明
A	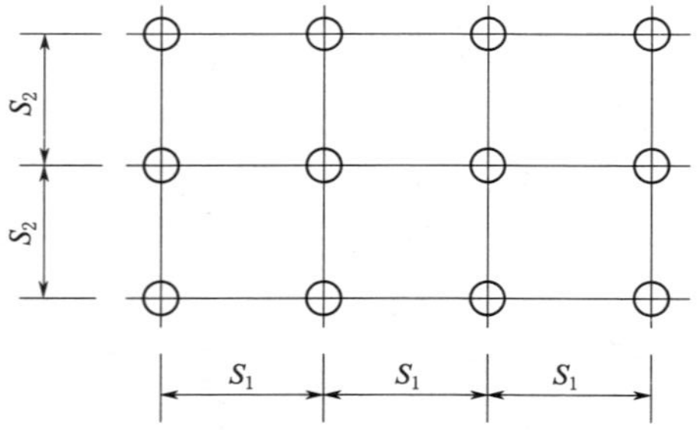 本图中 $M=4$，$N=3$	$$\eta = 2B_{s1}\frac{M-1}{M} + 2B_{s2}\frac{N-1}{N} + 4B_{s3}\frac{(M-1)(N-1)}{MN}$$ $$B_{s1} = \left(\frac{1}{3S_1} - \frac{1}{2L\tan\varphi}\right)D$$ $$B_{s2} = \left(\frac{1}{3S_2} - \frac{1}{2L\tan\varphi}\right)D$$ $$B_{s} = \left(\frac{1}{3\sqrt{S_1^2 + S_2^2}} - \frac{1}{2L\tan\varphi}\right)D$$	(1) S_1、S_2——桩距(如图所示)，m； (2) M、N——S_1 及 S_2 方向的桩数(如图所示)； (3) L——桩的入土深度，m；φ——土的内摩擦角，(°)，分层土加权平均值，(°)； (4) D——桩径，m。
B	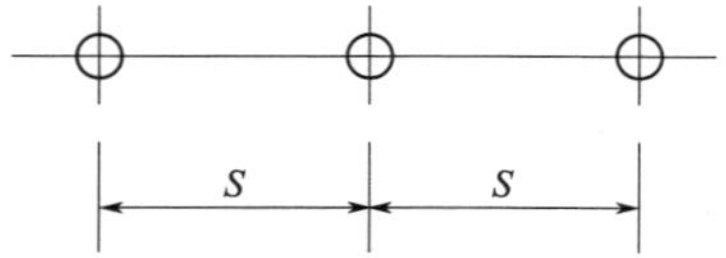	$$\eta = 2B_{s1}\frac{N-1}{N}$$ $$B_{s1} = \left(\frac{1}{3S} - \frac{1}{2L\tan\varphi}\right)D$$	(5) S——桩距(如图所示)，m；N——桩数；φ——土的内摩擦角，(°)；L——桩的入土深度，m； (6) D——桩径，m。
C	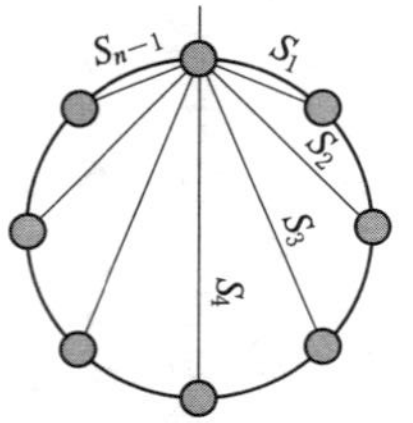	$$\eta = \sum_{i=1}^{N-1}\left(\frac{1}{3S_i} - \frac{1}{2L\tan\varphi}D\right)$$ 如式中的某项为负数，则取其为零。	(7) S_i——桩距(如图所示)，m；N——桩数；φ——土的内摩擦角，(°)；L——桩的入土深度，m；D——桩径，m。

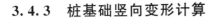

3.4.3 桩基础竖向变形计算

风电机组桩基础竖向变形计算应在正常使用极限状态下，按作用效应标准组合验算基础沉降变形，其计算值不应大于变形允许值。

桩基础在工作荷载下的沉降计算方法目前有两大类：一类是按实体深基础计算模型，采用弹性半空间表面荷载下 Boussinesq 应力解计算附加应力，用分层总和法计算沉降；另一类是以半无限弹性体内部集中力作用下的明德林（Mindlin）解为基础计算沉降。后者主要分为两种：一种是 Poulos 提出的相互作用因子法；另一种是 Geddes 对明德林公式积分而导出集中力作用于弹性半空间内部的应力解，按叠加原理，求得群桩桩端平面下各单桩附加应力和，按分层总和法计算群桩沉降。在沉降计算过程中，桩端平面以下地基中由桩引起的附加应力可按计入桩径影响的明德林解计算确定。

上述方法存在如下缺陷：

（1）实体深基础计算模型中附加应力按 Boussinesq 应力解计算与实际不符（计算应力偏大），且计算模型不能反映桩的长径比、距径比等的影响。

（2）相互作用因子法不能反映压缩层范围内土的成层性。

（3）Geddes 应力叠加-分层总和法对大桩群不能手算，且要求假定侧阻力分布，并给出桩端荷载分担比。

针对以上问题，《海上风电场工程风电机组基础设计规范》（NB/T 10105—2018）给出了等效作用分层总和法。

计算基础沉降时，将沉降计算点水平面影响范围内各桩对应力计算点产生的附加应力叠加，采用单向压缩分层总和法计算土层的沉降，并计入桩身压缩 s_e。在沉降计算过程中，桩端平面以下地基中由基桩引起的附加应力按考虑桩径影响的明德林解计算确定。桩的最终沉降量计算公式为

$$s = \psi \sum_{i=1}^{n} \frac{\sigma_{zi}}{E_{si}} \Delta z_i + s_e \tag{3.15}$$

其中

$$\sigma_{zi} = \sum_{j=1}^{m} \frac{Q_j}{l_j^2} [\alpha_j I_{p,ij} + (1 - \alpha_j) I_{s,ij}] \tag{3.16}$$

$$s_e = \xi_e \frac{Q_j l_j}{E_c A_{ps}} \tag{3.17}$$

式中　　ψ——沉降计算经验系数，无当地经验时，可取 1.0；

n——沉降计算深度范围内土层的计算分层数；分层数应结合土层性质，分层厚度不应超过计算深度的 0.3 倍；

σ_{zi}——水平面影响范围内各桩对应力计算点桩端平面以下第 i 计算土层 1/2 厚度处产生的附加竖向应力之和，MPa，应力计算点取与沉降计算点最近的桩中心点；

E_{si}——第 i 计算土层的压缩模量，MPa，采用土的自重压力至土的自重压力加附加压力作用时的压缩模量；

Δz_i——第 i 计算土层厚度，m；

s_e——计算桩身压缩，m；

m——以沉降计算点为圆心，0.6 倍桩长为半径的水平面影响范围内的桩数；

Q_j——第 j 桩在作用效应标准组合下，桩顶的附加荷载，kN；

l_j——第 j 桩桩长，m；

α_j——第 j 桩总桩端阻力与桩顶荷载之比，近似取极限总端阻力与单桩极限承载力之比；

$I_{p,ij}$，$I_{s,ij}$——第 j 桩的桩端阻力和桩侧阻力对计算轴线第 i 计算土层 1/2 厚度处的应力影响系数；

ξ_e——桩身压缩系数，端承型桩，$\xi_e=1.0$；摩擦型桩，当桩基长径比 $l/d \leqslant 30$ 时，$\xi_e=2/3$；当桩基长径比 $l/d \geqslant 50$ 时，$\xi_e=1/2$；介于两者之间可线性插值；

E_c——桩身材料的弹性模量，MPa；

A_{ps}——桩身截面面积，m^2。

对桩基础的最终沉降计算深度 z_n，可按应力比法确定，即 z_n 处由桩引起的附加应力 σ_z 应不大于自重应力 σ_c 的 0.2 倍；当桩端地基土为高压缩性土时，z_n 处由桩引起的附加应力 σ_z 应不大于自重应力 σ_c 的 0.1 倍。

3.4.4 桩基础水平承载力及变形计算

风荷载、波浪荷载和海流荷载是作用在海上风电组机组基础上的重要荷载，这些荷载的特点是基本呈水平向且为循环荷载。此外，海上风电机组基础还时常受到冰荷载和船舶荷载的作用，这些荷载在水平方向上的分力往往对结构有较大影响。因此，海上风电机组基础的水平承载力设计非常重要。

3.4.4.1 水平承载桩基础受力特点

在水平力和弯矩作用下，桩身发生挠曲并挤压桩侧土，同时桩侧土体对桩产生水平力。随着外加荷载的增大，桩的水平位移和挠度相应增大，桩侧土体由浅到深逐步产生塑性屈服，从而使荷载向更深处土层传递，直到桩周土体破坏失稳，桩的水平位移值大大超过允许值，或桩身应力达到强度极限值，桩基破坏。所以桩身截面抗弯刚度、材料强度、桩侧土质条件、桩的入土深度、桩顶约束条件等都是单桩水平承载力和位移的影响因素。如对于低配筋率的灌注桩，通常是桩身先出现裂缝，随后断裂破坏，此时单桩水平承载力由桩身强度控制。对于抗弯性能强的桩，如高配筋率的混凝土预制桩和钢桩，桩身虽未断裂，但由于桩侧土体塑性隆起，或桩顶水平位移大大超过使用允许值，也认为桩的水平承载力达到极限状态，此时单桩的水平承载力由位移控制。

表 3.11　弹性长桩、中长桩和刚性短桩划分标准

类型	弹性长桩	中长桩	刚性短桩
划分标准	$L_t \geqslant 4T$	$4T > L_t \geqslant 2.5T$	$L_t < 2.5T$

水平承载桩的桩长和桩土刚度比决定了桩基不同的破坏模式和受力变形性态。通常可分为弹性长桩、中长桩和刚性短桩三类，划分标准可按表 3.11 确定。表中 L_t 为桩的入土深度，m；T 为桩的相对刚度系数，m，计算公式为

$$T = \sqrt[5]{\frac{E_\text{p} I_\text{p}}{m b_0}} \tag{3.18}$$

其中

$$b_0 = 0.9(d + 1) \tag{3.19}$$

式中　E_p——桩材料的弹性模量，kN/m^2；

　　　　I_p——桩截面的惯性矩，m^4；

　　　　m——桩侧地基土的水平抗力系数随深度增长的比例系数，kN/m^4；

　　　　b_0——桩的换算宽度，m，对于不小于 1.0m 的圆桩或管桩可按式（3.19）计算；

　　　　d——桩径，m。

对于刚性短桩而言，由于桩身下段得不到充分的嵌固且桩身不发生挠曲变形，在荷载作用下将产生全桩长的刚体转动，绕转动中心转动时，转动中心上方土体和转动中心到桩底范围内土体产生的抗力用以抵抗水平荷载产生的力矩或外加弯矩。对于弹性长桩而言，由于桩的入土深度较长，将使得桩下段可有效嵌固在土体中而不发生转动，桩身上段产生挠曲变形（水平位移和转角），由逐渐发展的桩截面抵抗矩和土抗力来承担增大的水平荷载。

对于海上风电机组基础中的桩基，由于基础部分所受的水平荷载和倾覆弯矩均较大，除由于基岩埋藏较浅采用嵌岩桩时，均应使桩基的入土深度满足弹性长桩的条件或通过控制桩顶位移、桩身整体变形与桩基础埋深的关系确定。桩基础埋深宜满足桩身位移曲线出现竖向切线或桩长增加对桩身泥面处水平位移基本无影响的要求。

1. 弹性长桩

承受水平力作用的弹性长桩桩身内力和变形，宜通过水平静荷载试验确定，也可根据工程经验采用 $P-Y$ 曲线法或 m 法计算确定。其中 m 法仅适用于水平变形较小，处于弹性变形阶段的桩基础结构计算；对于水平变形较大且承受循环荷载作用下的桩基础结构，应采用 $P-Y$ 曲线法进行计算。

2. 中长桩或刚性短桩

承受水平力或力矩作用的中长桩或刚性短桩，除应对桩身结构内力和变形进行验算，还需对桩侧土体应力进行验算，验算公式为

$$\sigma_{h/3} \leqslant \frac{4}{\cos\varphi}\left(\frac{\gamma}{3} h \tan\varphi + c\right)\eta \tag{3.20}$$

$$\sigma_h \leqslant \frac{4}{\cos\varphi}(\gamma h \tan\varphi + c)\eta \tag{3.21}$$

其中

$$\eta = 1 - 0.8\frac{M_\text{g}}{M} \tag{3.22}$$

式中　$\sigma_{h/3}$、σ_h——泥面下 $h/3$ 处、h 处土的水平压应力，kPa；

　　　　φ——土的内摩擦角，(°)；

　　　　γ——土的有效重度，kN/m^3，对透水材料，应包括水的浮力作用；

　　　　h——桩的入土深度，m；

　　　　c——土的黏聚力，kPa；

　　　　η——总荷载中恒载所占比例的影响系数；

　　　　M_g——恒载对桩底中心产生的力矩，$kN \cdot m$；

　　　　M——总荷载对桩底产生的力矩，$kN \cdot m$。

3. 嵌岩桩

嵌岩桩在水平力作用下的受力特性宜通过静荷载试验确定。不进行水平静荷载试验的嵌岩桩，嵌岩端按固结设计时，嵌岩深度应大于计算嵌岩深度，且应大于 1.5 倍嵌岩段桩径。计算嵌岩深度的公式为

$$h_r' \geqslant \frac{4.23V_d + \sqrt{17.92V_d^2 + 12.7\beta f_{rk}M_dD'}}{\beta f_{rk}D'} \tag{3.23}$$

式中　　h_r'——计算嵌岩深度，m；

　　　　V_d——基岩顶面处桩身剪力设计值，kN；

　　　　β——系数，取 0.2～1.0，根据岩层侧面构造和风化程度而定，节理发育的取小值，反之取大值，中风化岩不宜大于 0.6；

　　　　f_{rk}——岩石单轴饱和抗压强度标准值，kPa，f_{rk} 的取值应根据工程勘察成果并结合工程经验确定；当 βf_{rk} 大于桩身混凝土轴心抗压强度标准值 f_{ck} 时，βf_{rk} 取 f_{ck}；

　　　　M_d——基岩顶面处桩身弯矩设计值，kN·m；

　　　　D'——嵌岩段桩身直径，m。

进入基岩的桩，应根据基岩性能确定计算方法。当岩石单轴饱和抗压强度标准值 $f_{rk} > 30$MPa 时，可按嵌岩桩计算；当岩石单轴饱和抗压强度标准值 $f_{rk} < 10$MPa 时，可按灌注桩计算；当岩石单轴饱和抗压强度标准值 f_{rk} 为 10～30MPa 时，根据岩体的结构和成分，综合分析其与桩身的相互作用特性，确定计算方法。

覆盖层土对嵌岩桩的水平抗力：当覆盖层较薄且强度较低时，不宜计入覆盖层土的作用；当覆盖层较厚或有一定厚度且强度较高时，可计入覆盖层土的作用。

3.4.4.2　*P*-*Y* 曲线法

P-*Y* 曲线的线形与土质、深度及载荷性质等有关，一般应根据现场或室内试验资料的分析结果绘制。缺乏资料时，可按照以下规定绘制。

1. 砂性土的 *P*-*Y* 曲线

砂性土分为浅层土和深层土，浅层土和深层土的极限土抗力转折点深度 X_R 计算公式为

$$X_R = \frac{(C_3 - C_2)D}{C_1} \tag{3.24}$$

式中　　C_1，C_2，C_3——与土体内摩擦角 φ 有关的系数，具体值由图 3.17 确定；

　　　　D——桩外径，m。

砂性土的桩侧极限水平土抗力随深度不同变化，浅层土和深层土单位

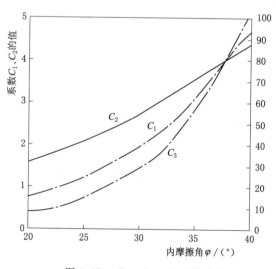

图 3.17　C_1、C_2、C_3 系数曲线

桩长的极限水平土抗力标准值 P_u 可分别按照下式进行计算。

当 $0 < X < X_R$（浅层土）时：

$$P_u = (C_1 X + C_2 D) \gamma X \qquad (3.25)$$

当 $X \geqslant X_R$（深层土）时：

$$P_u = C_3 D \gamma X \qquad (3.26)$$

式中　X——泥面下计算点深度，m；

　　　P_u——深度 X 处单位桩长的极限水平土抗力标准值，kN/m；

　　　γ——土的有效重度，kN/m³。

某一深度 X 处的砂土 P-Y 曲线可以用下式表示：

$$P = A P_u \tanh\left(\frac{KX}{A P_u} Y\right) \qquad (3.27)$$

式中　P_u——深度 X 处单位桩长的极限水平土抗力标准值，kN/m；

　　　K——地基反力初始模量，与内摩擦角 φ 的关系如图 3.18 所示，上面曲线表示水位线以上的砂土，下面曲线表示水位线以下的砂土，kN/m³；

　　　Y——泥面下 X 深度处桩的侧向水平变形，m；

　　　X——泥面下计算点深度，m；

　　　A——考虑循环荷载和短期静力荷载状态的参数，按式（3.28）和式（3.29）选取。

循环荷载：

$$A = 0.9 \qquad (3.28)$$

短期静载：

$$A = \left(3.0 - 0.8 \frac{X}{D}\right) \geqslant 0.9$$
$$\qquad (3.29)$$

2. 软黏土的 P-Y 曲线

软黏土某一深度 X 的极限土抗力标准值计算公式为

当 $0 < X < X_R$ 时：
$$P_u = (3c_u + \gamma X)D + Jc_u X$$
$$\qquad (3.30)$$

当 $X \geqslant X_R$ 时：

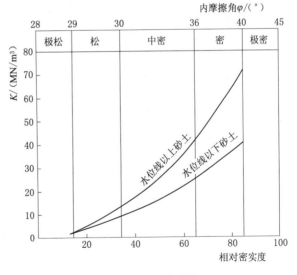

图 3.18　K 值曲线

$$P_u = 9c_u D \qquad (3.31)$$

式中　P_u——深度 X 处单位桩长的极限水平土抗力标准值，kN/m；

　　　c_u——未扰动黏土土样的不排水抗剪强度，kPa；

　　　D——桩外径，m；

　　　γ——土的有效重度，kN/m³；

J——无量纲经验常数，变化范围为 $0.25\sim0.50$，对正常固结软黏土可取为 0.50；

X——泥面下计算点的深度，m。

通过联立求解式（3.30）与式（3.31）可得

$$X_{\mathrm{R}}=\frac{6D}{\dfrac{\gamma D}{c_{\mathrm{u}}}+J}\qquad(3.32)$$

式中　X_{R}——泥面以下到土抗力减少区域底部的深度，m。

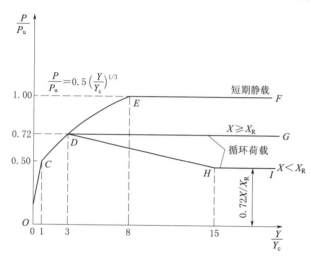

图 3.19　软黏土的 P-Y 曲线

对于近海工程结构桩基，软黏土不同类型荷载下 P-Y 曲线如图 3.19 所示，$OCDE$ 段为曲线，其余部分为直线。其中 $OCDEF$ 曲线用于短期静载，$OCDG$ 曲线用于 $X\geqslant X_{\mathrm{R}}$（$X_{\mathrm{R}}$ 为临界深度）时的循环荷载，$OCDHI$ 用于 $X<X_{\mathrm{R}}$ 时的循环荷载。

短期静载作用下：

$$P=\begin{cases}\dfrac{P_{\mathrm{u}}}{2}\left(\dfrac{Y}{Y_{\mathrm{c}}}\right)^{1/3} & Y<8Y_{\mathrm{c}}\\[2mm]P_{\mathrm{u}} & Y\geqslant8Y_{\mathrm{c}}\end{cases}\qquad(3.33)$$

循环荷载作用下：

当 $X\geqslant X_{\mathrm{R}}$ 时：

$$P=\begin{cases}\dfrac{P_{\mathrm{u}}}{2}\left(\dfrac{Y}{Y_{\mathrm{c}}}\right)^{1/3} & Y<3Y_{\mathrm{c}}\\[2mm]0.72P_{\mathrm{u}} & Y\geqslant3Y_{\mathrm{c}}\end{cases}\qquad(3.34)$$

当 $0<X<X_{\mathrm{R}}$ 时：

$$P=\begin{cases}\dfrac{P_{\mathrm{u}}}{2}\left(\dfrac{Y}{Y_{\mathrm{c}}}\right)^{1/3} & Y<3Y_{\mathrm{c}}\\[2mm]0.72P_{\mathrm{u}}\left[1-\left(1-\dfrac{X}{X_{\mathrm{R}}}\right)\dfrac{Y-3Y_{\mathrm{c}}}{12Y_{\mathrm{c}}}\right] & 3Y_{\mathrm{c}}\leqslant Y<15Y_{\mathrm{c}}\\[2mm]0.72P_{\mathrm{u}}\dfrac{X}{X_{\mathrm{R}}} & Y\geqslant15Y_{\mathrm{c}}\end{cases}\qquad(3.35)$$

式中　Y_{c}——在实验室对未扰动土试样做不排水压缩试验时，其应力达到最大应力一半时桩的侧向水平变形，m，取 $Y_{\mathrm{c}}=2.5\varepsilon_{\mathrm{c}}D$，$\varepsilon_{\mathrm{c}}$ 为三轴试验中最大主应力差一半时的应变值，对饱和度较大的软黏土，也可以取无侧限抗压强度 q_{u} 一半时的应变值；当无试验资料时，可按表 3.12 采用；

D——桩外径，m；

P——深度 X 处单位桩长的水平土抗力标准值，kN/m；

Y——泥面下 X 深度处桩的侧向水平变形，m。

表 3.12 ε_c 值

c_u/kPa	ε_c	c_u/kPa	ε_c	c_u/kPa	ε_c
12~24	0.02	24~48	0.01	48~96	0.007

若将桩内土抽出并填充混凝土，则桩体的水平刚度必然会增大，这对桩基抵抗水平荷载的作用是非常有利的。在实际工程中，可选用低强度等级的混凝土作为桩内填充材料。

3. 应用 P-Y 曲线法计算桩的内力和变形

在应用 P-Y 曲线法计算桩的内力和变形过程中还需用到 m 法。m 法假定土的水平地基抗力系数 K 随深度呈线性增加，即

$$K = mZ \tag{3.36}$$

式中　K——土的水平地基抗力系数，kN/m^3；

m——土的水平地基抗力系数随深度增长的比例系数，kN/m^4，宜通过单桩水平静荷载试验确定，当无试桩资料时，可按表 3.13 采用；

Z——计算点的深度，m。

表 3.13   **非岩石类土的 m 取值参考 [《码头结构设计规范》（JTS 167—2018）]**

序号	地 基 土 类 别	预制混凝土桩、钢桩		灌注桩	
		m 值 /(kN/m⁴)	相应单桩在泥面处水平位移/mm	m 值 /(kN/m⁴)	相应单桩在泥面处水平位移/mm
1	淤泥、淤泥质土	2000~4500		2500~5000	
2	流塑 $I_L>1$、软塑 $0.75<I_L\leqslant1$ 状黏性土、孔隙比 $e>0.9$ 粉土、松散粉细砂、松散填土	4500~6000		3000~5000	
3	可塑 $0.25<I_L\leqslant0.75$ 状黏性土、孔隙比 $e=0.7\sim0.9$ 粉土、稍密或中密填土、稍密细砂	6000~10000	10	5000~10000	6
4	硬塑 $0<I_L\leqslant0.25$、坚硬 $I_L\leqslant0$ 状黏性土、孔隙比 $e<0.7$ 粉土、中密的中粗砂、密实老填土	10000~22000		10000~30000	
5	中密、密实的砂砾、碎石类土	—	—	30000~80000	

注　1. 当水平位移大于表列数值时，m 值应适当降低；水平位移小于表列数值时，m 值可适当提高。

    2. 泥面为斜面时，m 值应适当降低。

    3. 水平力为长期荷载时，m 值应适当降低。

在水平力和力矩的作用下，弹性长桩的桩身变形和弯矩的确定应根据桩顶约束情况来分别计算。

（1）桩顶可以自由转动时，桩身入土段变形和弯矩计算公式为

$$Y = \frac{H_0 T^3}{EI} A_y + \frac{M_0 T^2}{EI} B_y \tag{3.37}$$

$$M = H_0 T A_m + M_0 B_m \tag{3.38}$$

$$\phi = \frac{H_0 T^2}{EI} A_\phi + \frac{MT}{EI} B_\phi \tag{3.39}$$

$$Q = H_0 A_Q + \frac{M_0}{T} B_Q \tag{3.40}$$

$$T = \sqrt[5]{\frac{EI}{m b_0}} \tag{3.41}$$

式中
Y——桩身在泥面或泥面以下的变形，m；

M——桩身在泥面或泥面以下截面的弯矩，kN·m；

ϕ——桩身在泥面或泥面以下截面的转角；

Q——桩身在泥面或泥面以下截面的剪力，kN；

H_0——作用在泥面处的水平荷载，kN；

T——桩的相对刚度系数，m；

E——桩体材料的弹性模量，kN/m²；

I——桩截面的惯性矩，m⁴；

A_y、B_y、A_m、B_m、A_Q、B_Q、A_ϕ、B_ϕ——变形、弯矩、剪力和转角的无量纲系数，根据换算深

度 $\overline{h} = \dfrac{Z}{T}$（$Z$ 为设计泥面下任一点深度）按表 3.14

查得；

M_0——作用在泥面处的弯矩，kN·m；

m——桩侧地基土的水平抗力系数随深度增长的比例系数，

kN/m⁴；

b_0——桩的换算宽度，m，$b_0 = 0.9(d+1)$，d 为桩径。

桩身最大弯矩的位置、最大弯矩计算公式为

$$Z_m = \overline{h} T \tag{3.42}$$

$$M_{max} = M_0 C_2 \quad 或 \quad M_{max} = H_0 T D_2 \tag{3.43}$$

式中　Z_m——桩身最大弯矩距泥面深度，m；

$\overline{h}$——换算深度，m，可根据 $C_1 = \dfrac{M_0}{H_0 T}$ 或 $D_1 = \dfrac{H_0 T}{M_0}$ 由表 3.14 查得；

M_{max}——桩身最大弯矩，kN·m；

C_2、D_2——无量纲系数，根据换算深度按表 3.14 查得。

（2）桩顶嵌固而转角为 0 时，桩身入土段变形和弯矩计算公式为

$$Y = (A_y - 0.93 B_y) \frac{H_0 T^3}{EI} \tag{3.44}$$

$$M = (A_m - 0.93 B_m) H_0 T \tag{3.45}$$

表 3.14　　　　　　　　　　　　　　　m 法计算无量纲系数

换算深度 $\overline{h}=\dfrac{Z}{T}$	A_y	B_y	A_m	B_m	A_ϕ	B_ϕ	A_Q	B_Q	C_1	D_1	C_2	D_2
0.0	2.441	1.621	0	1.000	−1.621	−1.751	1.00000	0	∞	0	1	∞
0.1	2.279	1.451	0.100	1.000	−1.616	−1.651	0.98833	−0.00753	131.252	0.008	1.001	131.318
0.2	2.118	1.291	0.197	0.998	−1.601	−1.551	0.95551	−0.02795	34.186	0.029	1.004	34.317
0.3	1.959	1.141	0.290	0.994	−1.577	−1.451	0.90468	−0.05820	15.554	0.064	1.012	15.738
0.4	1.803	1.001	0.337	0.986	−1.543	−1.352	0.83898	−0.09554	8.781	0.114	1.029	9.037
0.5	1.650	0.870	0.458	0.975	−1.502	−1.254	0.76145	−0.13747	5.539	0.181	1.057	5.856
0.6	1.503	0.750	0.529	0.959	−1.452	−1.157	0.67486	−0.18191	3.710	0.27	1.101	4.138
0.7	1.360	0.639	0.592	0.938	−1.396	−1.062	0.58201	−0.22685	2.566	0.39	1.169	2.999
0.8	1.224	0.537	0.646	0.913	−1.334	−0.970	0.48552	−0.27087	1.791	0.558	1.274	2.282
0.9	1.094	0.445	0.689	0.884	−1.267	−0.88	0.38689	−0.31245	1.238	0.808	1.441	1.784
1.0	0.970	0.361	0.723	0.851	−1.196	−0.793	0.28901	−0.35039	0.824	1.213	1.728	1.424
1.1	0.854	0.286	0.747	0.814	−1.123	−0.710	0.19388	−0.38443	0.503	1.988	2.299	1.157
1.2	0.746	0.219	0.762	0.774	−1.047	−0.630	0.10153	−0.41335	0.246	4.071	3.876	0.952
1.3	0.645	0.160	0.768	0.732	−0.971	−0.555	0.01477	−0.43490	0.034	29.58	23.438	0.792
1.4	0.552	0.108	0.765	0.687	−0.894	−0.484	−0.06586	−0.45486	−0.145	−6.906	−4.596	0.666
1.6	0.388	0.024	0.737	0.594	−0.743	−0.356	−0.20555	−0.47378	−0.434	−2.305	−1.128	0.480
1.8	0.254	−0.036	0.685	0.499	−0.601	−0.247	−0.31345	−0.47301	−0.665	−1.503	−0.530	0.353
2.0	0.147	−0.076	0.614	0.407	−0.471	−0.158	−0.38839	−0.44914	−0.865	−1.156	−0.304	0.263
3.0	−0.087	−0.095	0.193	0.076	−0.070	0.063	−0.36065	−0.19052	−1.893	−0.528	−0.026	0.049
4.0	−0.108	−0.015	0.000	0.000	−0.0003	0.085	−0.00002	−0.00045	−0.045	−22.500	0.011	0.000

注　本表适用于桩端置于非岩石土中或支立于岩面上的弹性长桩。

在利用 P-Y 曲线求解桩的内力和变形时，可采用无量纲迭代法计算，具体计算步骤如下。

1）先绘制各土层的 P-Y 曲线，深度小于 $0.5T$ 的靠近地表部分，P-Y 曲线的间隔距离宜小一些。

2）初次假定一个 T 值，T 值即为桩的相对刚度，按 $T=\sqrt[5]{\dfrac{EI}{mb_0}}$ 求得。

3）根据 m 法，计算出桩身泥面以下各深处的挠度 Y。

4）根据求出的 Y 值，从 P-Y 曲线上求得相应的土反力 P，找出沿桩身各截面的 P_i/Y_i。

5）绘出土抗力系数与深度之间的相关图，用最小二乘法找出 K-X 相关性较好的直线的斜率 $m=K/Z=P/ZY$。

6）由 m 计算相对刚度系数 T，反复进行迭代，直至假设的 T 值等于（或接近于）计

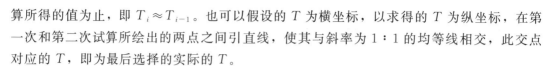

算所得的值为止，即 $T_i \approx T_{i-1}$。也可以假设的 T 为横坐标，以求得的 T 为纵坐标，在第一次和第二次试算所绘出的两点之间引直线，使其与斜率为 $1:1$ 的均等线相交，此交点对应的 T，即为最后选择的实际的 T。

7）由最后所选择的 T 按 m 法沿桩身求得水平位移 Y、截面弯矩 M、截面剪力 Q 和转角 φ 等。设计中应将由水平力标准值根据 $P-Y$ 曲线求得的桩身最大弯矩乘以综合分项系数 1.4 作为最大弯矩设计值。

3.4.4.3　水平承载桩基础的群桩效应

群桩基础的水平承载力应考虑群桩和土体相互作用产生的群桩效应。《海上风电场工程风电机组基础设计规范》（NB/T 10105—2018）中规定：在打入桩群桩基础中，沿水平力作用方向桩与桩的中心距不小于 6 倍桩径的水平承载桩可按单桩设计。对于如何考虑水平承载桩的群桩效应，规范则没有相应说明。而其他各规范对水平荷载下桩基础的群桩效应的规定则有所差异，并且多针对直桩基础。在海上风电机组桩基础的设计过程中，当考虑水平荷载作用下桩基础的群桩效应时，可参考《码头结构设计规范》（JTS 167—2018）中的规定：在水平力作用下，群桩中桩的中心距小于 8 倍桩径，桩的入土深度在小于 10 倍桩径以内的桩段，应考虑群桩效应。在非往复水平荷载作用下，距荷载作用点最远的桩按单桩计算，其余各桩应考虑群桩效应。其 $P-Y$ 曲线中的土抗力 P 在无试验资料时，对于黏性土可按式（3.46）计算土抗力的折减系数。

$$\lambda_h = \left(\frac{\dfrac{S_0}{D}-1}{7}\right)^{0.043\left(10-\frac{Z}{D}\right)} \tag{3.46}$$

式中　λ_h——土抗力的折减系数；

$\quad\quad S_0$——桩的中心距，m；

$\quad\quad D$——桩外径，m；

$\quad\quad Z$——泥面以下桩的任一深度，m。

海上风电机组高桩承台群桩基础中，基桩一般为斜桩且倾斜的角度一般不超过 15°。对于单根斜桩而言，"正斜"斜桩的承载能力最大，直桩次之，"负斜"斜桩的承载能力最小。伸向四周对称布置的斜桩组成的群桩水平承载力要比直桩群桩基础的大，但其提高的程度与基桩的倾斜角度、工程地质条件等有关。对于由斜桩组成的群桩基础，对其按照直桩的相关规范进行设计时，其水平承载力是偏安全的。在进行具体工程应用时，在有条件的情况下，建议对其水平承载力进行现场试验，为实际设计提供依据。

3.4.5　桩体结构设计

桩基础的承载力大小取决于地基土性质和桩身材料性质。海上风电机组桩基础大都采用钢管桩，所以本节针对钢管桩的设计进行具体说明。对钢管桩进行设计时，一般需符合材料、壁厚、分段、构造、强度、稳定性、防腐等方面的规定。

3.4.5.1　钢管桩的材料

钢管桩所用钢材，应根据建筑物的重要性、自然条件、受力状况和抗腐蚀要求等，在满足设计对其机械性能和化学组成要求的前提下，考虑材料的加工和可焊性，并通过技术经济比较后确定。钢管桩所用钢材，应取用同一型号的钢种。

综合海上风电机组基础结构的受力特点和钢材化学成分、力学性能、加工性能，钢管桩钢材选用可采用船舶及海洋工程用结构钢，也可采用低合金高强度结构钢。一般采用热轧低合金高强度结构钢，材质选用 Q355C 型。要求钢板表面不允许有任何缺陷，比如麻点、裂纹、皱褶、贴边等，不允许采用补焊的方式修补。为保证钢材低温性能，要求冲击试验时 0℃ 冲击功不得低于 34J。用于钢管桩制作的钢板，其长度、宽度允许偏差均应满足《热轧钢板和钢带的尺寸、外形、重量及允许偏差》（GB/T 709—2019）相关规定，其厚度应满足 A 类偏差要求，见表 3.15。

表 3.15　　　　　　　　　钢管桩所采用的钢板厚度允许偏差（A 类）

公称厚度/mm	下列公称宽度的厚度允许偏差/mm			
	≤1500	(1500, 2500]	(2500, 4000]	(4000, 4800]
3.00~5.00	+0.55 −0.35	+0.70 −0.40	+0.85 −0.45	
(5.00, 8.00]	+0.65 −0.35	+0.75 −0.45	+0.95 −0.55	
(8.00, 15.00]	+0.70 −0.40	+0.85 −0.45	+1.05 −0.55	+1.20 −0.60
(15.00, 25.00]	+0.85 −0.45	+1.00 −0.50	+1.15 −0.65	+1.50 −0.70
(25.00, 40.00]	+0.90 −0.50	+1.05 −0.55	+1.30 −0.70	+1.60 −0.80
(40.00, 60.00]	+1.05 −0.55	+1.20 −0.60	+1.45 −0.75	+1.70 −0.90
(60.00, 100.00]	+1.20 −0.60	+1.50 −0.70	+1.75 −0.85	+2.00 −1.00
(100.00, 150.00]	+1.60 −0.80	+1.90 −0.90	+2.15 −1.05	+2.40 −1.20
(150.00, 200.00]	+1.90 −0.90	+2.20 −1.00	+2.45 −1.15	+2.50 −1.30
(200.00, 250.00]	+2.20 −1.00	+2.40 −1.20	+2.70 −1.30	+3.00 −1.40
(250.00, 300.00]	+2.40 −1.20	+2.70 −1.30	+2.95 −1.45	+3.20 −1.60
(300.00, 400.00]	+2.70 −1.30	+3.00 −1.40	+3.25 −1.55	+3.50 −1.70

焊接材料的机械性能应与钢管桩主材相适应。若母材选用 Q355C，则焊接材料应选用 H10Mn2、H10MnSi 型焊丝和 HJ431 型焊剂等。钢材的强度设计值按表 3.16 确定，焊接材料的强度设计值按表 3.17 确定。

表 3.16　　　　　　　　　　　　　钢 材 的 强 度 设 计 值

钢　　材		抗拉、抗压和抗弯 f/MPa	抗剪 f_v/MPa	端面承压（刨平顶紧） f_{ce}/MPa
钢号	厚度或直径/mm			
Q355	≤16	305	175	400
	(16，40]	295	170	
	(40，63]	290	165	
	(63，80]	280	160	
	(80，100]	270	155	
Q390	≤16	345	200	415
	(16，40]	330	190	
	(40，63]	310	180	
	(63，100]	295	170	

表 3.17　　　　　　　　　　　　焊接材料的强度设计值

焊接方法和焊条型号	构件钢材		对接焊接				角焊缝
	钢号	厚度或直径 /mm	抗压 f_c^W /MPa	焊缝质量为下列级别时，抗拉和抗弯 f_t^W/MPa		抗剪 f_v^W /MPa	抗拉、抗压和抗剪 f_f^W /MPa
				一级、二级	三级		
自动焊、半自动焊和 E50 型焊条的手工焊	Q355	≤16	305	310	260	175	200
		(16，40]	295	295	250	170	
		(40，63]	290	290	245	165	
		(63，80]	280	280	240	160	
		(80，100]	270	270	230	155	
自动焊、半自动焊和 E55 型焊条的手工焊	Q390	≤16	345	345	295	200	220
		(16，40]	330	330	280	190	
		(40，63]	310	310	265	180	
		(63，100]	295	295	250	170	

注　1. 自动焊和半自动焊所采用的焊丝和焊剂，应保证其熔敷金属抗拉强度不低于《埋弧焊用非合金钢及细晶粒钢实心焊丝、药芯焊丝和焊丝-焊剂组合分类要求》（GB/T 5293—2018）和《埋弧焊用热强钢实心焊丝、药芯焊丝和焊丝-焊剂组合分类要求》（GB/T 12470—2018）中有关规定。

　　2. 对接焊缝在受压区的抗弯强度设计值取 f_c^W，在受拉区的抗弯强度设计值取 f_t^W。

　　3. 焊缝质量等级应符合《钢结构工程施工质量验收标准》（GB/T 50205—2020）的规定。其中厚度小于 8mm 钢材的对接焊缝，不应采用超声波探伤确定焊缝质量等级。

3.4.5.2　钢管桩的壁厚

　　钢管桩的壁厚沿桩长可以是不等的，壁厚主要由两部分组成：一是有效厚度，即管壁在外力作用下所需要的厚度，应由桩体强度和稳定性要求确定；二是预留腐蚀厚度，即为桩体在使用年限内管壁腐蚀所需要的厚度。在使用期，钢管桩管壁的计算厚度应取有效厚度；在施工期，应保证外荷载所产生的应力不超过钢管桩自身的强度，当不满足要求时，可采用合适的施工工艺使得钢管桩管壁厚度满足施工时的强度要求。

桩的全长范围内，D/t 比值应足够小，以防止出现应力在达到桩的屈服强度前桩体发生局部屈曲。设计计算时，应考虑桩在安装和使用期内出现的不同荷载情况。《浅海钢质固定平台结构设计与建造技术规范》（SY/T 4094—2012）中指出，钢管桩的壁厚一般不得小于式（3.47）计算的最小厚度，即

$$t = 6.35 + D/100 \tag{3.47}$$

式中　t——钢管桩壁厚，mm；

D——桩外径，mm。

一般来讲，当钢管桩打入良好持力层，且沉桩困难时，桩外径与壁厚之比不宜大于70。

3.4.5.3　桩体分段的确定及桩体的构造要求

当桩长较长，而运输和施工条件又有限制时，必须对桩进行分段，分段长度确定时应考虑：①起吊设备在提升、下放和插接桩段的能力；②起吊设备在被打桩段顶部放置打桩锤的能力；③桩在下放过程中，由于表层土质承载能力极低，发生直接大量下沉的可能性；④桩段起吊时的应力；⑤若需要现场接桩，则需要考虑进行现场焊接部分的壁厚和材料性质；⑥避免与计划同时打入的相邻桩的相互干扰；⑦打桩间断以进行现场接桩焊接时桩尖所在位置处的土壤类型；⑧由桩锤本身重量和作业过程产生的静应力和动应力等。

不同分段之间必须采用接桩的方式进行处理，但应注意避免在水上接桩。无法避免时，接桩位置应满足下列要求：①设在内力较小处；②避免在浪花飞溅区和潮差区；③避免在桩身壁厚变化处；④避免接桩时桩端处于软弱土层上。接桩的构造可采用图3.20的形式。

接桩处的焊缝应采用对接焊缝，不得采用搭接或侧面有覆板的焊剂形式。工厂预制时宜采用平焊；水上接桩时宜采用单边 V 形坡口，上节桩的坡口角度宜采用45°～55°，下节桩不宜开坡口，在钢管桩的内壁应设有内衬套或内衬环，如图3.20所示。

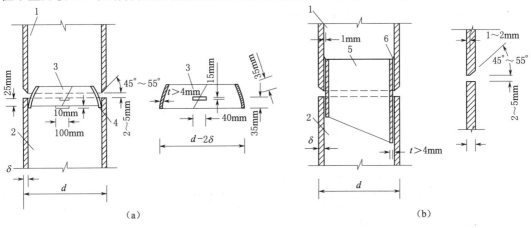

图 3.20　钢管桩接桩

（a）内衬环连接；（b）内衬套连接

1—上节桩；2—下节桩；3—内衬环；4—托块；5—内衬套；6—电焊

桩顶和桩尖有时受力较集中，必要时在一个桩径长度范围内的桩壁厚度可以加厚至最小壁厚 t 的 1.5 倍。设计桩长度时需充分考虑桩体实际入土深度的变化及海底冲刷的影响。为了考虑锤击损伤以及调整最终桩顶高程的需要，每一桩段的切除余量应为 0.5～1.5m，最后一段的余量可稍大。钢管桩的桩尖可做成开口式或半封闭式，具体视打桩设备以及土质情况而定。桩体和导管之间的环形空间，净宽度不小于 38mm，且宜用水泥浆填充。

3.4.5.4 桩体强度和稳定性

钢管桩在使用时期和施工时期应分别进行强度计算和稳定性验算，其中强度计算还包括打桩时的打桩强度分析。

外荷载作用下的桩体应力应在钢材容许应力范围以内。根据《浅海钢质固定平台结构设计与建造技术规范》（SY/T 4094—2012）的规定，圆管构件的强度要求和计算公式可参照表 3.18 中的规定。

表 3.18　　　　　　　　　　　　圆管构件的强度要求和计算公式　　　　　　　　　　　　单位：MPa

计算应力种类	受力情况	计算公式
轴向应力 σ	轴向受拉或受压	$\sigma = \dfrac{N}{A} \leqslant [\sigma]$
	在一个平面内受弯	$\sigma = \dfrac{M}{W} \leqslant 1.1[\sigma]$
	轴向受拉或受压，并在一个平面内受弯	$\sigma = \dfrac{N}{A} \pm 0.9\dfrac{M}{W} \leqslant [\sigma]$
	在两个平面内受弯	$\sigma = \dfrac{\sqrt{M_x^2 + M_y^2}}{W} \leqslant 1.1[\sigma]$
	轴向受拉或受压，并在两个平面内受弯	$\sigma = \dfrac{N}{A} \pm 0.9\dfrac{\sqrt{M_x^2 + M_y^2}}{W} \leqslant [\sigma]$
环向应力 σ	周围静水压力	$\sigma = \dfrac{pD}{2t} \leqslant \dfrac{5}{6}[\sigma]$
剪应力 τ	受弯	$\tau = \dfrac{2Q}{\pi Dt} \leqslant [\tau]$
	受扭	$\tau = \dfrac{2I}{\pi D^2 t} \leqslant [\tau]$
	受弯和受扭	$\tau = \dfrac{2}{\pi Dt}\left(\sqrt{Q_x^2 + Q_y^2} + \dfrac{T}{D}\right) \leqslant [\tau]$
折算应力 σ	轴向应力和剪应力	$\sigma = \sqrt{\sigma_x^2 + 3\tau^2} \leqslant [\sigma]$
	轴向应力、环向应力和剪应力	$\sigma = \sqrt{\sigma_x^2 + \sigma_y^2 - \sigma_x\sigma_y + 3\tau^2} \leqslant [\sigma]$

注　N 为计算截面的轴向力，N；M 为计算截面的弯矩，N·mm；M_x、M_y 分别为计算截面分别绕 x 轴和 y 轴的弯矩，N·mm；Q 为计算截面的剪力，N；Q_x、Q_y 分别为计算截面沿 x 轴和 y 轴的剪力，N；T 为计算截面的扭矩，N·mm；p 为设计静水压力，MPa；D 为圆管平均直径，mm；A 为圆管截面积，mm^2；t 为圆管壁厚，mm；W 为圆管截面的抵抗矩，mm^3；σ_x 为计算截面最大轴向应力，MPa；σ_y 为计算截面环向应力，MPa；τ 为计算截面剪应力，MPa；I 为计算截面惯性矩，mm^4。

桩基础在工作过程中，应具有整体和局部稳定性。对于钢管桩而言，一般可不必进行稳定性验算，但承受横向荷载作用的桩，同时又有很大的轴向力作用时，在计算中应考虑荷载-位移（$P-\Delta$）效应。可将桩模拟为非线性弹性基础上的梁柱进行内力分析，并按式（3.48）验算强度。

$$\sigma = \frac{N}{A} \pm 0.9\frac{\sqrt{M_x^2 + M_y^2}}{W} \leqslant [\sigma] \tag{3.48}$$

式中　　$[\sigma]$——许用应力。

　　当 $D/t > 60$ 时，应按式（3.49）验算局部稳定性。

$$\sigma = \frac{N}{A} + 0.9\sqrt{M_x^2 + M_y^2} \leqslant K[\sigma] \tag{3.49}$$

其中　　　　　　　　　　$K = 1.64 - 0.23\sqrt[4]{D/t}$

式中　　K——局部稳定系数。

　　打桩时，桩的壁厚应能适于抵抗轴向和横向荷载以及打桩期间的应力。通过选择控制土壤、桩、锤垫、替打和锤的特性参数，可运用一维弹性应力波传播原理近似预示桩的打桩应力，设置桩的壁厚。

3.4.6　桩基础防冲刷设计

　　在波浪和水流作用下，海上风电机组基础设置后，将使得基础附近水流质点的流线发生急剧变化，流线的突变将导致海床面土颗粒受到的剪应力急剧增大，从而使得海床土体有可能产生冲刷。海床冲刷一方面使得基础的入土深度减小，导致桩基承载力不同程度降低，对应的基础刚度也随之减小，同时冲刷使得基础的悬臂长度增大，倾覆弯矩也变大。另一方面，基础冲刷使得风电机组基础结构的自振频率降低，在疲劳分析中，基础结构承受更大的应力幅值和应力循环次数，进而影响到基础结构的疲劳寿命。

　　在海上风电机组基础设计中，必须采用合适的方法，根据波流环境条件、基础结构尺寸和海床土层特性建立冲刷是否产生的判定标准。若产生冲刷，则应进一步提出冲刷深度计算方法及冲刷随时间发展的历程，从而为设计时评估冲刷对基础结构的影响提供依据。若需采用防冲措施，则应对防冲措施的防冲能力进行计算，以判定其是否能达到预期的目的。

　　风电机组基础冲刷包含海床演变和桩基础局部冲刷，宜通过数值模拟、物理模型试验进行评估。有条件的地区，应收集不同时期海底地形资料进行海床演变分析。当无法获得更准确的成果时，风电机组桩基础局部冲刷深度和范围可按下述方法进行综合比较估算。

3.4.6.1　冲刷深度计算

　　桩基础的冲刷深度应根据所处的环境条件来进行相应的分析，一般可分为水流作用、波浪作用和水流与波浪共同作用三大类。

　　1. 水流作用的冲刷深度

　　《海上风电场工程风电机组基础设计规范》（NB/T 10105—2018）中建议潮流作用下，

海上风电机组桩基础周围局部冲刷深度可采用韩海骞公式进行计算。该公式是韩海骞在研究了潮流作用下杭州湾大桥、金塘大桥和沾渚大桥的实测冲刷数据的基础上，结合水槽试验（60 多组试验数据），采用因次分析法，得出潮流作用下的局部冲刷公式。通过将公式计算值与实测及试验结果的对比显示，该公式可以反映出在潮流的作用下桥墩局部冲刷深度与潮流、泥沙及桥墩等各因子之间的关系，显示出了较高的精度。

韩海骞公式为

$$\frac{h_b}{h} = 17.4 k_1 k_2 \left(\frac{B}{h}\right)^{0.326} \left(\frac{d_{50}}{h}\right)^{0.167} Fr^{0.628} \tag{3.50}$$

其中

$$Fr = \frac{u}{\sqrt{gh}} \tag{3.51}$$

式中　h_b——潮流作用下桩基础的局部最大冲刷深度，m；

　　　h——全潮最大水深，m，取值范围为 4.5～31.0m；

　　　B——全潮最大水深条件下平均阻水宽度（墩宽或桩径），m，取值范围为 0.8～42m；

　　　d_{50}——泥沙中值粒径，mm，取值范围为 0.008～0.140mm；

　　　Fr——弗汝德数；

　　　k_1——基础桩平面布置系数，条带形 $k_1 = 1.0$，梅花形 $k_1 = 0.862$；

　　　k_2——基础桩垂直布置系数，直桩 $k_2 = 1.0$，斜桩 $k_2 = 1.176$；

　　　u——全潮最大流速，m/s，取值范围为 1.4～8.0m/s；

　　　g——重力加速度，m/s²。

在设计时，如现场环境条件满足韩海骞公式适用范围时，可采用该式估算冲刷深度。

2. 波浪作用的冲刷深度

动平衡输沙情况下，冲刷最大深度计算公式为

$$\frac{S}{D} = 1.3\{1 - \exp[-0.03(KC - 6)]\} \quad KC \geqslant 6 \tag{3.52}$$

式中　S——冲刷最大深度，m；

　　　D——桩外径，m；

　　　KC——无量纲常数。

对于规则波，KC 计算公式为

$$KC = \frac{u_{max} T}{D} \tag{3.53}$$

其中

$$u_{max} = \frac{\pi H}{T \sinh(kh)} \tag{3.54}$$

$$\left(\frac{2\pi}{T}\right)^2 = gk\tanh(kh) \tag{3.55}$$

式中　$u_{\max}$——桩柱处海床附近波浪速度的变化幅度，m/s；

　　　　T——波浪周期，s；

　　　　H——有效波高，m；

　　　　h——水深，m；

　　　　k——波数。

对于不规则波，KC 计算公式为

$$KC = \frac{U_m T_p}{D}$$

其中

$$U_m = \sqrt{2}\sigma_u$$

$$\sigma_u^2 = \int_0^\infty S(f)\mathrm{d}f \tag{3.56}$$

式中　$S(f)$——波浪谱；

　　　　T_p——谱峰周期。

从式（3.52）可以看出，当 $KC \to \infty$ 时，$S/D \to 1.3$，符合恒定流冲刷深度规律。当 $KC < 6$ 时，波浪作用下不产生冲刷，可按不形成冲刷坑考虑。这可以用 $KC < 6$ 时，波浪作用下不产生马蹄涡来解释。

3. 水流与波浪共同作用的冲刷深度

在进行波流共同作用下引起的冲刷深度分析时，经常用到波浪和水流分别作用下引起的水质点流速相对比值，即波流相对流速比 U_{cw}，该变量表达式为

$$U_{cw} = \frac{U_c}{U_c + U_w} \tag{3.57}$$

式中　U_c——水流引起的水质点速度，m/s；

　　　　U_w——波浪引起的水质点速度，m/s。

参照波浪作用的冲刷深度计算公式，在波流共同作用下圆柱结构的冲刷深度计算公式为

$$\frac{S}{D} = \frac{S_c}{D}\{1 - \exp[-A(KC - B)]\} \quad KC \geqslant 4 \tag{3.58}$$

其中

$$A = 0.03 + \frac{3}{4}U_{cw}^{2.6} \tag{3.59}$$

$$B = 6\exp(-4.7U_{cw}) \tag{3.60}$$

式中　S_c——单独水流作用下的冲刷深度，m。

从上式可以看出，当 $U_{cw} \to 0$ 时，此时相当于仅有波浪作用，上式与仅波浪作用下冲刷深度计算公式相吻合。当 $U_{cw} \to 1$ 时，相当于仅有水流作用，上式与单独水流作用下冲

刷深度计算结果相一致。

《海上风电场工程风电机组基础设计规范》（NB/T 10105—2018）中建议波流共同作用下，海上风电机组桩基础周围局部冲刷深度可采用王汝凯公式进行计算。

王汝凯公式为

$$\lg \frac{S_{ul}}{h} = -1.293 + 0.1917 \lg \beta \tag{3.61}$$

$$\beta = N_f \frac{H}{L} Ur N_s N_{rp} = \frac{H^2 L V^3 D [V + (1/T - V/L) HL/2h]^2}{[(\rho_s - \rho)/\rho] \nu g^2 h^4 d_{50}} \tag{3.62}$$

$$N_f = \frac{V^2}{gh} \tag{3.63}$$

$$Ur = \frac{HL^2}{h^3} \tag{3.64}$$

$$N_s = \frac{V_{fw}^2}{[(\rho_s - \rho)/\rho] g d_{50}} \tag{3.65}$$

$$N_{rp} = \frac{VD}{\nu} \tag{3.66}$$

式中　　S_{ul}——桩基础最大冲刷深度，m；

　　　　N_f——海流的弗汝德数的平方；

　　　　Ur——厄塞尔数（Ursell）；

　　　　N_s——泥沙沉积数；

　　　　N_{rp}——桩的雷诺数；

　　　　H——波高，m；

　　　　L——波长，m；

　　　　V——行进流速，m/s；

　　　　V_{fw}——波流合成速度，m/s；

　　　　h——行进水深，m；

　　　　g——重力加速度，m/s²；

　　　　ρ_s——泥沙干密度，kg/m³；

　　　　ρ——水密度，kg/m³；

　　　　d_{50}——泥沙中值粒径，mm；

　　　　ν——水的运动黏滞系数。

也有研究者采用改进的韩海骞公式用于计算波流共同作用下海上风电机组桩基的局部冲刷深度，即用波流合成速度代替韩海骞公式中的纯潮流速度，计算结果显示，采用改进的韩海骞公式估算冲刷深度有一定的参考性。

3.4.6.2　冲刷坑范围计算

砂性土条件下，冲刷坑横向范围与海床土体内摩擦角有关，并且假设坡度与内摩擦角相同。冲刷坑半径可按下式计算：

$$r = \frac{D}{2} + \frac{S}{\tan\varphi} \tag{3.67}$$

式中　r——冲刷坑半径，m；

　　　D——桩径，m；

　　　S——冲刷坑最大深度，m；

　　　φ——海床底泥沙内摩擦角，(°)。

当无详细资料时，水流作用下桩柱的冲刷坑范围可按图 3.21 采用，波浪作用下冲刷坑宽度宜取 2 倍桩径。

3.4.6.3　防冲刷处理措施

海上风电机组桩基础的防冲刷措施可分为两大类：一类为不采取防冲刷措施，预留冲刷深度，仅根据计算或模型试验确定冲刷深度大小，在基础设计时不考虑该部分土层的支承作用；另一类为采取防冲刷措施，有效保护基础附近海床面附近土颗粒不受冲刷。

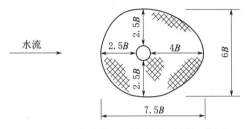

图 3.21　水流作用下桩柱的冲刷坑范围
B—结构物宽度或直径

1. 预留冲刷深度

在海洋工程领域，一般通过预留一定的冲刷深度开展结构设计，从结构上解决冲刷问题。主要因海洋工程中的桩基一般入土深度较大，其整体刚度受冲刷的影响相对较小，该方法相当于以基础增加一定的钢材量换取基础冲刷造成的影响。

对于海上风电机组的桩基三脚架基础、高桩承台基础等，各基桩的距离较远，相互影响有限，计算时仅需估算单根桩的局部冲刷，因其直径相对较小，冲刷深度有限，通过预留冲刷深度是最好的解决方法。

设计时，可根据计算或物理模型试验获得的最大冲刷深度，也可考虑增加一定深度作为安全余量，按设计最大冲刷线进行整体建模计算，使得结构的强度、变形、稳定性和频率等各方面均满足要求。

2. 抛石防冲刷防护

为防止桩周局部冲刷，较为简易的方法就是沿桩体周围一定范围内进行抛石加固处理。一般应设置上下两层或多层，上层为粒径较大的抛石层，下层为粒径递减的滤层。粒径的选择既应满足防冲刷要求，还应满足粒径级配的要求，必要时，可在海床泥面与抛石层之间设置土工织物，以有效防止泥面下部土体的淘刷。但目前抛石防冲刷计算比较合理的方法较少。在不具备详细分析条件时，可采用《堤防工程设计规范》（GB 50286—2013）中在水流作用下防护工程的护坡、护脚块石的计算公式，以估算抛石的粒径。

$$d = \frac{v^2}{C^2 2g \dfrac{\gamma_s - \gamma}{\gamma}} \tag{3.68}$$

$$W = \frac{\pi}{6} \gamma_s d^3 \qquad (3.69)$$

式中　d——折算直径，对不规则体形的块石按球形折算；

W——块石重量，t；

v——桩周水流的流速，建议按桩基引起局部流速增大 2 倍进行考虑，m/s；

γ_s——抛填块石的容重，可取 2.65t/m³；

γ——水的容重，海水可按 1t/m³ 计；

C——抛填石块运动的稳定系数，水平底坡 $C=1.2$，倾斜底坡 $C=0.9$；

g——重力加速度，取 9.81m/s²。

由于抛填块石后，改善了桩周土体状况，冲刷范围理论计算后，应适当考虑因抛石造成的土体改善作用。抛石防护范围可较理论计算范围适当减小。

3. 土工袋充填物防护

土工袋（土工织物编织袋、土工模袋等）充填混凝土块、石块、砂、土等不同充填物后作为防冲刷防护的整体性好、施工方便、柔性大、适应变形能力强。

土工袋防护时，先根据基础周围的局部冲刷分析确定应防护的范围，对土工袋单体需计算其抗浮、抗冲刷以及抗掀动稳定性。一般有设计成 0.6～2.0m 的单个袋抛填，也有设计成大体积模袋灌注充填物。

对于海上风电机组桩基础，土工袋装充填物的选择应考虑经济性、当地材料和施工方便。防护范围内不同区域，可以考虑不同的充填物。靠近桩周的区域，土工袋单体可大，袋状物密度也应大一些；而离桩周较远的区域，单体可小一些，但应满足稳定性要求。充填物尽可能以砂、土为主，使得土工袋系统与海床之间有较为顺利的过渡。

无论大体积或单体小型土工袋，土工织物编织袋或土工模袋，土工袋自身的性能要求比较高。目前国内外针对防冲刷防护土工袋性能的要求尚无成熟的规范，相对较为成熟的调研资料显示，选取土工袋时应调查其抗拉强度、接缝抗拉强度、延伸率、渗透性、CBR 顶破强力、动态落锥破裂试验、抗磨损性、抗紫外线能力等。

3.5　桩基础的变形控制标准

3.5.1　桩基础的竖向沉降和倾斜率控制标准

对于海上风电机组基础，其变形要求主要由上部风电机组正常运行所能承受的变形确定。由于高桩承台基础中的基桩一般为斜桩，与由直桩组成的群桩基础变形特性有所不同。当斜桩倾角小于等于 10°时对桩顶沉降没有太大影响；而当斜桩倾角大于 10°时，斜桩的桩顶沉降相对较大；在相同的竖向荷载作用下，直桩群桩的沉降比有斜桩的群桩小。因此，在高桩承台基础中应尽可能避免设计倾角大于 10°的斜桩，并在控制群桩基础竖向变形时可适当提高要求。

参考《风电机组地基基础设计规定（试行）》（FD 003—2007）的规定，同时考虑到海上风电机组容量较大，风电机组轮廓高度较高，海上风电机组桩基础沉降控制标准可按表3.19实施。

表 3.19　　　　　　　　　　　海上风电机组桩基础沉降允许值

轮毂高度 H /m	沉降允许值/mm	
	高压缩性黏性土	低、中压缩性黏性土，砂土
$H < 80$	200	
$80 < H \leqslant 100$	150	100
$H > 100$	100	

3.5.2 桩基础的水平变位控制标准

与陆上风电机组基础不同，海上风电机组桩基础中的基桩常伸出海床十几米甚至更长，所以还需考虑桩基础的水平变形。在软土地基条件下的海上风电机组基础，要求计入水平向循环累积变形。在单桩基础、三脚架基础、导管架基础、高桩承台基础等众多海上风电机组桩承式基础型式中，单桩基础柔性较强，变形和累积变形最难控制。《海上风电场工程风电机组基础设计规范》（NB/T 10105—2018）规定了单桩基础变形控制标准：单桩基础计入施工误差后，泥面处整个运行期内循环累积总倾角不应超过 0.5°。其余基础型式变形一般较少对结构设计起控制作用，当其他基础顶变形为约束条件时，其允许变形量在计入施工误差后，整个运行期内循环累积总倾角不应超过 0.5°。

3.6　承台结构计算

承台是高桩承台桩基础的组成部分，其作用是将各桩连成一个整体，把上部结构传来的荷载转换、调整、分配于各桩。除构造要求外，承台的设计主要是受弯、受冲切、受剪切和局部受压承载力的计算。针对海上风电机组高桩承台基础的特点，将承台的设计计算方法归纳如下。

3.6.1 承台受弯计算

桩基承台弯矩应采用基本组合下的荷载进行计算。根据已有的承台模型试验资料，柱下多桩矩形承台在配筋不足的情况下将产生弯曲破坏，其破坏特征呈梁式破坏。柱下独立桩基承台的正截面弯矩设计值可按下列规定计算。

1. 矩形多桩承台

矩形多桩承台弯矩计算截面取在柱边，如图 3.22（a）所示，其弯矩计算公式为

$$M_x = \sum N_i y_i \tag{3.70}$$

$$M_y = \sum N_i x_i \tag{3.71}$$

式中　M_x、M_y——绕 X 轴和绕 Y 轴方向计算截面处的弯矩设计值；

x_i、y_i——垂直 Y 轴和 X 轴方向自桩轴线到相应计算截面的距离；

N_i——不计承台及其上土重，在作用效应基本组合下的第 i 基桩竖向反力设计值。

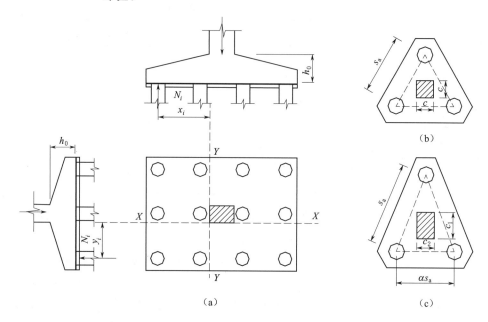

图 3.22　承台弯矩计算示意图

（a）矩形多桩承台；（b）等边三桩承台；（c）等腰三桩承台

2. 三桩三角形承台

对于三桩三角形承台，根据基桩布置方式的不同分为等边三桩承台和等腰三桩承台。对于等边三桩承台，如图 3.22（b）所示，其正截面弯矩计算公式为

$$M_{\mathrm{n}} = \frac{N_{\max}}{3}\left(s_{\mathrm{a}} - \frac{\sqrt{3}}{4}c\right) \tag{3.72}$$

式中　M_{n}——通过承台形心至各边边缘正交截面范围内板带的弯矩设计值；

$N_{\max}$——不计承台及其上土重，在作用效应基本组合下三桩中最大基桩竖向反力设计值；

s_{a}——桩中心距；

c——方柱边长，圆柱时 $c = 0.8d$（d 为圆柱直径）。

对于等腰三桩承台［图 3.22（c）］：

$$M_1 = \frac{N_{\max}}{3}\left(s_{\mathrm{a}} - \frac{0.75}{\sqrt{4-\alpha^2}}c_1\right) \tag{3.73}$$

$$M_2 = \frac{N_{\max}}{3}\left(\alpha s_{\mathrm{a}} - \frac{0.75}{\sqrt{4-\alpha^2}}c_2\right) \tag{3.74}$$

式中　M_1、M_2——通过承台形心至两腰边缘和底边边缘正交截面范围内板带的弯矩设
　　　　　　　　计值；
　　　　s_a——长向桩中心距；
　　　　α——短向桩中心距与长向桩中心距之比，当 $\alpha < 0.5$ 时，应按变截面的二
　　　　　　　桩承台设计；
　　　　c_1、c_2——垂直于、平行于承台底边的柱截面边长。

3. 圆形或正多边形多桩承台

对桩沿圆周均匀布置的圆形或正多边形柱下独立承台，如图 3.23 所示，当采用正交
均匀配置的钢网片时，径向计算截面上的弯矩设计值可按下式计算：

$$M_{\mathrm{m}} = N_{\max}\left(\frac{s}{4\sin^2\dfrac{\pi}{n}} - \frac{d_{\mathrm{c}}}{8\sin\dfrac{\pi}{n}}\right) \tag{3.75}$$

式中　M_{m}——通过两相邻桩中间的径向截面在从承台中心至承台边缘的范围内的弯矩设
　　　　　　　计值；
　　　　$N_{\max}$——在作用效应基本组合下承台周边各桩中最大单桩竖向力设计值；
　　　　n——沿圆周上布置的桩数，$n \geqslant 5$；
　　　　s——圆周上桩与桩的中心距离；
　　　　d_{c}——圆柱的直径或方柱的边长。

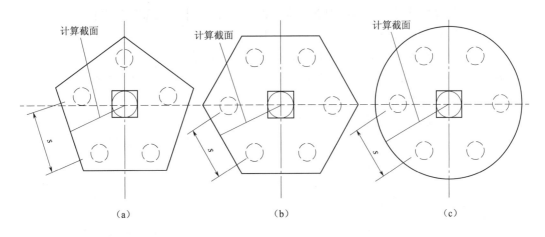

图 3.23　桩沿圆周均匀布置时承台的弯矩计算截面
(a) 正五边形承台；(b) 正六边形承台；(c) 圆形承台

在按上述方法计算得到各种情况下的弯矩后，承台的受弯承载力和配筋可按现行标准
《海上风电场工程风电机组基础设计规范》（NB/T 10105—2018）中的相关规定进行。

3.6.2　承台受冲切计算

承台受冲切计算主要是验算承台的厚度是否满足要求，计算内容包括两个方面：一个

是上部基础连接件对承台的冲切，另一个是下部桩对承台的冲切。

　　轴心竖向力作用下，当桩基承台受柱的冲切时，冲切破坏锥体应采用自柱边或承台变阶处至相应桩顶边缘连线所构成的锥体，锥体斜面与承台底面的夹角不应小于 45°。在局部荷载或集中反力作用下不配置箍筋或弯起钢筋的承台，其受冲切承载力计算公式为

$$F_1 \leqslant F_{lu} = 0.7\beta_h f_t \eta u_m h_0 \tag{3.76}$$

其中

$$\eta_1 = 0.4 + \frac{1.2}{\beta_s} \tag{3.77}$$

$$\eta_2 = 0.5 + \frac{\alpha_s h_0}{4u_m} \tag{3.78}$$

式中　F_1——不计承台及其上水重，在作用效应基本组合下作用于冲切破坏锥体上的冲切力设计值，N；

　　　　f_t——承台混凝土抗拉强度设计值，N/mm^2；

　　　　β_h——承台受冲切承载力截面高度影响系数，$h \leqslant 800$mm 时取 1.0，$h \geqslant 2000$mm 时取 0.9，其间按线性内插法取值；

　　　　h_0——承台冲切破坏锥体的有效高度，mm，取两个配筋方向的截面有效高度的平均值；

　　　　u_m——计算截面的周长，mm，取距离局部荷载或集中反力作用面积周边 h_0 的一半处垂直截面的最不利周长；对配置冲切钢筋的冲切破坏锥体以外的截面，取配置抗冲切钢筋的冲切破坏锥体以外 h_0 的一半处的最不利周长；

　　　　η_1——局部荷载或集中反力作用面积形状的影响系数；

　　　　η_2——计算截面周长与承台截面有效高度之比的影响系数；

　　　　β_s——局部荷载或集中反力作用面积为矩形时的长边与短边尺寸的比值，β_s 不宜大于 4；当 $\beta_s \leqslant 2$ 时取 2；对圆形冲切面，β_s 取 2；

　　　　α_s——基桩位置影响系数，中间桩取 40、边桩取 30。

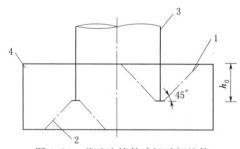

图 3.24　基础连接件冲切破坏锥体

1—上冲切破坏锥体斜截面；2—下冲切破坏锥体斜截面；
3—基础连接件；4—混凝土承台

　　在风电机组水平力和弯矩作用下，基础连接件冲切破坏锥体采用基础底板 T 形板边缘至承台上下表面构成的锥体，如图 3.24 所示。

　　桩体冲切破坏锥体采用基础顶部边缘至承台上下表面、侧面构成的锥体，锥体侧面坡角按 45°选取，如图 3.25 所示。基础顶部边缘如有水平连接件，取水平连接件边缘。桩体在承台内埋深小于 1 倍桩径时，桩体对承台冲切计算应考虑偏心荷载作用。

3.6.3　受剪切计算

　　桩基承台的剪切破坏面为一通过柱边与桩边连线所形成的斜截面。当承台悬挑边有多

排基桩形成多个斜截面时，应对每个斜截面的受剪承载力进行验算，如图 3.26 所示。对于柱下独立桩基承台斜截面受剪承载力计算公式为

$$V \leqslant \beta_{hs} \alpha f_t b_0 h_0 \tag{3.79}$$

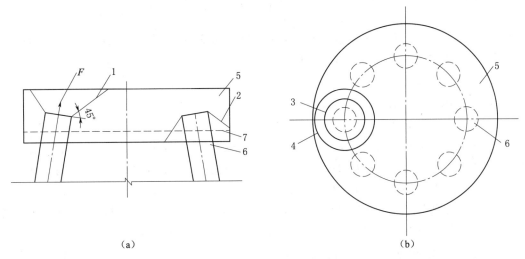

（a）   （b）

图 3.25　桩体冲切破坏锥体

（a）承台立面图；（b）承台平面图

F—桩体对承台的最大作用力；1—上冲切破坏锥体斜截面；2—下冲切破坏锥体斜截面；

3—计算截面的周长；4—冲切破坏锥体的底面线；5—混凝土承台；6—桩体；

7—一期、二期混凝土分界面

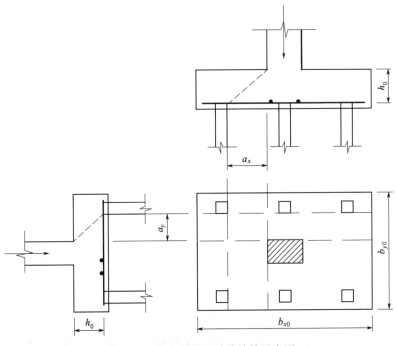

图 3.26　承台斜截面受剪计算示意图

其中
$$\alpha = \frac{1.75}{\lambda + 1} \tag{3.80}$$

$$\beta_{hs} = \left(\frac{800}{h_0}\right)^{1/4} \tag{3.81}$$

式中 V——不计承台及其上土重,在作用效应基本组合下,斜截面的最大剪力设计值;

$\quad\quad f_t$——混凝土轴心抗拉强度设计值;

$\quad\quad b_0$——承台计算截面处的计算宽度;

$\quad\quad h_0$——承台计算截面处的有效高度;

$\quad\quad \alpha$——承台剪切系数;

$\quad\quad \lambda$——计算截面的剪跨比,$\lambda_x = a_x/h_0$,$\lambda_y = a_y/h_0$,此处,a_x、a_y 为柱边或承台变阶处至 y、x 方向计算一排桩的桩边的水平距离,当 $\lambda < 0.25$ 时,取 $\lambda = 0.25$;当 $\lambda > 3$ 时,取 $\lambda = 3$;

$\quad\quad \beta_{hs}$——受剪切承载力截面高度影响系数;当 $h_0 < 800$mm 时,取 $h_0 = 800$mm;当 $h_0 > 2000$mm 时,取 $h_0 = 2000$mm;其间按线性内插法取值。

对于阶梯形承台应分别在变阶处(A_1—A_1,B_1—B_1)及柱边(A_2—A_2,B_2—B_2)进行斜截面受剪承载力计算,如图 3.27(a)所示。计算变阶处截面(A_1—A_1,B_1—B_1)的斜截面受剪承载力时,其截面有效高度均为 h_{10},截面计算宽度分别为 b_{y1} 和 b_{x1}。计算柱处截面(A_2—A_2,B_2—B_2)的斜截面受剪承载力时,其截面有效高度均为 $h_{10} + h_{20}$;对于 A_2—A_2,其截面计算宽度为 b_{y0};对于 B_2—B_2,其截面计算宽度为 b_{x0},计算式为

$$\begin{cases} b_{y0} = \dfrac{b_{y1}h_{10} + b_{y2}h_{20}}{h_{10} + h_{20}} \\[3mm] b_{x0} = \dfrac{b_{x1}h_{10} + b_{x2}h_{20}}{h_{10} + h_{20}} \end{cases} \tag{3.82}$$

对于锥形承台应分别在变阶处及柱边(A—A,B—B)两个截面进行斜截面受剪承载力计算,如图 3.27(b)所示。截面有效高度均为 h_0,对于 A—A,其截面计算宽度为 b_{y0};对于 B—B,其截面计算宽度为 b_{x0},计算式如下:

$$\begin{cases} b_{y0} = \left[1 - 0.5\dfrac{h_{20}}{h_0}\left(1 - \dfrac{b_{y2}}{b_{y1}}\right)\right]b_{y1} \\[3mm] b_{x0} = \left[1 - 0.5\dfrac{h_{20}}{h_0}\left(1 - \dfrac{b_{x2}}{b_{x1}}\right)\right]b_{x1} \end{cases} \tag{3.83}$$

3.6.4 局部受压计算

对于柱下桩基,当承台混凝土强度等级低于柱或桩的混凝土强度等级时,应验算柱下或桩上承台的局部受压承载力。

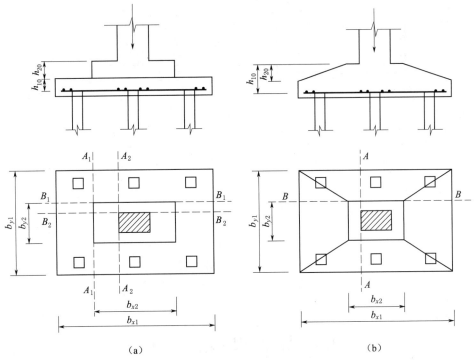

图 3.27 阶梯形承台及锥形承台斜截面受剪计算示意

(a) 阶梯形承台；(b) 锥形承台

桩顶、基础连接件底部等需配置间接钢筋的混凝土结构构件，其局部受压区的截面尺寸应满足式（3.84）所示要求，即

$$F_l \leqslant 1.35\beta_c\beta_l f_c A_{ln} \tag{3.84}$$

其中

$$\beta_l = \sqrt{\frac{A_b}{A_l}}$$

式中 F_l——局部受压面上作用的局部荷载或局部压力设计值，N，对后张预应力混凝土构件中的锚头局压区的压力设计值，取 1.2 倍张拉控制力；

f_c——混凝土轴心抗压强度设计值，N/mm^2；

β_c——混凝土强度影响系数，混凝土强度等级不超过 C50 时取 1.0，混凝土强度等级为 C80 时取 0.8，介于两者之间时按线性内插法确定；

β_l——混凝土局部受压时的强度提高系数；

A_{ln}——混凝土局部受压净面积，mm^2；

A_l——混凝土局部受压面积，mm^2；

A_b——局部受压的计算底面积，mm^2，可由局部受压面积与计算底面积按同心、对称的原则确定。

对常用情况，局部受压的计算底面积 A_b 可按图 3.28 取用。

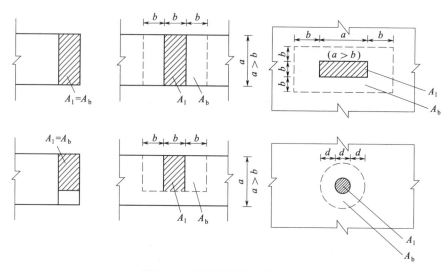

图 3.28　局部受压的计算底面积

A_1—局部受压面积；A_b—局部受压的计算底面积

3.7　导 管 架 结 构 计 算

3.7.1　导管架结构分析

导管架结构设计时，应根据其所承受的荷载进行受力分析，求得各构件的位移和内力，进行构件截面选择和连接计算，满足构件对强度、稳定性和疲劳的要求，并应避免构件产生过大的变形和振动。

导管架基础的计算是一个复杂受力分析的过程，主要采用三维有限元软件进行分析（概念设计时，也可采用结构力学模型通过公式进行估算），如 SACS、ANSYS、ABAQUS、ADINA 等。但无论使用哪种分析软件，对结构总体刚度有较大影响的一切构件均应予以考虑，对杆件、节点、附属构件予以合理的概化。附属构件（如扶梯、靠船构件等）在结构整体分析中通常不考虑其刚度，但应考虑其所受的外力和其自身的重量。

在单元类型的选取上，导管架结构可采用梁（杆）系单元、壳单元以及实体单元，且不同单元类型均有其适用范围。梁（杆）系单元将导管架结构模拟为具有梁单元属性的空间结构，凡杆件交叉点、集中荷载作用点、杆件横剖面突变点、桩与设计泥面交接点均设置节点（node）。梁（杆）系单元计算时采用线弹性理论。DNV、API 等较为成熟的行业标准中对梁（杆）系单元模拟导管架时，对不同的节点型式提出相应的应力集中系数 SCF，即将乘以 SCF 后的应力作为节点处的最大计算应力。

壳单元或实体单元是将有厚度的壳体组成空间结构模拟导管架基础，管与管间的交线为空间曲线，凡管与管交接处均设置单元边线。网格划分时，比梁（杆）系单元要求高，除了沿管轴线划分单元外，还考虑环向划分，实体单元还在厚度方向上细分单元。而采用壳单元或实体单元计算得到的应力则已经考虑了结构应力集中的情况。

3.7.2　圆管构件强度计算

导管架基础各种圆管构件在设计荷载作用下，承受轴向力、弯矩、扭矩和静水压力，应具有足够的强度。

3.7.2.1　轴向应力

承受轴向拉力的圆管构件应满足下式要求：

$$f_t \leqslant \varphi_t F_y \tag{3.85}$$

式中　f_t——组合荷载引起的轴向拉伸应力，MPa；

φ_t——轴向抗拉强度的抗力系数，取 0.95；

F_y——名义屈服极限，MPa。

承受轴向压力的圆管构件应满足下式要求：

$$f_c \leqslant \varphi_c F_{cn} \tag{3.86}$$

式中　f_c——组合荷载引起的轴向压缩应力，MPa；

φ_c——轴向抗压强度的抗力系数，取 0.85；

F_{cn}——名义轴向抗压强度，MPa。

3.7.2.2　弯曲应力

圆管构件在弯矩荷载作用下，弯曲应力应满足下式要求：

$$f_b = M/S \leqslant \varphi_b F_{bn} \tag{3.87}$$

其中

$$F_{bn} = \begin{cases} (Z/S)F_y & D/t \leqslant 10340/F_y \\[2mm] \left[1.13 - 2.58\left(\dfrac{F_y D}{Et}\right)\right]\dfrac{Z}{S}F_y & 10340/F_y < D/t \leqslant 20680/F_y \\[2mm] \left[0.94 - 0.76\left(\dfrac{F_y D}{Et}\right)\right]\dfrac{Z}{S}F_y & 20680/F_y < D/t \leqslant 300 \end{cases} \tag{3.88}$$

式中　f_b——当 $M \leqslant M_p$ 时，为荷载设计值引起的弯曲应力；当 $M \leqslant M_y$ 时，为等效弹性弯曲应力，MPa；

M——作用弯矩，MN·m；

F_{bn}——名义抗弯强度，MPa；

F_y——名义屈服极限，MPa；

S——弹性截面模量，m³；

Z——塑性截面模量，m³。

3.7.2.3　剪应力

弯曲剪切荷载作用下圆管构件的剪切应力应满足下式要求：

$$f_v = 2V/A \leqslant \varphi_v F_{vn} \tag{3.89}$$

其中

$$F_{vn} = F_y/\sqrt{3} \tag{3.90}$$

式中　f_v——荷载设计值引起的最大剪切应力，MPa；

φ_ν——横剪切强度的抗力系数，取 0.95；

$F_{\nu n}$——名义剪切强度，MPa；

V——荷载设计值引起的弯曲剪力，MN；

A——横截面面积，m^2。

扭转剪切荷载作用下圆管构件的剪切应力应满足下列公式要求：

$$f_{\nu t} = \frac{M_{\nu t} D}{2 I_p} \leqslant \varphi_\nu F_{\nu t n} \tag{3.91}$$

其中

$$F_{\nu t n} = F_y / \sqrt{3} \tag{3.92}$$

式中　$f_{\nu t}$——荷载设计值引起的扭转剪切应力，MPa；

$M_{\nu t}$——荷载设计值引起的扭矩，MN·m；

I_p——极惯性矩，m^4；

φ_ν——横剪切强度的抗力系数，取 0.95；

$F_{\nu t n}$——名义抗扭转强度，MPa。

3.7.3　圆管构件稳定计算

导管架结构的每个构件，在工作和极端环境条件的荷载作用下，除需满足强度条件外，还需满足整体和局部稳定要求。

3.7.3.1　柱状屈曲和局部屈曲

对轴向较长或径厚比较大的圆管构件的设计，应复核圆管构件柱状屈曲和局部屈曲。

1. 柱状屈曲

圆管构件在柱状屈曲时的名义轴向压缩强度计算公式为

$$F_{cn} = \begin{cases} (1.0 - 0.25\lambda^2)F_y & \lambda < \sqrt{2} \\ \dfrac{1}{\lambda^2}F_y & \lambda \geqslant \sqrt{2} \end{cases} \tag{3.93}$$

其中

$$\lambda = \frac{KL}{\pi r}\left(\frac{F_y}{E}\right)^{0.5} \tag{3.94}$$

式中　λ——柱长细比参数；

E——杨氏弹性模量，MPa；

K——有效长度系数；

L——无支撑长度，m；

r——回转半径，m。

2. 局部屈曲

圆管构件在复核局部屈曲时，应基于其受力特性分别复核。

（1）弹性名义局部屈曲强度计算公式为

$$F_{xe} = 2C_x E(t/D) \tag{3.95}$$

式中　F_{xe}——弹性名义局部屈曲强度，MPa；

　　　C_x——临界弹性屈曲系数，可取 0.3；

　　　t——壁厚，m；

　　　D——外径，m。

（2）非弹性名义局部屈曲强度计算公式为

$$F_{xc} = \begin{cases} F_y & D/t \leqslant 60 \\ [1.64 - 0.23(D/t)^{1/4}]F_y & D/t > 60 \end{cases} \tag{3.96}$$

式中　F_{xc}——非弹性名义局部屈曲强度，MPa；

　　　F_y——钢材屈曲强度，MPa，取弹性或非弹性名义局部屈曲强度 F_{xe} 和 F_{xc} 中的较小值。

3.7.3.2　静水压力作用下圆管构件的稳定性计算

1. 静水压力

运用线性波理论，在波浪力作用下，计算圆管构件环向应力 f_h 时所采用的组合静水压力计算公式为

$$p = \gamma_D \gamma_w H_z \tag{3.97}$$

其中

$$H_z = z + \frac{H_w}{2} \frac{\cosh\left[\dfrac{2\pi}{L}(d-z)\right]}{\cosh\dfrac{2\pi}{L}d} \tag{3.98}$$

式中　p——静水压力设计值，MPa；

　　　γ_D——静水压力荷载系数，取值与固定荷载的荷载系数相同；

　　　γ_w——海水重度，取 0.0100MN/m^3；

　　　z——包括潮位在内的静水面以下深度，m，从静水面往下为正；

　　　H_w——波高，m；

　　　d——静水深度，m；

　　　L——波长，m。

2. 静水压力下圆管构件的环向屈曲

在静水压力作用下，圆管构件的壳壁可能发生局部屈曲，故需验算其环向屈曲稳定。具有加强环的圆柱也可能在环之间的壳壁上发生局部屈曲，此时环仍维持圆形，但加强环可能旋转或歪曲到原来平面的外面。具有加强环的圆柱也可能发生整体失稳，环和壳壁同时发生屈曲。整体失稳较局部失稳更具有灾难性，所以加强环应具有足够的强度，防止整体失稳。

受外部压力作用的圆管构件的环向屈曲设计应满足下式要求：

$$f_h = \frac{pD}{2t} \leqslant \varphi_h F_{hc} \tag{3.99}$$

其中
$$F_{hc} = \begin{cases} F_{he} & F_{he} \leqslant 0.55F_y \\ 0.7F_y \left(\dfrac{F_{he}}{F_y} \right)^{0.4} \leqslant F_y & F_{he} > 0.55F_y \end{cases} \qquad (3.100)$$

$$F_{he} = 2C_h Et/D \qquad (3.101)$$

$$M = \frac{L}{D} \sqrt{\frac{2D}{t}} \qquad (3.102)$$

$$C_h = \begin{cases} 0.44t/D & M \geqslant 1.6D/t \\ 0.44t/D + \dfrac{0.21(D/t)^3}{M^4} & 0.825D/t \leqslant M < 1.6D/t \\ 0.737/(M - 0.579) & 1.5 \leqslant M < 0.825D/t \\ 0.8 & M < 1.5 \end{cases} \qquad (3.103)$$

式中　f_h——静水压力设计值引起的环向应力，MPa；

　　　φ_h——环向屈曲抗力系数，取 0.80；

　　　F_{hc}——名义临界环向屈曲强度，MPa；

　　　F_{he}——弹性环向屈曲应力，MPa；

　　　C_h——临界环向屈曲系数；

　　　M——几何形状参数；

　　　L——在加强环、隔板或端部连接之间的圆柱长度，m。

圆周加强环的惯性矩计算公式为

$$I_c = F_{he} \frac{tLD^2}{8E} \qquad (3.104)$$

式中　I_c——加强环组合截面所需惯性矩，m⁴；

　　　L——加强环间隔，m；

　　　D——直径，m；

　　　E——杨氏弹性模量，MPa。

3. 轴向拉力和水压力共同作用

导管架很多圆管构件在承受外部静水压力的同时，还承受轴向拉力或弯矩。对于这类构件，要考虑外压引起的环向压应力与轴向拉应力之间的交叉影响。较厚的圆管构件（$D/t < 25$）会产生整体的屈服破坏。当 D/t 值为中等时（25～120），会出现非弹性压溃。当 D/t 值更大时，破坏几乎完全是弹性压溃。

对轴向拉力和弯矩荷载联合作用下的圆管构件，设计时应使其在长度方向上的所有横截面均满足式（3.85）和式（3.105）的要求：

$$1 - \cos\left(\frac{\pi}{2} \frac{f_t}{\varphi_t F_y} \right) + \frac{\left[(f_{by})^2 + (f_{bz})^2 \right]^{0.5}}{\varphi_b F_{bn}} \leqslant 1.0 \qquad (3.105)$$

式中　f_{by}——荷载设计值产生的对构件 Y 轴（平面内）的弯曲应力，MPa；

　　　f_{bz}——荷载设计值产生的对构件 Z 轴（平面外）的弯曲应力，MPa。

对承受轴向拉力、弯矩荷载形成的纵向拉伸和静水压力形成的环向受压联合作用下的圆管构件，应满足下式要求：

$$A^2 + B^{2\eta} + 2\nu \, |A| B \leqslant 1.0 \tag{3.106}$$

其中
$$A = \frac{f_t + f_b - 0.5 f_h}{\varphi_t F_y} = \frac{f_t'}{\varphi_t F_y} \tag{3.107}$$

$$B = \frac{f_h}{\varphi_h F_{hc}} \tag{3.108}$$

$$\eta = 5 - \frac{4 F_{hc}}{F_y} \tag{3.109}$$

式中 f_t——轴向拉伸应力设计值的绝对值;

f_b——弯矩荷载形成的纵向拉伸应力设计值的绝对值;

f_h——静水压力形成的环向压力设计值的绝对值;

ν——泊松比,钢材取 0.3。

4. 轴向压力和水压力共同作用

导管架结构的支撑构件,在承受轴向压力和弯矩的同时,大多承受外水压力作用。在这种受力情况下,对于厚实的圆管构件($D/t \leqslant 25$),其破坏是总体屈服性质的,不考虑轴压和外压的交叉影响,那将是安全合理的。但对于较薄的圆管构件($25 < D/t < 120$),外压与轴压两者都可能产生压溃性破坏,这两种应力对初始缺陷都会发生附加影响。

对轴向压力和弯矩荷载联合作用下的圆管构件,设计时应使其长度方向上的所有横截面均满足式(3.110)~式(3.112)所列条件:

$$\frac{f_c}{\varphi_c F_{cn}} + \frac{1}{\varphi_b F_{bn}} \left[\left(\frac{C_{my} f_{by}}{1 - \dfrac{f_e}{\varphi_c F_{ey}}} \right)^2 + \left(\frac{C_{mz} f_{bz}}{1 - \dfrac{f_e}{\varphi_c F_{ez}}} \right)^2 \right]^{0.5} \leqslant 1.0 \tag{3.110}$$

$$1 - \cos\left(\frac{\pi}{2} \, \frac{f_c}{\varphi_c F_{xc}} \right) + \frac{\left[(f_{by})^2 + (f_{bz})^2 \right]^{0.5}}{\varphi_b F_{bn}} \leqslant 1.0 \tag{3.111}$$

其中
$$f_c < \varphi_c F_{xc} \tag{3.112}$$

$$F_{ey} = F_y / \lambda_y^2 \tag{3.113}$$

$$F_{ez} = F_z / \lambda_z^2 \tag{3.114}$$

式中 C_{my}、C_{mz}——相应于构件的 Y 轴和 Z 轴的折减系数;

F_{ey}、F_{ez}——相应于构件的 Y 轴和 Z 轴的欧拉屈曲强度,MPa;

λ_y、λ_z——柱长细比参数,按式(3.94)计算时,系数 K、L 的选取应分别相应于 Y 方向和 Z 方向上的弯曲。

对承受轴向压力、弯矩荷载形成的纵向压缩和静水压力形成的环向受压联合作用下的圆管构件,应满足式(3.110)~式(3.112)以及式(3.99)的要求;采用式(3.110)计算时,轴向应力 f_c 不应包括静水压力的作用;用式(3.111)和式(3.112)计算时,轴向应力 f_c 应包括静水压力的作用($0.5 f_h$);当 $f_x / (\varphi_h F_{he}) > 0.5$ 时,应满足下式要求:

$$\frac{f_x - 0.5\varphi_h F_{he}}{\varphi_c F_{xe} - 0.5\varphi_h F_{he}} + \left(\frac{f_h}{\varphi_h F_{he}}\right)^2 \leqslant 1.0 \tag{3.115}$$

其中
$$f_x = f_c + f_b + 0.5f_h \tag{3.116}$$

3.7.4 圆锥过渡段强度和稳定计算

导管架结构大都是由一定厚度的圆管构件按照一定的结构型式，用焊接的方法组装成整体结构，用来承受各种使用荷载和环境荷载，以满足结构的使用和工作要求。在设计时需要不同直径的圆管构件用同心锥台连接，如图 3.29 所示。对于这样的圆锥过渡段同样需要进行内力分析，求得构件的最不利内力，进行截面选择和连接计算，使其在满足使用条件下，满足强度、稳定和疲劳的要求。

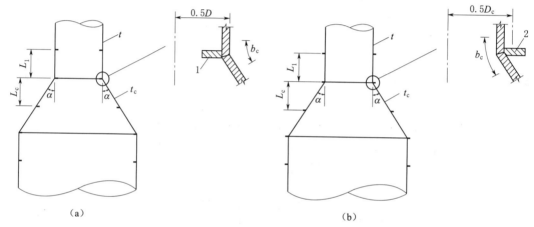

图 3.29　同心圆锥过渡段

(a) 内加强环；(b) 外加强环

1—内加强环；2—外加强环

D—圆柱在连接处的直径；D_c—到组合环截面形心的直径；t—圆柱壁厚；t_c—圆锥壁厚；α—圆锥顶角的一半；b_c—翼缘有效宽度；L_c—圆锥与圆柱连接线处沿圆锥轴线到圆锥部分第一个加强环的距离；L_1—圆锥与圆柱连接线处到圆柱部分第一个加强环的距离

1. 强度计算

由于圆锥任意处的截面都有不同的直径和厚度，故每个断面均需进行强度验算。圆锥截面特性应满足圆锥两端和圆锥过渡段上各断面的轴向应力和弯曲应力要求，可按截面直径和壁厚等于圆锥该截面处的直径和壁厚的等效圆柱进行验算。

圆锥过渡段任何截面上的轴向和弯曲组合应力计算公式为

$$\sigma = (f_c + f_b)/\cos\alpha \tag{3.117}$$

式中　f_c、f_b——总的荷载设计值在该截面上引起的轴向和弯曲应力，MPa；

α——圆锥顶角的一半，(°)。

2. 稳定计算

对于顶角小于 $60°$ 的圆锥过渡段，在轴向压缩和弯曲作用下的局部屈曲，可按等效圆柱分析，等效圆筒的直径计算公式为

$$D_{eff} = D/\cos\alpha \qquad (3.118)$$

式中　D_{eff}——等效圆筒的直径，m；

　　　D——计算点的圆锥直径，m。

3. 连接处强度计算

圆锥-圆柱连接处承受着由于纵向的轴向荷载和弯曲荷载所产生的不平衡径向应力，以及角度的改变所产生的局部弯曲应力。下面分别说明连接处的纵向应力和环向应力计算方法。

圆锥-圆柱连接处的纵向应力计算公式为

$$f_b' = \frac{0.6\sqrt{D(t+t_c)}}{t_e^2}(f_c + f_b)\tan\alpha \qquad (3.119)$$

式中　D——连接处的圆柱直径，m；

　　　t——圆柱壁厚，m；

　　　t_c——圆锥壁厚，m；

　　　t_e——计算圆柱截面应力时取 t，计算圆锥截面应力时取 t_c；

　f_c、f_b——总的荷载设计值作用下，连接处圆柱截面上的轴向应力和弯曲应力，MPa；

　　　α——圆锥顶角的一半，(°)。

圆锥-圆柱连接处由不平衡径向线荷载引起的环向应力计算公式为

$$f_h' = 0.45\sqrt{D/t}(f_c + f_b)\tan\alpha \qquad (3.120)$$

式中　f_h'——圆锥-圆柱连接处由不平衡径向线荷载引起的环向应力，MPa。

对轴向拉伸，应限制在 $\varphi_t F_y$ 以内；对轴向压缩，应限制在 $\varphi_h F_{hc}$ 以内；其中 F_{hc} 用式（3.100）及式（3.121）计算。

$$F_{he} = 0.4Et/D \qquad (3.121)$$

当圆锥-圆柱连接不能满足上述要求时，应在连接处增加圆柱和圆锥的壁厚，或者在该处设置加强环。

采用加强环的圆锥-圆柱连接截面特性应满足式（3.122）和式（3.123）的要求。

$$A_c = \frac{tD}{F_y}(f_c + f_b)\tan\alpha \qquad (3.122)$$

$$I_c = \frac{tDD_c^2}{8E}(f_c + f_b)\tan\alpha \qquad (3.123)$$

式中　A_c——组合环截面积，m²；

　　　I_c——组合环截面惯性矩，m⁴；

　　　D——连接外圆柱直径，m；

　　　D_c——到组合环截面形心的直径，m，采用内加强环时，取连接外圆柱直径 D。

当在圆锥过渡段中设周向加强环时，惯性矩计算公式为

$$I_c = F_{he}\frac{tLD_{eff}^2}{8E} \qquad (3.124)$$

其中
$$D_{eff} = D/\cos\alpha \qquad (3.125)$$

式中　D——加强环处的圆锥直径，m；

　　　t——圆锥壁厚，m；

　　　L——沿圆锥轴线与相邻加强环的平均距离，m；

　　　F_{he}——相邻两管段的弹性圆周屈曲应力的平均值，MPa。

在确定圆锥-圆柱连接处所需的周向加强环的尺寸时，应使其组合环截面的惯性矩满足式（3.126）的要求。

$$I_c = \frac{D^2}{16E}\left(tL_1F_{he} + \frac{t_cL_cF_{hec}}{\cos^2\alpha}\right) \qquad (3.126)$$

式中　I_c——组合环截面惯性矩，m^4；

　　　D——圆柱在连接处的直径，m；

　　　t——圆柱壁厚，m；

　　　t_c——圆锥壁厚，m；

　　　L_c——圆锥与圆柱连接线处沿圆锥轴线到圆锥部分第一个加强环的距离，m；

　　　L_1——圆锥与圆柱连接线处到圆柱部分第一个加强环的距离，m；

　　　F_{he}——圆柱的弹性环向屈曲应力，MPa；

　　　F_{hec}——按等效圆柱计算的圆锥截面的 F_{he}，MPa。

3.7.5　管节点设计

管节点设计的目的是校核已经给出的管节点的管壁强度，确定弦杆、撑杆管段管壁厚度与尺寸等。

受拉和受压构件的端部连接应达到设计荷载要求的强度，但不宜低于构件有效强度的 50%。对不同状况下可能受拉也可能受压的构件，有效强度为屈曲荷载，对主要受拉的构件，有效强度为屈服强度。节点力学特性及几何参数（图 3.30）应满足下式要求：

$$\frac{F_{yb}\gamma r\sin\theta}{F_y(1.1 + 1.5/\beta)} \leqslant 1.0 \qquad (3.127)$$

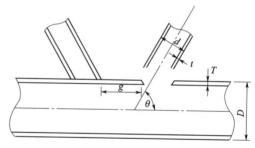

图 3.30　节点几何参数

θ—自弦杆量起的撑杆角度；g—间隙；t—撑杆厚度；T—弦杆厚度；D—弦杆直径；d—撑杆直径

式中　F_{yb}——节点处撑杆构件的屈服强度，MPa；

　　　γ——弦杆半径与弦杆厚度之比；

　　　r——撑杆厚度与弦杆厚度之比；

　　　θ——自弦杆量起的撑杆角度，（°）；

　　　F_y——弦杆构件在节点处的屈服强度或 2/3 的抗拉强度，MPa，取二者的较小值；

　　　β——撑杆直径与弦杆直径之比。

管件端部连接处的焊接强度不应低于基于屈服极限的撑杆的屈服强度和基于极限节点

强度的弦杆强度中的较小者。

1. 简单管节点

简单管节点的强度应满足式（3.128）和式（3.129）的要求。

$$P_D < \varphi_j P_{uj} \tag{3.128}$$

$$M_D < \varphi_j M_{uj} \tag{3.129}$$

式中　P_D——撑杆的轴向荷载设计值，MPa；

　　　φ_j——节点连接的抗力系数，可按表 3.20 确定；对部分由 K 型节点、部分由 T 型和 Y 型或交叉节点承担荷载的撑杆，可根据每项所占比例用内插法求出；

　　　P_{uj}——节点的极限轴向承载能力，MPa；

　　　M_D——撑杆的弯矩设计值，MPa；

　　　M_{uj}——节点的极限抗弯能力，MPa。

表 3.20　　　　　　　　　　　　节点连接的抗力系数 φ_j

节点类型和几何形状	撑杆中的荷载型式			
	轴向拉伸	轴向压缩	平面内弯曲	平面外弯曲
K	0.95	0.95	0.95	0.95
T 和 Y	0.90	0.95	0.95	0.95
交叉（X）	0.90	0.95	0.95	0.95

对受轴向荷载和弯矩联合作用的撑杆，应满足式（3.128）和式（3.130）的要求。

$$1 - \cos\left[\frac{\pi}{2}\left(\frac{P_D}{\varphi_j P_{uj}}\right)\right] + \left[\left(\frac{M_D}{\varphi_j M_{uj}}\right)^2_{ipb} + \left(\frac{M_D}{\varphi_j M_{uj}}\right)^2_{opb}\right]^{1/2} \leqslant 1.0 \tag{3.130}$$

其中

$$P_{uj} = \frac{F_y T^2}{\sin\theta} Q_u Q_f \tag{3.131}$$

$$M_{uj} = \frac{F_y T^2}{\sin\theta}(0.8d)Q_u Q_f \tag{3.132}$$

$$Q_f = 1.0 - \lambda\gamma A^2 \tag{3.133}$$

$$A = \frac{(f^2_{ax} + f^2_{ipb} + f^2_{opb})^{1/2}}{\varphi_q F_y} \tag{3.134}$$

式中　Q_u——极限强度系数，可由表 3.21 确定；对部分由 K 型节点、部分由 T 型和 Y 型或交叉节点分担荷载的撑杆，可根据每项所占比例用内插法求出 Q_u；

　　　Q_f——弦杆中存在纵向荷载设计值的设计系数，当弦杆最外纤维均受拉时，Q_f 取 1.0；

　　　λ——对撑杆轴向应力，λ 取 0.030；对撑杆平面内弯曲应力，λ 取 0.045；对撑杆平面外弯曲应力，λ 取 0.021；

f_{ax}、f_{ipb}、f_{opb}——弦杆轴向应力、平面内弯曲应力和平面外弯曲应力设计值，MPa；

　　　φ_q——屈服应力抗力系数，取 0.95。

表 3. 21　　　　　　　　　　　**极 限 强 度 系 数 Q_u**

节点类型和	撑杆中的荷载型式			
几何形状	轴向拉伸	轴向压缩	平面内弯曲 ipb	平面外弯曲 opb
K	$3.4+19\beta$	Q_g	—	—
T 和 Y	$3.4+19\beta$	—	—	—
交叉(X)	—	—	$3.4+19\beta$	$(3.4+7\beta)Q_\beta$
不带隔板	$3.4+19\beta$	$(3.4+13\beta)Q_\beta$	—	—
带隔板	$3.4+19\beta$	—	—	—

表中

$$Q_\beta=\begin{cases}\dfrac{0.3}{\beta(1-0.833\beta)} & \beta>0.6\\[2mm] 1.0 & \beta\leqslant 0.6\end{cases} \qquad (3.135)$$

$$Q_g=\begin{cases}1.8-4g/D & \gamma>20\\ 1.8-0.1g/T & \gamma\leqslant 20\end{cases} \qquad (3.136)$$

式中　Q_g——间隙系数，不应小于 1.0。

2. 搭接管节点

当各撑杆承受的荷载明显不同和/或一个撑杆的壁厚大于另一撑杆壁厚时，将较厚的撑杆作为贯通撑杆，并将其整个圆周焊接在弦杆上，组成搭接管节点，如图 3.31 所示。

搭接管节点在垂直于弦杆方向上的轴向荷载设计值分力 $P_{D\perp}$ 应满足：

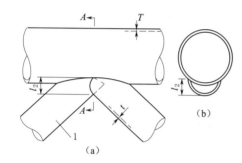

图 3.31　搭接管节点

1—贯通撑杆；

t—撑杆厚度；T—弦杆厚度；

l_2—垂直于弦杆的搭接焊缝单侧投影长度

$$P_{D\perp}<\left(\varphi_j P_{uj}\frac{l_1}{l}\sin\theta\right)+2v_w t_w l_2 \qquad (3.137)$$

其中　　　　　$v_w=\varphi_{sh}F_y \qquad (3.138)$

式中　l_1——撑杆与弦杆相接部分周长，m；

　　　l——略去搭接部分的撑杆与弦杆相接的周长，m；

　　　t_w——焊喉厚度和较薄撑杆厚度中较小者，m；

　　　l_2——垂直于弦杆的搭接焊缝单侧投影长度，m；

　　　φ_{sh}——焊缝抗力系数。

搭接部分应分摊作用力 $P_{D\perp}$ 的 50% 以上，且在任何情况下撑杆的壁厚均不超过弦杆的壁厚。

3. 非简单管节点

在相邻平面中的撑杆构件趋向于搭接成密集节点的情况下，应采取如下措施：

(1) 在主要撑杆壁厚比次要撑杆厚得多的情况下，如图 3.32 (a) 所示，将主要撑杆制成直通构件，而次要撑杆设计为搭接撑杆。

(2) 直通截面中扩大的部分，如图 3.32 (b) 所示，可按简单管节点进行设计。

（3）球形节点，如图 3.32（c）所示，可作为简单管节点以节点极限强度为基础进行设计，并假定 $\gamma = D/4T$、$\theta = \arccos\beta$、$Q_u = 1.0$、$Q_f = 1.0$。

（4）如果次要撑杆相互干扰，可将其距离拉开，做适当偏移，如图 3.32（d）所示，但在设计分析中计入由于各撑杆工作线偏移造成的弯矩。

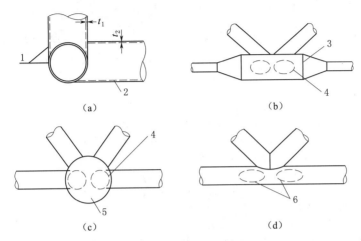

图 3.32　次要撑杆示意图

（a）主要撑杆壁厚比次要撑杆厚得多的情况；（b）直通截面扩大的情况；（c）球形节点；（d）偏移节点

1—主要撑杆；2—搭接的次要撑杆；3—扩大节点段；4—次要撑杆的相交线；5—球；

6—偏置的次要撑杆；t_1—主要撑杆厚度；t_2—搭接的次要撑杆厚度（$t_2 < t_1$）

4. 交叉节点

通过弦杆传递荷载的交叉节点，应能抵抗总的压溃，这类节点仅应通过增加弦杆厚壁段的厚度 T_c 和长度 L 进行加强。对撑杆和弦杆直径比小于 0.9 的节点，撑杆的轴向容许荷载计算公式为

$$P = \begin{cases} P(1) + \dfrac{L}{2.5D}\left[P(2) - P(1)\right] & L < 2.5D \\ P = P(2) & L \geqslant 2.5D \end{cases} \tag{3.139}$$

式中　$P(1)$——用名义弦杆厚度得出的 P_a，MN；

　　　$P(2)$——用厚度 T_c 得出的 P_a，MN。

（1）对一个平面内基本上是同向加载的多个支杆，可用一个近似的封闭环进行分析，包括含有合适安全系数的塑性分析，分析在有效弦杆长度范围内加强构件的影响，包括隔板、环、连接板或平面外杆件等构件，见图 3.33。

（2）对在每个支杆处具有两个或更多的适当设置隔板的节点，可只对它进行局部能力校核，且隔板厚度不应小于相应的支杆厚度。带有隔板的交叉节点的能力校核可采用表 3.21 或表 3.22 规定的节点连接的抗力系数和极限强度系数。

当结构管节点不是上述节点的其他复杂节点时，可根据适当的经验和使用中的实例进行设计。在缺乏实例时，可进行合理近似的分析校核。

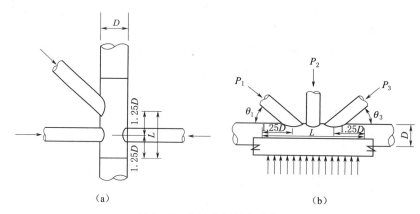

图 3.33 有效弦杆长度示意图

（a）有效弦杆长度 1；（b）有效弦杆长度 2

D—弦杆直径；L—节点厚壁段长度；P_i—挤压荷载；θ_i—撑杆与弦杆的夹角

3.7.6 管节点疲劳分析

处于海洋环境中的导管架结构，长期承受随机波浪荷载的作用。结构在这种交变荷载作用下，在结构材料内要产生随时间而变化的应力。材料抵抗这种交变应力的能力将随着应力波动次数的累加而降低。这种受到交变荷载作用后，其强度降低的现象，称为疲劳。疲劳的本质是一个裂纹形成、扩展的过程，裂纹不断扩展，最后导致构件瞬断。疲劳破坏是裂纹扩展的结果。

管节点作为传力部位，其应力十分复杂，结构破坏往往是首先从节点开始的。大量的实践和试验研究表明，焊接管节点微裂纹多半是由于焊接部位初始缺陷引起的，管节点的疲劳破坏是起源于节点高应力区的缺陷。因此，管节点的应力集中程度对平台结构的疲劳具有重要影响。对于一般简单管节点，当应力超过屈服极限后仍有很大的静力强度储备，很少是简单的塑性变形破坏。但在波浪等交变荷载长期作用下，常常在热点部位产生疲劳裂纹，裂纹不断扩展，最后导致结构瞬断。

3.7.6.1 疲劳破坏的概念

1. 疲劳破坏

导管架结构管节点在交变荷载作用下的疲劳破坏与前文所述的静载荷作用下产生的静力强度破坏有很大的不同。疲劳破坏是材料或结构的某点或某些点在循环应力作用下逐渐产生永久的结构变化，并在一定的循环次数后形成裂纹或继续扩展直到完全断裂的过程。构件上随时间呈周期性变化的应力称为交变应力。譬如在周期性波浪荷载作用下，构件上每一点都产生随时间而变化的交变应力。实践表明，这个交变应力即使低于屈服极限，也会引起构件的突然断裂，且断裂前无明显的塑性变形，这种现象称为疲劳失效。疲劳失效的原因是构件内部缺陷部位的应力集中诱发微裂纹，微裂纹在交变应力作用下不断萌生、集结、沟通，形成宏观裂纹并突然断裂。

2. 疲劳寿命和疲劳强度

疲劳寿命是指结构或结构的某点达到疲劳时的交变应力循环次数或时间。

疲劳强度是指金属材料在无限多次交变载荷作用下而不破坏的最大应力，也称为疲劳极限。实际上，金属材料并不可能作无限多次交变载荷试验。一般试验规定，钢在经受 10^6 次、非铁（有色）金属材料在经受 10^8 次交变载荷作用时不产生断裂时的最大应力称为疲劳强度。当施加的交变应力是对称循环应力时，所得的疲劳强度用 σ_{-1} 表示。

一般将失效循环次数小于 10^5 次的疲劳称为低周疲劳，而将失效循环次数大于 10^5 次的疲劳称为高周疲劳。导管架结构管节点最常出现的是低周疲劳破坏，这是管节点疲劳破坏的一个显著特点。

3. 影响疲劳强度的主要因素

根据对结构周期性加载理论与疲劳试验研究，已发现下列因素对管节点疲劳强度有明显影响。

（1）应力幅与应力循环次数。对于交变荷载作用下的管节点，其疲劳破坏主要取决于应力循环中的应力幅和应力循环次数。对于高应力幅，对应的疲劳破坏循环次数小（疲劳寿命低）；而对于低应力幅，对应的疲劳破坏循环次数大（疲劳寿命高）。

应力幅取决于作用于结构的海况，每一海况对应一组波高和周期（或波谱），通过结构总体与局部受力分析，可以求得作用于各构件相应的最大应力幅（或应力谱）及其相应的循环次数。应力幅和应力循环次数是疲劳强度的重要指标，是疲劳寿命估算的重要参数，是疲劳分析的主要依据。

循环应力在工程上引起的疲劳破坏的应力或应变有时呈周期性变化。在疲劳试验中人们常常把它们简化成等幅应

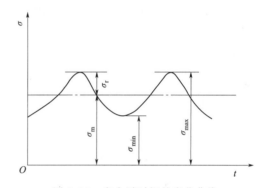

图 3.34 应力随时间的变化曲线

力循环的波形，并用一些参数来描述。交变应力的两个邻近应力峰值或谷值之间变化一次的过程，称为一次循环，如图 3.34 所示。

在一次应力循环中，峰值和谷值分别用 σ_{max} 和 σ_{min} 表示，其应力幅 σ_r 可表示为

$$\sigma_r = (\sigma_{max} - \sigma_{min})/2 \tag{3.140}$$

平均应力 σ_m 可表示为

$$\sigma_m = \frac{\sigma_{max} + \sigma_{min}}{2} \tag{3.141}$$

应力比 γ 可表示为

$$\gamma = \frac{\sigma_{min}}{\sigma_{max}} \tag{3.142}$$

从应力幅的定义来看，它基本上与波高定义相一致。实际上，作用于构件截面上的应力循环是波浪循环的一种转换。疲劳寿命只与应力幅有关，而与名义应力无关。

此外，由于在实际结构模型试验中所测量的应力是应力幅，而零点无法定出。因此，在管节点疲劳分析中，疲劳强度是以周期性荷载引起应力幅来表示，而无法考虑平均应

力，这是管节点疲劳分析的一个很重要的特点。

（2）残余应力。在焊接管节点中，构件中焊接拉应力很高，有时可高达材料的屈服应力，它与名义应力相叠加，往往在热点处首先发生塑性应变，出现微裂纹。为了减少残余应力的影响，在工程上通常采用焊后热处理的方法使残余应力降到最低程度。

（3）材料的缺陷。用以制作管节点的钢材，可能由于机械加工所形成的内部孔洞、边缘凹口、截面宽度与厚度的过渡或突变，也可能由于焊接工艺所形成的几何缺陷，以及冶金工艺所形成的诸如夹层、夹杂、折叠、轧痕、表面氧化凹陷等缺陷，使得钢材不是一个理想的连续体。往往在这些缺陷处产生应力集中，成为疲劳开裂的裂纹源。材料的缺陷对节点强度的影响是至关重要的，在安装前要慎重检验原材料，检查加工和焊接工艺的各个工序，把缺陷减小到最低程度。

（4）海洋环境影响。处于水下工作的管节点，由于海水腐蚀与周期性波浪荷载的共同作用，往往容易引起腐蚀疲劳，当无可靠的阴板保护时，它将加速节点破坏。对于在严寒地区安装的平台，低温可以使钢材冷脆，往往可能出现低温疲劳。

由于疲劳破坏与结构所受荷载全部历程有关，因此产生最大荷载的波浪对疲劳而言不一定是最危险的。最危险的是基础结构在整个使用寿命期间，大量出现的中等海况。大量的实践和理论分析都证明，中等海况的波浪对疲劳破坏起着决定的作用。

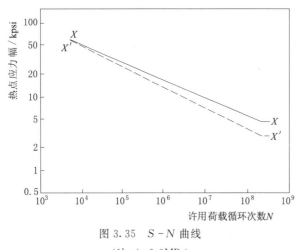

图 3.35　$S-N$ 曲线

（1kpsi＝6.9MPa）

（5）$S-N$ 曲线。$S-N$ 曲线是采用标准试件或实际零件、构件，忽略实际结构或构件的尺寸效应、复杂受力状态的影响，在给定应力比 γ、对称循环荷载作用下，以热点应力幅 σ_r 为纵坐标（对数表示），许用荷载循环次数 N 为横坐标绘制的疲劳曲线，如图 3.35 所示。它是进行疲劳分析和疲劳设计的最基本资料，在工程中得到了广泛应用。图 3.35 中 X 曲线适用于焊接焊缝外形光顺，两侧与母材熔合良好的情况，反之应使用较低的疲劳性能曲线 X'。

处于海洋环境中的导管架结构，长期在恶劣的海洋环境里作业，承受随机波浪荷载的作用，应考虑交变荷载作用下的疲劳效应。到目前为止，对管节点的疲劳强度分析方法有很多种，通常包括简单疲劳分析法、详细疲劳分析法、谱疲劳分析法和断裂力学分析法。

3.7.6.2　简单疲劳分析法

简单疲劳分析法不需要进行管节点疲劳损伤分析，而是规定一个管节点的许用应力标准值。凡是符合一定海况条件的海洋结构，满足许用应力标准就能够保证结构管节点的疲劳强度。

对于自振周期低于 3s、水深小于 122m 的超静定结构，并选用延性钢材的导管架结构，其管节点可用简单疲劳分析法，此法应对结构中全部管节点进行设计计算，使它们在

疲劳设计波浪下的热点应力峰值不超过许用热点应力峰值，即

$$\sigma_h < S_p \tag{3.143}$$

式中　σ_h——热点应力峰值，MPa；

　　　S_p——许用热点应力峰值，MPa。

1. 热点应力峰值

简单疲劳分析的目的是验证管节点在极端设计波浪下的热点应力峰值是否超过许用热点应力峰值，且仅考虑波浪对结构的作用，不考虑风、流和重力荷载的效应。

在疲劳设计波作用下的热点应力峰值 σ_h 的计算主要是基于波浪对结构不同作用方向的每一杆端轴向应力、平面内弯曲应力、平面外弯曲应力以及相应的应力集中系数，对管节点的弦杆和撑杆两端按下式进行计算后并取最大值。

$$\sigma_h = |F_{AX}\sigma_{AX}| + \sqrt{(F_{IP}\sigma_{IP})^2 + (F_{OP}\sigma_{OP})^2} \tag{3.144}$$

式中　σ_{AX}——杆端轴向名义应力，MPa；

　　　σ_{IP}——杆端面内弯曲名义应力，MPa；

　　　σ_{OP}——杆端面外弯曲名义应力，MPa；

　　　F_{AX}——弦杆或撑杆的轴向应力集中系数；

　　　F_{IP}——弦杆或撑杆的面内应力集中系数；

　　　F_{OP}——弦杆或撑杆的面外应力集中系数。

应力集中系数可参考相关规范的规定选取。近几十年来不少人对应力集中系数进行了大量的研究工作，他们根据有限元分析和模型试验，给出了用几何参数表示的常见节点类型的半经验应力集中系数（SCF）的表达式，见表 3.22。

表 3.22　　　　　　　　　　　　　简单管节点 SCF 公式的选择

节点类型		δ	轴向荷载	平面内弯曲	平面外弯曲
弦杆 SCF	K	1.0	δA	$2/3A$	$3/2A$
	T&Y	1.7			
	X ($\beta < 0.98$)	2.4			
	X ($\beta \geq 0.98$)	1.7			
撑杆 SCF			1.0+0.375 $(1+\sqrt{\alpha/\beta}\mathrm{SCF}) \geq 1.8$		

注　$A = 1.8\sqrt{\gamma\alpha}\sin\theta$，其他各项参数如图 3.11 所示。

对于不满足简单管节点要求的复杂节点，荷载的传递是由搭接或节点板、加强环等形式来完成的，在撑杆中应该用一个最小为 6.0 的应力集中系数。对于不能提供足够的杆件连接静承载能力的弦杆或加强节点，应单独对这些节点进行校核和确定应力集中系数。

2. 许用热点应力峰值

根据 API 规范，许用热点应力峰值是导管架结构所在的海域海况、杆件位置、S-N 曲线以及设计疲劳寿命的函数，如图 3.36 所示，其中设计疲劳寿命至少为使用寿命的 2 倍。

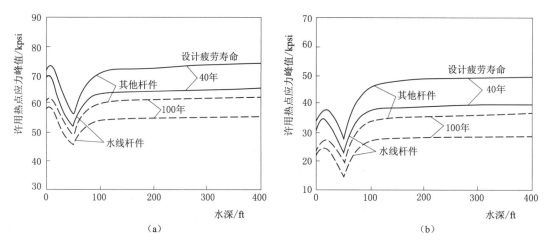

图 3.36 许用热点应力峰值 S_p（$S-N$ 曲线）

（a）$S-N$ 曲线 X；（b）$S-N$ 曲线 X'

（1ft＝0.3045m）

3.7.6.3 详细疲劳分析法

对于自振周期大于 3s，或采用屈服强度大于 360MPa 强度钢材的导管架结构，或者处于波浪循环荷载长期分布较严重海域内的海上风电机组导管架基础，使用简单疲劳分析法只是结构分析的第一步，还应进行详细疲劳分析。

目前常用详细疲劳分析法进行管节点的疲劳寿命估算。详细疲劳分析法又分确定性法和谱分析法，这两种方法的共同之处是基于 $S-N$ 曲线，用迈纳（Miner）疲劳累积损伤规则来估算节点的疲劳寿命，而其主要区别在于对海洋环境数据的处理。

世界上所采用的 $S-N$ 曲线各种各样。对于海上风电机组基础结构，$S-N$ 曲线适用于应力为常值（规定范围内）时的节点疲劳分析。但实际作用于基础结构的荷载是随机的，有不同的应力范围，各种应力范围都会对节点的疲劳破坏产生影响。所以，不能直接采用 $S-N$ 曲线，而要采用迈纳疲劳累积损伤规则进行疲劳估算。

应用线性疲劳累积损伤理论进行疲劳分析是一种常规疲劳分析法。线性疲劳累积损伤模型假定构件在各个应力幅作用下引起的疲劳损伤是独立的，并且可以按迈纳疲劳累积损伤规则计算疲劳损伤度。

$$D_t = \sum_{i=1}^{m} \frac{n(\sigma_{ri})}{N(\sigma_{ri})} \tag{3.145}$$

式中　D_t——累积的疲劳损伤度；

$n(\sigma_{ri})$——应力幅为 σ_{ri} 时的实际循环次数；

$N(\sigma_{ri})$——应力幅为 σ_{ri} 时的疲劳破坏循环次数；

m——总应力幅个数。

如果按照一年来计算疲劳损伤，则节点的总寿命 T_f（年）为

$$T_f = \frac{1}{D_t} \tag{3.146}$$

采用这一模型进行疲劳寿命计算时，关键问题在于确定作用于节点的应力幅以及相应的应力循环次数。这里主要介绍基于线性疲劳累积损伤理论的详细疲劳分析的谱分析法。

疲劳分析是一种考虑波浪随机特性，并用统计方法描述海况的方法，在近海工程结构物的结构疲劳分析中，谱分析的结果是比较合理的，所以在世界范围内，这是一种通用的方法。

谱分析的基本思想是把应力循环视为波浪循环的一种转换。当这种转换为线性时，应力随时间变化过程为窄带高斯过程，应力峰值服从瑞利分布，如图3.37所示。因此，应力峰值概率密度 $p(\sigma)$ 可按瑞利分布写为

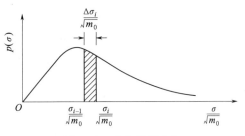

图3.37 应力峰值分布

$$p(\sigma) = \frac{\sigma}{m_0} \exp\left(-\frac{\sigma^2}{2m_0}\right) \quad (3.147)$$

式中 $p(\sigma)$——应力峰值概率密度；

       m_0——应力谱零阶矩；

       σ——变幅应力。

由式（3.147）可看出，只要给出变幅应力谱，则对应的变幅应力 σ_i 的概率密度即可求出。图3.37所示的阴影部分面积 $p(\Delta\sigma_i)$ 称为变幅应力 σ_i 累积概率，因而在一年中，第 j 个海况的变幅应力的循环次数 n_{ji} 可写为

$$n_{ji} = \frac{31536 \times 10^3 \times p/100}{T_e} p(\Delta\sigma_i) \quad (3.148)$$

其中

$$T_e = 2\pi\sqrt{\frac{m_0}{m_2}} \quad (3.149)$$

式中 p——一年中某一海况出现的百分比比值；

       T_e——应力有效循环周期，由应力谱谱矩确定。

于是，就可以按一定的差额将应力谱曲线下的面积划分成一系列的离散值 $\Delta\sigma_1$、$\Delta\sigma_2$、$\cdots$、$\Delta\sigma_i$、$\cdots$、$\Delta\sigma_m$，分别计算离散值的应力循环次数。综合各个海况，建立累积应力历程曲线，从而得到应力循环累加次数。

采用谱分析法进行谱疲劳分析的基础是波浪，波浪条件应是长期内预期出现的全部海况的集合。为了更合理地分析结构，全部海况的集合可以集中为波浪能量谱和具有出现概率的物理参数来表达这种代表性的海况。该法一般采用集中质量方法并考虑结构与水的黏滞阻尼效应建立力学模型。求解动力方程是在频域内进行，波浪环境模型是用若干海况描述，假定各海况在短时间（3～6h）内是各态历经、窄带平稳的正态过程。根据应力循环是波浪循环转换的观点，假定构件的应力分布为窄带正态过程，其峰值为瑞利分布。因此，依据各海况上跨零周期和应力的概率分布求得应力循环历程，从而可以采用线性累积损伤理论估算疲劳寿命。

用谱分析法估算节点疲劳寿命步骤如下：

（1）建立结构力学模型。根据结构的几何性质和物理性质确定结构的振型和频率。几

何性质包括总尺度、杆件和节点的数量、杆件的长度及截面面积等。物理性质包括结构的刚度、质量及阻尼。

（2）绘制波浪分布图。选取具有代表性的一年波浪资料，建立如图 3.38 所示的波浪分布图。依据有效波高和周期把波候分为几种海况，通常选取 8 种情况，并统计每种海况出现的概率。

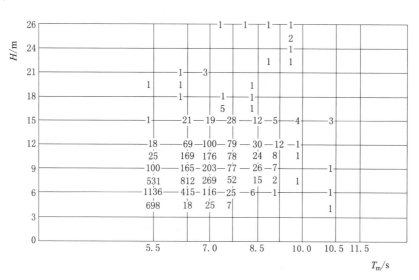

图 3.38　波浪分布图

（3）选取波浪谱。一般选取波浪谱有两种方法：一是根据实测波浪记录得到的波浪谱，二是根据海况参数选用适当的波浪谱。通常的波浪谱有 P‐M 谱和 JONSWAP 谱。

（4）计算荷载谱。作用于导管架基础结构的荷载谱是依随机理论对莫里森方程进行傅里叶变换得到的。由于谱分析法是基于线性叠加原理，因此方程中水质点速度和加速度按线性波理论计算，阻力项要进行线性化。

（5）结构动力响应分析。按步骤（1）给出的结构特性，采用集中质量法或等效平面梁法建立动力响应分析模型，进行结构动力响应分析。

（6）计算应力反应谱传递函数。结构中各构件应力反应谱一般由下式给出：

$$S_{\sigma\sigma} = |\ T(\omega)\ |^2 S_{\eta\eta}(\omega)\qquad\qquad(3.150)$$

式中　$T(\omega)$——应力反应谱传递函数。

确定 $T(\omega)$ 的步骤：

1）取一系列频率各不相同的规则波，通常取 $H_s/L = 1/20$（H_s 为有效波高，L 为波长），规则波不超过全年最大有效波高，频率范围由波浪谱形状确定。

2）在一系列频率值 ω_1，ω_2，…，ω_n 中对每一频率 ω_i 的规则波进行结构动力响应分析，求得结构各指定点的应力幅 σ_r。

3）根据传递函数定义，计算得到对应于 ω_i 的传递函数点。

4）重复步骤 2）、3），计算对应于各个频率的传递函数点，得到如图 3.39 所示的传递函数曲线。为了确定通过结构的峰值,一般至少取 12 个频率。

5) 若计及波浪方向,重复上述步骤,按各方位进行计算。通常分为 8 个方位,各相邻方位的夹角为 45°。

(7) 计算各海况引起的应力反应谱。利用步骤(3)和步骤(6)的结果采用式(3.150)计算各海况作用于结构的应力反应谱,应力反应谱计算图示如图 3.40 所示。

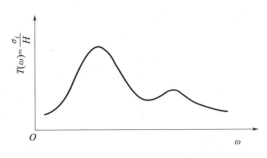

图 3.39 传递函数曲线

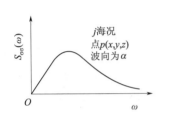 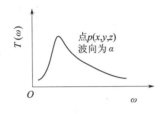 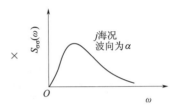

图 3.40 应力反应谱计算图示

(8) 计算应力方差。由步骤(7)求得结构指定点的应力反应谱 $S_{\sigma\sigma}(\omega)$ 之后,可通过下式计算应力反应谱的各阶矩。

$$m_n = \int_\infty^0 \omega^n S_{\sigma\sigma}(\omega)\mathrm{d}\omega \tag{3.151}$$

令 $n=0$,得到应力反应谱的零阶矩 m_0,即应力反应谱 $S_{\sigma\sigma}(\omega)$ 谱线下的面积,其应力标准为

$$\sigma_{\mathrm{rms}} = \sqrt{m_0} \tag{3.152}$$

于是可得到有效应力幅 $(\sigma_r)_s$ 计算公式:

$$(\sigma_r)_s = 4\sqrt{m_0} \tag{3.153}$$

(9) 估算每一海况的应力循环次数。为了估算每一海况的应力循环次数,可保守假定结构的基本周期大于 1/3 显著波周期。其关系式为

当 $T_D/3 \leqslant T_s \leqslant T_D$,则

$$T_e = T_s \tag{3.154}$$

当 $T_s < T_D/3$,则

$$T_e = T_D \tag{3.155}$$

式中 T_D——海况的显著周期;

　　　T_s——结构的基本周期;

　　　T_e——结构反应的假想周期,或称为有效应力循环周期。

这样,作用于结构的每一海况,在结构构件内每年出现的应力循环次数,可根据结构

的有效反应周期估算：

$$n_j = \frac{31653 \times 10^3 \times p/100}{T_e} \tag{3.156}$$

式中　n_j——作用于结构的第 j 种海况，一年中在构件内出现的应力循环次数；

　　　　p——第 j 种海况在一年中出现的百分比（时间）比值。

（10）确定应力历程循环数曲线。由式（3.147）确定的应力峰值概率密度 $p(\sigma)$，以

$p(\sigma)$ 为纵坐标，以 $\dfrac{\sigma}{\sqrt{m_0}}$ 为横坐标绘制如图 3.37 所示的变幅应力标准差概率密度曲线。

曲线下面积为 1.0，其阴影部分面积为 $p\left(\dfrac{\Delta\sigma_i}{\sqrt{m_0}}\right)$，它表示第 j 种海况变幅应力 $\Delta\sigma_i$，出现

的累积概率计算公式为

$$p(\Delta\sigma_i) = \sqrt{m_0} \int_{\sigma_{i-1}/\sqrt{m_0}}^{\sigma_i/\sqrt{m_0}} p\left(\frac{\sigma}{\sqrt{m_0}}\right) \mathrm{d}\left(\frac{\sigma}{\sqrt{m_0}}\right) \tag{3.157}$$

式（3.157）可用解析方法计算。

　　这样，就可以把曲线下面积分为若干小条，如图 3.41 所示每一小条的面积都可通过式（3.157）解析求得。于是可以得到第 j 种海况第 i 个变幅应力 $\Delta\sigma_i$ 的循环次数为

$$n_{ji} = n_j p(\Delta\sigma_i) \tag{3.158}$$

　　每一海况，重复上述做法，并对变幅应力 $\Delta\sigma_i$ 循环次数求和，就可以得到如图 3.42 所示的累积应力历程应力幅循环次数曲线。

　　（11）计算应力集中系数。在步骤（10）中得到的是结构指定点的名义应力历程应力幅循环次数曲线。对于疲劳分析来讲，需要给出结构给定点的热点应力，建立热点应力历程应力幅循环次数曲线。通常解法是用应力集中系数乘以名义应力来确定应力幅循环次数，其中应力集中系数可由经验公式和相关图表确定，重要节点要通过试验确定。

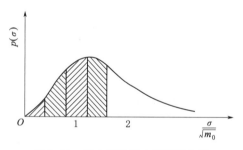
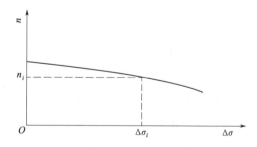

图 3.41　第 j 海况应力峰概率曲线　　　　图 3.42　累积应力历程应力幅循环次数曲线

　　（12）选择 S-N 曲线。根据计算得到的应力幅，通过 S-N 曲线确定 $N(\sigma_r)$。

　　（13）疲劳寿命估算。利用迈纳疲劳累积损伤规则估算指定点的疲劳累积损伤：

$$D_t = \sum_{j=1}^{n} \sum_{i=1}^{m} \frac{n_{ji}(\sigma_{ri})}{N_{ji}(\sigma_{ri})} \tag{3.159}$$

式中　j——第 j 种海况；

　　　　i——第 j 种海况第 i 个应力幅。

　　每个节点的设计疲劳寿命应至少为结构使用寿命的 2 倍，即取安全系数 2.0。对设计

疲劳寿命，损伤比不应超过1.0。对那些一旦失效将导致灾难性后果的关键构件，应该考虑应用较大的安全系数。

3.7.6.4 断裂力学分析法

断裂力学分析法是用断裂力学的观点研究节点疲劳裂纹的存在与发展，认为节点的疲劳损伤是由初始裂纹扩展到某一临界裂纹造成的。用断裂力学分析法预报疲劳寿命是比较合理的，且比制作 $S-N$ 曲线更为经济。近年来，这个方法越来越受到重视，是管节点疲劳研究的方向。由于断裂力学分析法中还有一些具体的参数和因素未得到很好的解决，加上受传统的影响，目前大多数规范还是推荐用常规的疲劳分析法。

3.8 连 接 设 计

在海上风电机组桩承式基础中，大部分部件是预制的，然后在现场安装并连接。连接构件的构造设计及其施工质量，直接影响构件的工作状态和耐久性。为保证构件的稳定性和结构的整体性，需要对基础结构各部件之间连接进行设计。各部件之间的连接设计应安全可靠、施工可行，且应留有安全裕度，并考虑环境条件和风电机组运行对连接系统耐久性的影响。海上风电机组支撑结构的连接可采用锚栓笼连接、基础环连接和灌浆连接等方式。

3.8.1 锚栓笼连接

锚栓笼连接主要应用于风电机组基础底法兰与预埋在风电机组基础混凝土承台内的连接环板间的螺栓连接及预应力锚栓连接等。锚栓笼是由高强度锚栓组件和锚板等基础结构件组成的大尺寸笼状结构，如图3.43所示。通过调平处理至较高的水平精度，所有锚杆组件协同作用，互相配合，利用金属结构件高强、高刚、高韧的特性，与混凝土整合传递

（a）　　　　　　　　　　　　（b）

图3.43　基础锚栓笼

（a）基础锚栓笼制作；（b）基础锚栓笼安装

应力的功能，并通过与混凝土的锚固自锁作用和整体预应力张拉技术，依靠环形笼状基础承载风电机组的水平荷载和弯矩，共同实现复杂载荷的转移和分散，有效避免应力集中，满足塔筒和风电机组叶轮工作状态的复杂荷载工况。锚栓组件按螺纹形式可分为普通米制螺纹和圆弧螺纹，面接触的大螺距连续圆弧螺纹结构有效解决了高强高韧材料加工后易出现的低应力脆断现象，降低螺纹连接处应力集中，增加螺纹副疲劳性能。

锚栓笼按其安装工艺又细分为两种：一种由底环、工装环和锚杆组件组成，工装环仅用于锚栓笼上部临时固定，混凝土浇筑完成后将其取出，循环至下一台风电机组基础继续使用；另一种由上下锚板和锚杆组件组成，上锚板作为永久构件。

1. 锚栓计算

锚栓预拉力如图 3.34 所示，按下式确定：

$$1.25N_t \leqslant P \leqslant 0.7 f_y A_e \tag{3.160}$$

其中

$$N_t = \frac{M_y x_{max}}{\sum x_i^2} - \frac{F_z}{n} \tag{3.161}$$

式中　　P——锚栓预拉力设计值，kN；

　　　　N_t——荷载作用标准组合下单根锚杆的最大拔力，kN；

　　　　f_y——锚栓的屈服强度，MPa；

　　　　A_e——锚栓螺纹处的有效面积，mm^2；

　　　　M_y——作用于锚栓群顶面的弯矩，kN·m；

　　　　x_{max}——离弯矩转动轴最远的锚栓距离，m；

　　　　x_i——第 i 根锚栓与弯矩转动轴间的距离，m；

　　　　F_z——作用于锚栓群顶面的竖向荷载，kN；

　　　　n——锚栓根数。

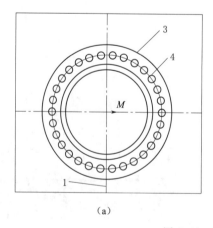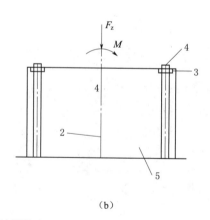

（a）　　　　　　　　　　　　　　　　　　　　　（b）

图 3.44　锚栓预拉力

（a）锚栓群顶面示意图；（b）锚栓群剖面示意图

1—弯矩转动轴；2—竖向荷载作用轴；3—锚板；4—锚栓；5—混凝土

在抗剪连接中，单个高强度螺栓的受剪承载力设计值为

$$N_v^b = 0.9n_f\mu P \tag{3.162}$$

式中　N_v^b——单个高强度螺栓的受剪承载力设计值，kN；

　　　　n_f——传力摩擦面数目；

　　　　μ——摩擦面的抗滑移系数，应按表 3.23 的规定取值；

　　　　P——一个高强度螺栓的预拉力，kN。

表 3.23　　　　　　　　　　摩擦面的抗滑移系数 μ

连接构件接触面的处理方法	μ		
	Q235 钢	Q345 钢、Q390 钢	Q420 钢
喷砂或喷丸	0.45	0.50	0.50
喷砂或喷丸后涂无机富锌漆	0.35	0.40	0.40
喷砂或喷丸后生赤锈	0.45	0.50	0.50
钢丝刷清除浮锈或未经处理的干净轧制表面	0.30	0.35	0.40

在螺栓杆轴方向受拉的连接中，单个高强度螺栓的受剪承载力设计值取 $0.8P$，张拉预紧型螺栓取 $1.0P$。

当高强度螺栓摩擦型连接同时承受摩擦面间的剪力和螺栓杆轴方向的外拉力时，其承载力设计值满足：

$$\frac{N_v}{N_v^b} + \frac{N_t}{N_t^b} \leqslant 1 \tag{3.163}$$

式中　N_v、N_t——某个高强度螺栓所受的剪力、拉力，N；

　　　　N_v^b、N_t^b——一个高强度螺栓的受剪、受拉承载力设计值，N。

2. 法兰盘结构设计

风电机组基础顶法兰盘结构见图 3.45，其计算应按刚性法兰盘计算，法兰盘底板应平整，其厚度 t 满足：

$$t \geqslant \sqrt{\frac{5M_{max}}{f}} \tag{3.164}$$

式中　t——法兰盘底板厚度，mm，当 $t < 20$mm 时，取为 20mm；

　　　　M_{max}——底板单位宽度最大弯矩，N·mm/mm；

　　　　f——钢材强度设计值，N/mm²。

当法兰盘仅承受弯矩 M 时，承压型高强螺栓拉力应满足：

$$N_{max}^b = \frac{My_n'}{\sum(y_i')^2} \leqslant N_t^b \tag{3.165}$$

式中　N_{max}^b——距旋转轴处的螺栓拉力，N；

　　　　y_i'——第 i 个螺栓中心到旋转轴②的距离，mm。

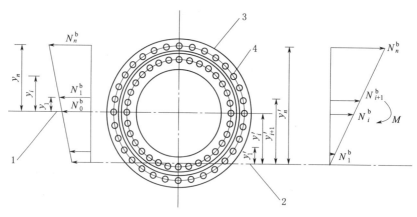

图 3.45　法兰盘结构

1—旋转轴①；2—旋转轴②；3—法兰盘；4—螺栓；y_i—第 i 个螺栓中心到旋转轴①的距离；

y_i'—第 i 个螺栓中心到旋转轴②的距离；N_i^b——第 i 个螺栓所受力

当法兰盘仅承受弯矩 M 时，摩擦型高强螺栓拉力应满足：

$$N_{max}^b = \frac{M y_n'}{\sum y_i^2} \leqslant N_t^b \tag{3.166}$$

式中　y_i——第 i 个螺栓中心到旋转轴①的距离，mm。

当法兰盘仅承受拉力 N 和弯矩 M，且承压型高强螺栓全部受拉时，绕通过螺栓群形心的旋转轴①转动，承压型高强螺栓拉力应满足：

$$N_{max}^b = \frac{M y_n}{\sum y_i^2} + \frac{N}{n_0} \leqslant N_t^b \tag{3.167}$$

式中　n_0——该法兰盘上螺栓总数。

当法兰盘仅承受拉力 N 和弯矩 M 时，按式（3.167）计算任一螺栓拉力出现负值时，螺栓群并非全部受拉，而绕旋转轴②转动，承压型高强螺栓拉力应满足：

$$N_{max}^b = \frac{(M + Ne) y_n'}{\sum (y_i')^2} \leqslant N_t^b \tag{3.168}$$

式中　e——旋转轴①与旋转轴②之间的距离，mm，对圆形法兰盘，取圆杆外壁接触点切线为旋转轴②。

当法兰盘仅承受拉力 N 和弯矩 M 时，摩擦型高强螺栓拉力应满足：

$$N_{max}^b = \frac{M y_n}{\sum y_i^2} + \frac{N}{n_0} \leqslant N_t^b \tag{3.169}$$

轴心受压柱脚底板面积 A 应满足：

$$A \geqslant \frac{N}{f_c} + \sum A_0 \tag{3.170}$$

式中　N——柱脚的轴心压力，N；

　　　f_c——基础混凝土的抗压强度设计值，N/mm²；

　　　$\sum A_0$——锚栓孔面积之和，mm²。

底板厚度按式（3.164）计算。

底部锚板宽度不宜小于塔筒底法兰宽度，厚度不应小于 40mm，锚栓孔中心距离底部锚板内外径边缘不应小于 1.5 倍锚栓孔径。

3.8.2　基础环连接

基础环连接指预埋在基础混凝土内部的钢制部分，是基础和塔筒连接的过渡构件。基础环通常采用圆柱形钢筒结构，由 L 型上法兰、筒壁、T 型下法兰焊接而成，上法兰通过高强螺栓与塔筒连接，筒壁有椭圆孔，用于基础施工穿钢筋，防止基础环被整体拔出。基础环结构示意图见图 3.46。

图 3.46　基础环结构示意图

风电机组将所承受的荷载传到基础环上，再通过基础环与混凝土的相互作用，传到混凝土基础上。所以基础环是确保塔筒与基础安全连接，发挥整体性能的关键部件，必须性能优越，且须满足制造、安装、运输方便和成本合理的要求。基础环与混凝土基础的连接设计应对法兰盘底、顶与混凝土的接触部位及桩顶混凝土局部受拉、冲切、疲劳破坏等区域的承载力进行验算，验算方法可参考本章 3.6 节的相关内容，且应采取相应的构造和严格的止水措施。基础环埋深不应小于 0.4 倍的基础环直径，基础环底锚固端宽度应通过计算确定。

3.8.3　灌浆连接

海上风电机组基础结构中的灌浆连接主要包括单桩基础过渡连接段与钢管桩之间的连接、导管架基础桩套管与钢管桩之间的连接等。其连接基本上属于直径不同的圆管结构（包括钢管桩）的搭接连接，灌浆体组成了联系内外圆管结构的环形封闭空间。由于连接节点对于结构整体性能的重要性，一般对灌浆材料的特性和搭接长度等提出了较为严格的要求，灌浆体多采用高强水泥浆液、高强化学浆液或其他高强连接材料，以确保上部风电机组荷载顺利传递到钢管桩上。鉴于灌浆工作在水下进行，且浆体受到海水作用，导致其黏结力小于陆上大气中的设计强度，因此应事先采用一定数量的典型试件通过实验室试验来确定浆体的设计抗压强度，试件的养护条件应与现场实际情况相仿。

灌浆连接按连接方式划分，可分为设置剪力键连接和不设置剪力键连接。早期的单桩基础灌浆连接处，过渡段内壁与钢管桩的外壁均为光面设计，即不设置剪力键连接。但近年来发现已建的部分海上风电场单桩基础的过渡段在往复的水平力、弯矩作用下，导致灌浆与桩及过渡段的接触面产生拉（压）应力，并导致灌浆端部的分离，灌浆与桩及过渡段不可避免地发生相对滑移、变形和磨损，其长期作用将导致灌浆的承载力大大降低。因此，目前灌浆连接设计时，在连接范围的桩外壁及过渡段内壁均设置剪力键，其示意图如图 3.47 所示。

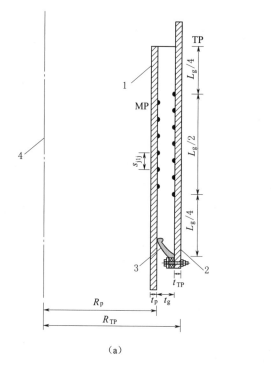

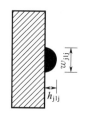

（a）

（b）

图 3.47 桩与套管的灌浆连接

（a）灌浆连接示意图；（b）剪力键局部放大示意图

1—钢管桩 MP；2—套管 TP；3—灌浆密封装置；4—桩中心轴；

R_p—钢管桩外半径；t_p—钢管桩壁厚；R_{TP}—套管外半径；t_{TP}—套管壁厚；

t_g—灌浆厚度；L_g—灌浆段的有效灌浆长度；h_{jlj}—剪力键高度；

w_{jlj}—剪力键宽度；s_{jlj}—相邻剪力键中心距

3.8.3.1 单桩基础灌浆连接

无试验成果时，单桩基础灌浆连接宜设置剪力键。剪力键宜设置于灌浆连接的中心区域，桩身剪力键与套管剪力键宜错开、均匀布置。

1. 强度验算

由弯矩引起的灌浆料顶部和底部径向最大接触压应力 $p_{nom,d}$ 为

$$p_{nom,d} = \frac{3\pi M_d E L_g}{E L_g \left[R_p L_g^2 (\pi + 3\mu) + 3\pi \mu R_p^2 L_g \right] + 18\pi^2 k_{eff} R_p^3 \left(\dfrac{R_p^2}{t_p} + \dfrac{R_{TP}^2}{t_{TP}} \right)} \tag{3.171}$$

其中

$$L_g = L_{gjc} - 2t_g \tag{3.172}$$

$$k_{eff} = \frac{2t_{TP} s_{eff}^2 n E \psi}{4 \sqrt[4]{3(1-\nu^2)} t_g^2 \left[\left(\dfrac{R_p}{t_p} \right)^{3/2} + \left(\dfrac{R_{TP}}{t_{TP}} \right)^{3/2} \right] t_{TP} + n s_{eff}^2 L_g} \tag{3.173}$$

$$s_{eff} = s_{jlj} - w_{jlj} \tag{3.174}$$

式中 $p_{nom,d}$——由弯矩引起的灌浆料顶部和底部径向最大接触压应力，N/mm^2；

M_d——弯矩，$N \cdot mm$，极限承载力状况取弯矩设计值；

144

E——钢材弹性模量，MPa，可取 2.1×10^5 MPa；

L_g——灌浆段的有效长度，mm；

μ——摩擦系数，取 0.7；

k_{eff}——剪力键的有效弹性刚度，MPa，沿灌浆段圆周单位长度布置的 n 个剪力键的有效弹性刚度可按式（3.173）计算；

L_{gjc}——灌浆段长度，mm；

t_g——灌浆厚度，mm；

s_{eff}——剪力键间的有效垂直距离，mm；

n——剪力键有效个数，灌浆段每边剪力键实际数量为 $n+1$；

ψ——设计系数，计算剪力键上荷载作用时取 1.0；计算径向最大接触压应力时取 0.5；

ν——泊松比，钢材取 0.3。

由弯矩引起的灌浆料顶部和底部径向最大接触压应力计算值不宜大于 1.5MPa，采用有限元分析且疲劳验算能够满足材料性能要求时，可大于 1.5MPa。

灌浆材料的抗剪强度计算值应小于抗剪强度允许值，设置剪力键时，灌浆材料的抗剪强度计算公式为

$$f_{bk} = \left[\frac{800}{D_p} + 140 \left(\frac{h_{jlj}}{s_{jlj}} \right)^{0.8} \right] k_{jxg}^{0.6} f_{ck}^{0.3} \tag{3.175}$$

其中

$$k_{jxg} = \left[(2R_p/t_p) + (2R_{TP}/t_{TP}) \right]^{-1} + (E_g/E) \left[(2R_{TP} - 2t_{TP})/t_g \right]^{-1} \tag{3.176}$$

式中　f_{bk}——灌浆材料的抗剪强度计算值，MPa；

D_p——钢管桩直径，mm；

k_{jxg}——灌浆段径向刚度参数；

f_{ck}——灌浆材料 75mm 的立方体抗压强度标准值，MPa；

E_g——灌浆材料的弹性模量，MPa。

由弯矩和竖向力传递到剪力键上的环向单位长度作用力为

$$F_{VShk,d} = \frac{6 p_{nom,d} k_{eff}}{E} \frac{R_p}{L_g} \left(\frac{R_p^2}{t_p} + \frac{R_{TP}^2}{t_{TP}} \right) + \frac{P_{zz}}{2\pi R_p} \tag{3.177}$$

式中　$F_{VShk,d}$——由弯矩和竖向力传递到剪力键上环向单位长度作用力，N/mm；

P_{zz}——桩以上结构自重，包括灌浆段的全部重量，N。

则传递到单个剪力键上的环向单位长度作用力为

$$F_{V1Shk,d} = \frac{F_{VShk,d}}{n} \tag{3.178}$$

式中　$F_{V1Shk,d}$——由弯矩和竖向力传递到单个剪力键上环向单位长度作用力，N/mm；

n——剪力键有效个数。

该环向单位长度作用力应满足：

$$F_{V1Shk,d} \leqslant F_{V1Shkcap,d} = \frac{F_{V1Shkcap}}{\gamma_m} = \frac{f_{bk} s_{jlj}}{\gamma_m} \tag{3.179}$$

式中 $F_{\text{V1Shkcap,d}}$ ——单个剪力键上环向单位长度承载力设计值，N/mm；

$\quad\quad F_{\text{V1Shkcap}}$ ——单个剪力键上环向单位长度承载力标准值，N/mm；

$\quad\quad \gamma_{\text{m}}$ ——材料系数，取 2.0。

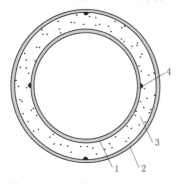

图 3.48 竖向剪力键布置示意图

1—钢管桩 MP；2—套管 TP；

3—灌浆料；4—竖向剪力键

承受扭矩的灌浆段，宜布置竖向剪力键，如图 3.48 所示，剪力键的个数及参数指标宜通过计算分析确定。

此时灌浆材料的抗剪强度计算值应小于抗剪强度允许值，扭矩作用下设置竖向剪力键的灌浆材料的抗剪强度计算值为

$$f_{\text{bk}} = \left[\frac{800}{D_{\text{p}}} + 140\left(\frac{h_{\text{jlj}}}{s_{\text{jljs}}}\right)^{0.8}\right] k_{\text{jxg}}^{0.6} f_{\text{ck}}^{0.3} \quad (3.180)$$

式中 f_{bk} ——灌浆材料的抗剪强度计算值，MPa；

$\quad\quad s_{\text{jljs}}$ ——竖向剪力键的水平弧长，mm。

单个竖向剪力键单位长度所受力 F_{H1Shk} 计算公式为

$$F_{\text{H1Shk}} = \frac{M_{\text{T}}}{R_{\text{p}} L_{\text{s}} n} \quad (3.181)$$

式中 M_{T} ——施加于基础的扭矩设计值，N·mm；

$\quad\quad R_{\text{p}}$ ——单桩基础的外半径，mm；

$\quad\quad L_{\text{s}}$ ——竖向剪力键的长度，mm；

$\quad\quad n$ ——布置于灌浆材料单侧竖向剪力键数目。

其计算值应满足：

$$F_{\text{H1Shk}} \leqslant F_{\text{H1Shkcap,d}} = \frac{F_{\text{H1Shkcap}}}{\gamma_{\text{m}}} = \frac{f_{\text{bk}} s_{\text{jlj}}}{\gamma_{\text{m}}} \quad (3.182)$$

式中 $F_{\text{H1Shkcap,d}}$ ——单个竖向剪力键单位长度承载力设计值，N/mm；

$\quad\quad F_{\text{H1Shkcap}}$ ——单个竖向剪力键单位长度承载力标准值，N/mm；

$\quad\quad \gamma_{\text{m}}$ ——材料系数，取 2.0。

2. 构造要求

无试验成果时，单桩基础灌浆连接段设计宜满足以下构造要求。

（1）几何参数：$h_{\text{jlj}} \geqslant 5\text{mm}$；$1.5 \leqslant \dfrac{w_{\text{jlj}}}{h_{\text{jlj}}} \leqslant 3.0$；$\dfrac{h_{\text{jlj}}}{s_{\text{jlj}}} \leqslant 0.1$。

（2）灌浆段有效长度与钢管桩直径之比 $1.5 \leqslant \dfrac{L_{\text{g}}}{D_{\text{p}}} \leqslant 2.5$。

（3）钢管桩外半径和壁厚之比 $10 \leqslant \dfrac{R_{\text{p}}}{t_{\text{p}}} \leqslant 30$。

（4）套管外径和壁厚之比 $9 \leqslant \dfrac{R_{\text{TP}}}{t_{\text{TP}}} \leqslant 70$。

（5）相邻剪力键中心距 $s_{\text{jlj}} \geqslant \min(0.8\sqrt{R_{\text{p}} t_{\text{p}}}, 0.8\sqrt{R_{\text{TP}} t_{\text{TP}}})$。

3.8.3.2 钢管桩置于导管架套管内侧的灌浆连接

无试验成果时，钢管桩置于导管架套管内侧的灌浆连接宜设置剪力键，其布置如图

3.49 所示。

1. 强度验算

灌浆材料的抗剪强度计算值应小于抗剪强度允许值，设置剪力键时，灌浆材料的抗剪强度计算公式为

$$f_{bk} = \left[\frac{800}{D_p} + 140 \left(\frac{h_{jlj}}{s_{jlj}} \right)^{0.8} \right] k_{jxg}^{0.6} f_{ck}^{0.3}$$

$$(3.183)$$

其中

$$k_{jxg} = \left[(2R_p/t_p) + (2R_s/t_s) \right]^{-1} + (E_g/E) \left[(2R_s - 2t_s)/t_g \right]^{-1}$$

$$(3.184)$$

式中　f_{bk}——灌浆材料的抗剪强度计算值，MPa；

　　　D_p——钢管桩直径，mm；

　　　k_{jxg}——灌浆段径向刚度参数。

单个剪力键上环向单位长度所受荷载 F_{V1Shk} 计算公式为

$$F_{V1Shk} = \frac{P_{a,d}}{2\pi R_p n} \qquad (3.185)$$

式中　$P_{a,d}$——作用于灌浆段的轴向荷载，采用极端状况荷载设计值，N；

　　　n——灌浆段单侧有效剪力键个数。

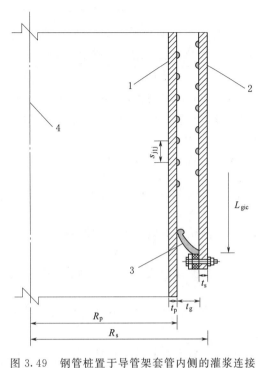

图 3.49　钢管桩置于导管架套管内侧的灌浆连接
1—钢管桩 MP；2—导管架套管 TP；
3—灌浆密封装置；4—桩中心轴；
R_p—钢管桩外半径；t_p—钢管桩壁厚；R_s—导管架套管外半径；t_s—导管架套管壁厚；t_g—灌浆厚度；
L_{gjc}—灌浆段的灌浆长度；s_{jlj}—相邻剪力键中心距

该计算值应满足：

$$F_{V1Shk,d} \leqslant F_{V1Shkcap,d} = \frac{F_{V1Shkcap}}{\gamma_m} = \frac{f_{bk} s_{jlj}}{\gamma_m}$$

$$(3.186)$$

式中　$F_{V1Shkcap,d}$——单个剪力键上环向单位长度承载力设计值，N/mm；

　　　$F_{V1Shkcap}$——单个剪力键上环向单位长度承载力标准值，N/mm；

　　　γ_m——材料系数，取 2.0。

由弯矩和水平剪力引起的灌浆料径向最大接触压应力 $p_{nom,d}$ 计算公式为

$$p_{nom,d} = \frac{l_e^2 k_{rD}}{8EI_p R_p} (M_0 + Q_0 l_e)$$

$$(3.187)$$

其中

$$l_e = \sqrt[4]{\frac{4EI_p}{k_{rD}}}$$

$$(3.188)$$

$$k_{rD} = \frac{4ER_p}{\dfrac{R_p^2}{t_p} + \dfrac{R_s^2}{t_s} + t_g m_{bz}}$$

$$(3.189)$$

式中 $p_{\text{nom,d}}$——由弯矩和水平剪力引起的灌浆料径向最大接触压应力，N/mm^2；

l_e——钢管桩的弹性长度，mm；

I_p——钢管桩截面惯性矩，mm^4；

k_{rD}——灌浆段弹性刚度，MPa；

m_{bz}——钢材与灌浆材料弹性模量比值，无试验成果时可取 18。

由弯矩和水平剪力引起的灌浆料径向最大接触压应力计算值不宜大于 1.5MPa，采用有限元分析且疲劳验算能够满足材料性能要求时，可大于 1.5MPa。

2. 构造要求

无试验成果时，钢管桩置于导管架套管内侧的灌浆连接设计宜满足以下构造要求。

(1) 几何参数：$h_{\text{jlj}} \geqslant 5\text{mm}$；$1.5 \leqslant \dfrac{w_{\text{jlj}}}{h_{\text{jlj}}} \leqslant 3.0$；$\dfrac{h_{\text{jlj}}}{s_{\text{jlj}}} \leqslant 0.10$；$\dfrac{h_{\text{jlj}}}{D_p} \leqslant 0.012$。

(2) 灌浆段有效长度与钢管桩直径之比 $1 \leqslant \dfrac{L_g}{D_p} \leqslant 10$。

(3) 灌浆段灌浆料外径与灌浆厚度之比 $10 \leqslant \dfrac{D_g}{t_g} \leqslant 45$。

(4) 钢管桩外半径和壁厚之比 $10 \leqslant \dfrac{R_p}{t_p} \leqslant 30$。

(5) 导管架套管外半径和壁厚之比 $15 \leqslant \dfrac{R_s}{t_s} \leqslant 70$。

(6) 相邻剪力键中心距 $s_{\text{jlj}} \leqslant \min(0.8\sqrt{R_p t_p}, 0.8\sqrt{R_s t_s})$。

3.8.3.3 钢管桩置于导管架套管外侧的灌浆连接

无试验成果时，钢管桩置于导管架套管外侧的灌浆连接宜设置剪力键，其布置如图 3.50 所示。

1. 强度验算

灌浆材料的抗剪强度计算值应小于抗剪强度允许值，设置剪力键时，灌浆材料的抗剪强度计算公式为

$$f_{bk} = \left[\frac{800}{D_{JL}} + 140 \left(\frac{h_{\text{jlj}}}{s_{\text{jlj}}} \right)^{0.8} \right] k_{\text{jxg}}^{0.6} f_{ck}^{0.3} \quad (3.190)$$

其中 $k_{\text{jxg}} = \left[(2R_p/t_p) + (2R_{JL}/t_{JL}) \right]^{-1} + (E_g/E)$
$\left[(2R_p - 2t_p)/t_g \right]^{-1} \quad (3.191)$

式中 f_{bk}——灌浆材料的抗剪强度计算值，MPa；

D_{JL}——导管架套管直径，mm；

k_{jxg}——灌浆段径向刚度参数。

单个剪力键上环向单位长度所受荷载 F_{V1Shk} 计算公式为

$$F_{\text{V1Shk}} = \frac{P_{a,d}}{2\pi R_{JL} n} \quad (3.192)$$

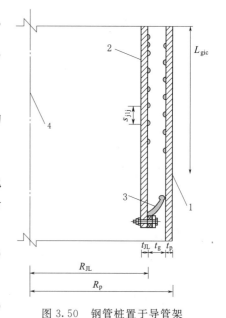

图 3.50 钢管桩置于导管架套管外侧的灌浆连接

1—钢管桩；2—导管架内套管；3—灌浆密封装置；4—桩中心轴；R_p—钢管桩外半径；t_p—钢管桩壁厚；R_{JL}—导管架套管外半径；t_{JL}—导管架套管壁厚；t_g—灌浆厚度；L_{gic}—灌浆段的灌浆长度；s_{jlj}—相邻剪力键中心距

式中 $P_{a,d}$——作用于灌浆段的轴向荷载，采用极端状况荷载设计值，N；

$\quad\quad n$——灌浆段单侧有效剪力键个数。

该计算值应满足：

$$F_{V1Shk,d} \leqslant F_{V1Shkcap,d} = \frac{F_{V1Shkcap}}{\gamma_m} = \frac{f_{bk}s_{jlj}}{\gamma_m} \tag{3.193}$$

式中 $F_{V1Shkcap,d}$——单个剪力键上环向单位长度承载力设计值，N/mm；

$\quad\quad F_{V1Shkcap}$——单个剪力键上环向单位长度承载力标准值，N/mm；

$\quad\quad \gamma_m$——材料系数，取 2.0。

由弯矩和水平剪力引起的灌浆料径向最大接触压应力 $p_{nom,d}$ 计算公式为

$$p_{nom,d} = \frac{l_e^2 k_{rD}}{8EI_{JL}R_{JL}}(M_0 + Q_0 l_e) \tag{3.194}$$

其中

$$l_e = \sqrt[4]{\frac{4EI_{JL}}{k_{rD}}} \tag{3.195}$$

$$k_{rD} = \frac{4ER_{JL}}{\dfrac{R_p^2}{t_p} + \dfrac{R_{JL}^2}{t_{JL}} + t_g m_{bz}} \tag{3.196}$$

式中 $p_{nom,d}$——由弯矩和水平剪力引起的灌浆料径向最大接触压应力，N/mm²；

$\quad\quad l_e$——导管架套管的弹性长度，mm；

$\quad\quad I_{JL}$——导管架套管截面的惯性矩，mm⁴；

$\quad\quad k_{rD}$——灌浆段弹性刚度，MPa；

$\quad\quad m_{bz}$——钢材与灌浆材料弹性模量比值，无试验成果时可取 18。

由弯矩和水平剪力引起的灌浆料径向最大接触压应力计算值不宜大于 1.5MPa，采用有限元分析且疲劳验算能够满足材料性能要求时，可大于 1.5MPa。

2. 构造要求

无试验成果时，钢管桩置于导管架套管外侧的灌浆连接设计宜满足以下构造要求。

（1）几何参数：$h_{jlj} \geqslant 5\text{mm}$；$1.5 \leqslant \dfrac{w_{jlj}}{h_{jlj}} \leqslant 3.0$；$\dfrac{h_{jlj}}{s_{jlj}} \leqslant 0.10$；$\dfrac{h_{jlj}}{D_{jlj}} \leqslant 0.012$。

（2）灌浆段有效长度与钢管桩直径之比 $1 \leqslant \dfrac{L_g}{D_{JL}} \leqslant 10$。

（3）灌浆段灌浆料外径与灌浆厚度之比 $10 \leqslant \dfrac{D_g}{t_g} \leqslant 45$。

（4）导管架套管外半径和壁厚之比 $10 \leqslant \dfrac{R_{JL}}{t_{JL}} \leqslant 30$。

（5）导管架套管外半径和壁厚之比 $15 \leqslant \dfrac{R_p}{t_p} \leqslant 70$。

（6）相邻剪力键中心距 $s_{jlj} \geqslant \min(0.8\sqrt{R_p t_p},\ 0.8\sqrt{R_{JL} t_{JL}})$。

思 考 题

1. 海上风电机组桩承式基础的结构型式有哪些，各有什么特征？

2. 海上风电机组桩承式基础的验算内容有哪些，分别如何考虑极限状态和作用效应组合。

3. 海上风电机组桩承式基础附属结构一般包括哪些组成部分？设计如何考虑？

4. 如何确定轴向承载桩的侧摩阻力 q_{fi} 和桩端阻力 q_R？

5. 简述桩基础形成"闭塞效应"的机理及"闭塞效应"的优缺点。

6. 如何确定海上风电机组单桩基础中桩的入土深度和壁厚？

7. 什么是群桩效应？简述群桩效应对桩基承载能力的影响。

8. 什么是桩的相对刚度？如何对刚性桩、中长桩和弹性长桩进行划分？

9. 简述海上风电机组桩承式基础冲刷坑的计算内容和计算方法。

10. 简述导管架基础采用圆管构件的优缺点。

11. 简述管节点的型式分类。

12. 简述海上风电机组基础结构各构件有哪些连接方式，这些连接方式分别应用于什么场合？

参 考 文 献

［1］ DNV-OS-J 101 Design of offshore wind turbine structures ［S］

［2］ API Recommended Practice 2A - WSD (21st Edition). Recommended practice for planning，designing and constructing fixed offshore platform - working stress design ［S］. Washington D. C.：American Petroleum Institute，2007.

［3］ NB/T 10105—2018 海上风电场工程风电机组基础设计规范 ［S］

［4］ JTS 167—2018 码头结构设计规范 ［S］

［5］ JTS 147—2017 水运工程地基设计规范 ［S］

［6］ JTS 152—2012 水运工程钢结构设计规范 ［S］

［7］ GB 50017—2017 钢结构设计标准 ［S］

［8］ JTS 151—2011 水运工程混凝土结构设计规范 ［S］

［9］ JGJ 94—2008 建筑桩基技术规范 ［S］

［10］ TB 10002.1—2005 铁路桥涵设计基本规范 ［S］

［11］ SY/T 4094—2012 浅海钢质固定平台结构设计与建造技术规范 ［S］

［12］ SY/T 10030—2018 海上固定平台规划、设计和建造的推荐作法 工作应力设计法 ［S］

［13］ SY/T 10049—2004 海上钢结构疲劳强度分析推荐作法 ［S］

［14］ GB/T 700—2006 碳素结构钢 ［S］

［15］ GB/T 1591—2008 低合金高强度结构钢 ［S］

［16］ GB 50135—2006 高耸结构设计规范 ［S］

［17］ GB 50010—2011 混凝土结构设计规范 ［S］

［18］ FD 003—2007 风电机组地基基础设计规定（试行）［S］

［19］ GB 18451.1—2012 风力发电机组 设计要求 ［S］

［20］ CECS 88—1997 钢筋混凝土承台设计规程 ［S］

［21］ GB/T 17186.1—2015 管法兰连接计算方法　第 1 部分：基于强度和刚度的计算方法 ［S］

［22］ 中国船级社. 海上固定平台入级与建造规范（1992）［S］. 北京：中国船级社，1992.

［23］ 中国船级社. 浅海固定平台建造与检验规范（CCS 2003）［S］. 北京：中国船级社，2004.

［24］ 王元战. 港口与海岸水工建筑物 ［M］. 北京：人民交通出版社，2013.

［25］ 韩理安. 港口水工建筑物 ［M］. 北京：人民交通出版社，2008.

［26］ 俞振全. 钢管桩的设计与施工 ［M］. 北京：地震出版社，1993.

［27］ 陈建民，娄敏，王天霖. 海洋石油平台设计 ［M］. 北京：石油工业出版社，2012.

［28］ 姜萌. 近海工程结构物——导管架平台 ［M］. 大连：大连理工大学出版社，2009.

［29］ 张燎军，等. 风力发电机组塔架与基础 ［M］. 北京：中国水利水电出版社，2017.

［30］ 王伟，杨敏. 海上风电机组地基基础设计理论与工程应用 ［M］. 北京：中国建筑工业出版社，2013.

［31］ 毕亚雄，赵生校，孙强，等. 海上风电发展研究 ［M］. 北京：中国水利水电出版社，2017.

［32］ 陈小海，张新刚. 海上风力发电机设计开发 ［M］. 北京：中国电力出版社，2018.

［33］ 林毅峰，等. 海上风电机组支撑结构与地基基础一体化分析设计 ［M］. 北京：机械工业出版社，2020.

［34］ 郭兴文，陆忠民，蔡新，等. 风电机组支撑系统设计与施工 ［M］. 北京：中国水利水电出版社，2021.

［35］ 杨克己，韩理安. 桩基工程 ［M］. 北京：人民交通出版社，1992.

［36］ 胡人礼. 桥梁桩基础分析和设计 ［M］. 北京：中国铁道出版社，1987.

［37］ 桩基工程手册编委会. 桩基工程手册 ［M］. 北京：中国建筑工业出版社，1995.

［38］ 吴志良，王凤武. 海上风电场风机基础型式及计算方法 ［J］. 水运工程，2008（10）：249-258.

［39］ 杨锋，邢占清，符平，等. 近海风机基础结构型式研究 ［J］. 水利水电技术，2009，40（9）：35-38.

［40］ 尚景宏，罗锐，张亮. 海上风电基础结构选型与施工工艺 ［J］. 应用科技，2009，36（9）：6-10.

［41］ 黄维平，刘建军，赵战华. 海上风电基础结构研究现状及发展趋势 ［J］. 海洋工程，2009，27（2）：130-135.

第4章 重力式基础

重力式基础是一种传统的基础型式，其依靠基础自重来抵抗风电机组荷载和风浪流等环境荷载作用，保证风电机组基础结构的抗倾覆和抗滑移稳定。该类型基础一般采用钢筋混凝土空心沉箱结构，沉箱内部填充砂、石等压仓材料，以提高基础自重，保证其稳定性。该类型基础主要适用于水深小于 30m 的海域。该基础对地基承载能力要求较高，当地基条件不满足要求时，需要进行地基处理，如设置抛石基床、浅层地基置换或地基加固等。

重力式基础的优点在于结构简单，造价低，抗风暴和风浪作用性能好。其缺点在于需要预先处理海床；结构体型大、重量大，施工安装不方便；适用水深范围较小，随着水深的增加，其经济性不仅不能得到体现，造价反而比其他类型基础要高；基础底部直径或宽度大，海流、波浪的冲刷较为严重，防冲刷施工工程量大。

当前，重力式基础在丹麦、德国、比利时、瑞典等欧洲国家应用较多，主要是由于该地区海域地质条件好，地基承载能力总体较高，满足重力式基础的应用条件。相比之下，我国沿海大部分地区地质条件相对较差，同时重力式基础制作与安装较为复杂，重力式基础应用较少，目前在福建中闽能源福清 5MW 海上风电样机项目中首次采用了重力式基础方案。

为了克服混凝土重力式基础结构体型大、重量大、施工安装不方便和适用水深范围较小的缺点，近年来提出了重力式沉箱-钢管组合基础。沉箱与钢管组合可充分利用钢管优良的水平承载能力，提高重力式基础的适应水深。此外，该类型基础还进一步应用了钢沉箱，有效减轻预制沉箱自重，便于基础安装，降低施工难度。

4.1 重力式基础的结构型式和特点

海上风电机组重力式基础主要为沉箱式和沉箱-钢管组合式结构型式。前者主要采用混凝土沉箱结构体系，适应水深较小；后者综合利用了钢管柱水平承载能力高和沉箱抗倾覆、抗滑移稳定性优的特点，适应水深范围较大。

4.1.1 混凝土沉箱基础

混凝土沉箱是海上风电机组重力式基础的常用型式，一般采用多边形或圆形沉箱。另外，沉箱箱体的密封状况也有所差别，主要有敞口和封闭两种型式。前者在进行砂石等压仓材料填充作业时，会受到外部海流和波浪等影响，影响作业效率；后者填充压仓材料不受环境影响，但基础预制施工相对复杂。

对于敞口式混凝土沉箱基础，其主要由外围多边形或圆形开敞式沉箱、中间圆柱段壳体和顶部连接承台三部分组成，通过在沉箱隔仓中装填砂砾石从而获得足够的压载重量，保证基础稳定，如图4.1所示。该类型基础具有耐久性好、承载能力大、造价合理、整体性好等优点，适用于工程地点附近有预制沉箱条件的海上风电场。对于处于严寒地区海上风电场，基础结构可能遭受海冰作用，可在基础中间圆柱顶部布置抗冰锥体系，提高基础抵御海上浮冰碰撞作用的能力。2003年，丹麦Nysted海上风电场采用六边形钢筋混凝土沉箱结构，该风电场离岸10km，水深6～10m，单机容量2.3MW，72台风电机组基础全部采用该型基础，沉箱隔仓内装填卵石和砾石压载后，基础总重量达1800t。

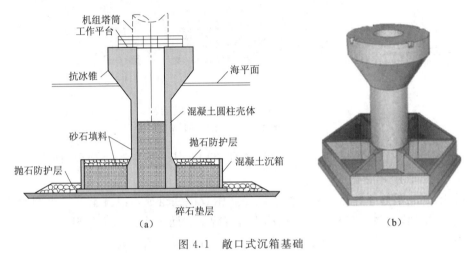

图4.1 敞口式沉箱基础

(a) 剖视图；(b) 轴测图

对于封闭式圆形沉箱，为了减小波浪作用并方便基础与塔筒连接，其立面断面型式常采用底板-下圆台段-上圆柱段的复合型式，并在空心沉箱内部填充压载材料，保证基础稳定性，如图4.2所示。为了提高混凝土沉箱的抗弯能力和抗裂能力，基础圆柱段和圆台段壳体常采用后张法预应力结构体系。在预制施工阶段，通过后张法对其施加压力，使在外荷载作用时的受拉区混凝土产生压应力，用以抵消或减小外荷载产生的拉应力，从而在运行期间延迟或避免混凝土开裂。该基础结构整体上细下粗，波浪和海流作用较小，重心较低，有利于提高基础的整体稳定性。同时，该基础空心壳体结构能够提供足够的空间来保证压载物重量，而且压载物填充作业一次性完成，施工方便，无需多次分仓填充。但是，海洋环境下预应力结构的腐蚀问题需要重点关注，应采用具有优良抗氯离子扩散特性的混凝土，并要控制混凝土裂缝，防止预应力筋发生锈蚀损伤，保证基础长期工作性能。

2008年，比利时Thronton Bank海上风电场一期工程安装6台5.0MW风电机组，水深20～28m，都采用该断面型式的后张法预应力混凝土壳体沉箱基础，同时底板采用了变厚度混凝土厚板，压载物装填体积接近2000m³，压载填充前沉箱基础重量为3000t，装填完成后整个基础的重量达到7000t。此外，为了减小基础冲刷，设置了由反滤层和抛石防护层组成的防护体系，抛石防护层范围为沿基础边缘向外扩展10m。

4.1.2 沉箱-钢管组合基础

常规的混凝土沉箱基础与上部塔筒连接构造较为复杂。针对这一问题，工程师们提出

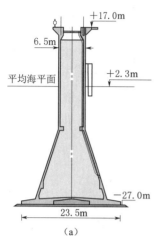

（a）　　　　　　　　　　　　　　　　　（b）

图 4.2　重力式预应力壳体基础

（a）基础结构断面图；（b）现场预制基础结构

了沉箱-钢管组合基础。该组合基础主要有两种类型，其一为混凝土沉箱-钢管组合基础，其二为钢沉箱-钢管组合基础。

混凝土沉箱-钢管组合基础由混凝土沉箱和钢管中柱组成，混凝土沉箱由圆台段壳体和圆筒段壳体结构组成，圆筒段壳体结构内设置辐射状肋板作为箱体分割、支撑和增强构件，沉箱箱格内装填砂石作为压载物，如图 4.3 所示。该组合基础结合了沉箱和钢管的优点，重心低，结构稳定性好，沉箱及内部压载保障结构抗倾覆、抗滑移稳定；同时钢管水平承载能力高，可以适用于较大水深和大容量机型，目前该组合基础已用于水深 36m 海域。2017 年，英国 Blyth 海上风电场的重力式基础规划安装 5 台 8.0MW 风电机组，工程海域水深 36～42m，离岸距离 6.5km，沉箱隔仓内装填砂石压载后整体基础总重超过 15000t。

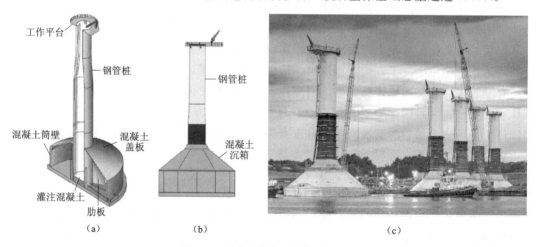

（a）　　　　　　　　（b）　　　　　　　　　　（c）

图 4.3　混凝土沉箱-钢管组合基础

（a）基础结构剖视图；（b）基础结构立面图；（c）基础结构安装现场

钢沉箱-钢管组合基础由中部钢管桩和外围钢沉箱复合形成整体结构，如图 4.4 所示，其中钢沉箱由圆台段和圆筒段组成，圆筒段内部设置隔板，将圆筒分为若干隔仓。为了提高沉箱的抗倾覆和抗滑移稳定性，在沉箱底部设置较宽的钢趾板，并在趾板根部布置径向加劲肋板，避免局部应力集中，提高趾板的抗弯承载能力，减小其弯曲变形，保证其抗滑和抗倾贡献。此外，该全钢组合基础具有抗水平作用能力强、适应水深大和重量轻的优点，无须重型浮吊设备进行运输和安装，海上作业简单方便，但也有用钢量大、造价高的缺点。

图 4.4　钢沉箱-钢管组合基础

4.2　重力式基础的一般构造

沉箱和基床是重力式基础的重要组成部分。为了保障基础的承载安全和正常使用功能，沉箱和基床等不仅要满足承载要求，还要符合一些构造规定。

4.2.1　基床

重力式基础根据地基情况、施工条件和结构型式采用不同的地基处理方式。对于岩石地基上的预制安装结构，为使沉箱等预制构件安装平稳，应以二片石（粒径 8～15cm 的小块石）和碎石整平岩面，其厚度不小于 0.3m；当岩面较低时，也可采用抛石基床。对于非岩石地基，应设置抛石基床。

抛石基床设计包括：选择基床型式；确定基床厚度及肩宽；确定基槽底宽和边坡坡度；规定块石的重量和质量要求；确定基床顶面的预留沉降量等。

1.　基床型式

抛石基床型式有暗基床、明基床和混合基床三种，如图 4.5 所示。当工程区域水流流速较大时应避免采用明基床或在基床上设置防护措施。混合基床适用于地基较差的情况，此时需将地基表层的软土全部挖除填以块石，软土层很厚时可部分挖除换砂。

2.　基床厚度

当基床顶面应力大于地基承载力时，抛石基床起扩散应力的作用，基床厚度由计算确定，并且不宜小于 1m。当基床顶面应力不大于地基承载力时，基床只起整平基面和防止

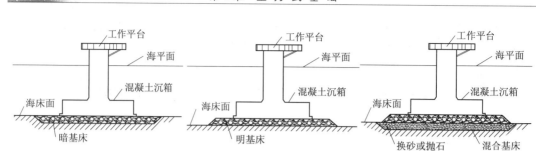

图 4.5 抛石基床型式

(a) 暗基床；(b) 明基床；(c) 混合基床

地基被淘刷的作用，但其厚度也不宜小于 0.5m。

3. 基槽底宽和边坡坡度

基槽底宽取决于对地基应力扩散范围的要求，不宜小于基础宽度加 2 倍的基床厚度，基槽底边线超出基础边缘不少于 1 倍的基床厚度。基槽边坡坡度应确保边坡在施工过程中的稳定，一般根据地基土性质由经验确定。

4. 基床肩宽

为保证基床的稳定性，基床肩部应有一定的宽度。对于夯实基床，基床肩宽不宜小于 2m；当采用水下爆夯法密实时，应适当加宽肩宽宽度；对于不夯实基床，肩宽不应小于 1m。当风电场所在海域的底流流速较大，地基土有被冲刷危险时，应加大基床肩宽，放缓边坡，增大埋置深度或采用其他护底措施。

5. 基床夯实

为使抛石基床紧密，减少风电机组在施工和使用时的沉降，水下施工的抛石基床一般应进行重锤夯实。重锤夯实的作用为：①破坏块石棱角，使块石互相挤紧；②使与地基接触的一层块石嵌进地基土内，提高基床的抗滑移稳定性。当地基为松散砂基或采用换砂处理时，对于夯实的抛石基床底层设置约 0.3m 厚的二片石垫层，以防基床块石打夯振动时陷入砂层内。近年来，工程中也使用爆夯法，通过将埋在抛石基床内的炸药引爆，爆炸震动波使基床的块石密实。

6. 对抛石基床块石重量和质量的要求

基床块石的重量既要满足在波浪水流作用下的稳定性，又要考虑便于开采、运输和施工，一般采用 10~100kg 的混合石料，原则上块石越大越好，但是对于厚度不大于 1m 的薄基床，可采用较小的石块。

石料质量应保证遇水不软化、不破裂，不被夯碎。具体要求为：①在水中饱和状态下的抗压强度，对于夯实基床不低于 50MPa，对于不夯实基床不低于 80MPa；②块石未风化，不成片状，无严重裂纹。

7. 基床顶面的预留沉降量

在基床、上部结构和设备的施工及安装过程中，随着竖向荷载的不断增大，基床及下部地基被压缩变形，导致整体结构发生沉降。为了保证建筑物在允许沉降范围内正常工作，基床顶面应预留沉降。

对于夯实基床，设计时只按地基沉降量预留；对于不夯实基床，还需预留基床压缩沉降量。基床压缩沉降量按下式估算：

$$\Delta = \alpha_k \sigma d \tag{4.1}$$

式中　Δ——基床压缩沉降量，m；

　　　α_k——抛石基床的压缩系数，一般采用 0.0005，m^2/kN；

　　　d——基床厚度，m；

　　　σ——建筑物使用期最大平均基底应力，kPa。

8. 冲刷防护措施

海上风电机组重力式基础尺度大，遭受海流、波浪的冲刷作用，冲刷严重时会影响基础的承载安全。目前风电机组基础主要采用抛石、混凝土板、模袋混凝土、砂被、砂袋、海底仿生等措施进行防冲刷保护，可结合工程所在地区和施工条件选择合理的防护措施。此外，风电机组基础的防冲刷保护范围应根据波浪、水流、冲刷强度和海床地质条件确定。防冲刷措施的具体设计与构造可参照第 3.4.5 节桩基础防冲刷设计。

4.2.2 沉箱

沉箱是一种巨型的钢筋混凝土空箱，箱内用纵横隔墙隔成若干仓格。沉箱一般在专门的预制厂预制，然后在滑道上用台车溜放下水。当预制沉箱的数量不多时，也可利用当地修造船厂的船坞、滑道、船台或其他合适的天然岸滩预制下水。下水后的沉箱用拖轮拖至现场，定位后用灌水压载法将其沉放在整平好的基床上，再用砂或块石填充沉箱内部。有条件时，沉箱也可采用吊运安装。沉箱结构水下工作量小，结构整体性好、抗震性能强，施工速度快，钢材用量多，需要专门的施工设备和合适的施工条件。

1. 沉箱形状与外形尺寸

海上风电机组基础的沉箱多为圆形或正多边形，竖向常采用底部直径大、上部直径小的变截面型式，以便于和上部塔筒连接。常用的竖向断面型式主要包括：①组合沉箱体系，其特征在于外围为正多边形或圆形的大直径宽浅型沉箱，中部为小直径圆柱沉箱；②独立沉箱体系，其特征在于下部变截面圆台和上部圆柱复合为连续断面。

沉箱的外形尺寸包括直径（或宽度）和高度。沉箱的直径（或宽度）主要由基础的抗滑、抗倾覆稳定性以及基床、地基承载力决定，而且同时要满足浮运稳定性要求。当不满足浮运要求时，一般先考虑在施工上采取措施，必要时才增大沉箱的直径（或宽度）。为减小沉箱的直径，可在沉箱底部加设趾板，以增大沉箱结构的抗滑与抗倾覆稳定性，改善沉箱底应力分布情况。但趾板悬臂长度一般不宜大于 1.0m。

沉箱的高度决定于风电机组所在海域的水深和波浪条件。一般来说，重力式沉箱顶部与风电机组塔筒连接，同时顶部也可兼做工作平台。沉箱顶部高程可简化取为工作平台底高程（参考第 3.2.5 节附属设施），也可根据水深和波高进行设计。

2. 沉箱内隔墙

多边形沉箱基础的沉箱内都应设隔墙，宜对称布置；圆形沉箱可在底板以上一定高度内对称布置内隔墙。对于顶部封闭的沉箱，若顶板水平布置或倾角较小时，应设置连接底板和顶板的隔墙，改善顶板的受力状态，提高其承载能力。隔墙厚度一般由构造要求确定，可采用隔墙间距的 $1/25\sim1/20$，但不宜小于 200mm。

3. 沉箱壁厚

箱壁、底板和隔墙的厚度通过这些构件的强度计算确定，并应满足钢筋混凝土耐久性、沉箱出运和安装要求。箱壁厚度不宜小于 250mm，沉箱潮差段箱壁厚度不宜小于 300mm，一般采用 $300\sim400$mm，大型沉箱可取大值。由于底板受力较大且复杂，底板厚度不宜小于箱壁厚度，一般采用 $350\sim700$mm。对于圆形沉箱，侧壁壁厚一般在 0.5m 以下，厚径比一般小于 0.3。

4. 钢筋

沉箱配筋时，架立钢筋和分布钢筋的直径一般为 $10\sim16$mm，沉箱加强角应设置构造斜钢筋，其直径不宜小于 10mm。沉箱构件的配筋应满足混凝土浇筑的要求，钢筋间的净距不宜小于 50mm。

对于预应力混凝土壳体沉箱中的钢筋，普通钢筋宜采用 HRB400 和 HRB500 级钢筋，预应力钢束宜采用低松弛钢绞线。

5. 沉箱内填料

根据当地材料情况，应选用量大、易密实和易填充的材料，常采用当地的砂、卵石或块石，也可填充细颗粒含量不大的山皮土和开山石。对于敞口式沉箱，沉箱内的填料会遭受外界海流、波浪的冲刷作用，当采用细颗粒填料时，应在沉箱表面填充一定厚度的块石或碎石倒滤层。

4.2.3　基底允许脱开面积

海上风电机组基础结构常年遭受风浪流等水平荷载，具有荷载效应大、360°方向重复反复作用和大偏心受力的特征，对基础的稳定性要求高。当重力式基础的竖向荷载偏心距过大时，会导致基底脱开面积过大，不利于基础的抗倾覆稳定性和不均匀沉降控制。因此，对于不同设计状况，基底允许脱开面积应满足表 4.1 的要求。若不满足要求，应采取加大基础底面积或增加基础自重等措施。

表 4.1　基底允许脱开面积指标

计算状况	基底脱开面积 A_T/基底面积 A
正常使用极限状况	不允许脱开
承载能力极限状况	25%

4.3　重力式基础计算

4.3.1　重力式基础设计状况和计算内容

重力式基础设计考虑承载能力和正常使用两种极限状态，承载能力极限状态应分别考虑极端状况、疲劳极限状况下的基本组合和地震状况下的地震组合，正常使用极限状态应考虑正常使用极限状况下的标准组合。表 4.2 给出了重力式基础的计算和验算内容及相应的极限状态和作用效应组合。

表 4.2　　　重力式基础的计算和验算内容及相应的极限状态和作用效应组合

序号	计算和验算内容	极限状态	作用效应组合
1	基础的抗倾覆稳定性	承载能力极限状态	基本组合、地震组合
2	沿基础底面和基床底面的抗滑移稳定性	承载能力极限状态	基本组合、地震组合
3	基床和地基承载力	承载能力极限状态	基本组合、地震组合
4	构件强度（包括截面抗弯、抗剪、抗冲切等验算）	承载能力极限状态	基本组合、地震组合
5	基础底面合力作用点位置	承载能力极限状态	基本组合
6	基础施工期稳定性和构件承载力	承载能力极限状态	基本组合
7	基础裂缝宽度	正常使用极限状态	标准组合
8	地基沉降	正常使用极限状态	标准组合

4.3.2 地基承载力和基础水平承载力计算

地基承载力是指地基承受荷载的能力。在保证地基稳定的条件下，使建筑物的沉降量不超过允许值的地基承载力称为地基承载力特征值，一般用 f_a 表示。地基承载力特征值可由理论公式、载荷试验或其他原位试验，并结合实践经验等方法综合确定。

4.3.2.1 地基承载力深宽修正

对于重力式基础，当基础宽度大于 3m 或埋置深度大于 0.5m 时，由载荷试验或其他原位试验测试、经验值等方法确定的地基承载力特征值，应按下式修正：

$$f_{ak} = f_a + \eta_b \gamma (b_s - 3) + \eta_d \gamma_m (h_m - 0.5) \tag{4.2}$$

式中　f_{ak}——修正后的地基承载力特征值，kPa；

　　　f_a——地基承载力特征值，kPa；

　　η_b、η_d——基础宽度和埋深的地基承载力修正系数，根据基础底面以下土的类型查表 4.3；

　　　γ——基础底面以下土的有效重度，kN/m^3；

　　　b_s——基础底面宽度（力矩作用方向），当基础底面宽度大于 6m 时按 6m 取值，m；

　　γ_m——基础底面以上土的加权平均重度（有效重度），kN/m^3；

　　　h_m——基础埋置深度，m。

表 4.3　　　　　　承 载 力 修 正 系 数

土 的 类 型		η_b	η_d
淤泥和淤泥质土		0.00	1.00
人工填土、e 或 I_L 不小于 0.85 的黏性土		0.00	1.00
红黏土	含水比 $a_w > 0.8$	0.00	1.20
	含水比 $a_w \leqslant 0.8$	0.15	1.40
大面积压实填土	最大干密度大于 $21kN/m^3$ 的级配砂土	0.00	2.00
粉土	黏粒含量 $\rho_c \geqslant 10\%$ 的粉土	0.30	1.50
	黏粒含量 $\rho_c < 10\%$ 的粉土	0.50	2.00
e 或 I_L 均小于 0.85 的黏性土		0.30	1.60
中砂、粗砂、砾砂和碎石土		3.00	4.40

注　1. 全风化岩石可参照所风化成的相应土类取值，其他状态下的岩石不修正。

　　2. 地基承载力特征值按深层平板载荷试验确定时 η_d 取 0。

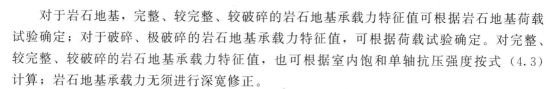

对于岩石地基，完整、较完整、较破碎的岩石地基承载力特征值可根据岩石地基荷载试验确定；对于破碎、极破碎的岩石地基承载力特征值，可根据荷载试验确定。对完整、较完整、较破碎的岩石地基承载力特征值，也可根据室内饱和单轴抗压强度按式（4.3）计算；岩石地基承载力无须进行深宽修正。

$$f_a = \phi_r f_{rk} \tag{4.3}$$

式中　f_a——岩石地基承载力特征值，kPa；

　　　f_{rk}——岩石饱和单轴抗压强度标准值，kPa；

　　　ϕ_r——折减系数，根据岩体完整程度以及结构面的间距、宽度、产状和组合，由地方经验确定；无经验时，对完整岩体可取 0.5，对较完整岩体可取 0.2～0.5，对较破碎岩体可取 0.1～0.2。

4.3.2.2　地基承载力理论计算

当采用理论公式计算地基承载力时，由于水平荷载的作用，使得地基不均匀受力，降低了基础承受竖向荷载的能力，这种影响在地基承载力分析时应予以考虑。图 4.6 是理想化的海上风电机组基础受力示意图，图中 H 和 V 分别表示水平荷载和竖向荷载，LC 表示水平荷载和竖向荷载在基础底面的合力作用点位置，偏心距 e 由下式计算：

$$e = \frac{M_d}{V_d} \tag{4.4}$$

式中　M_d——经转换计算后作用在基础底面的弯矩特征值，kN·m；

　　　V_d——竖向荷载特征值，kN。

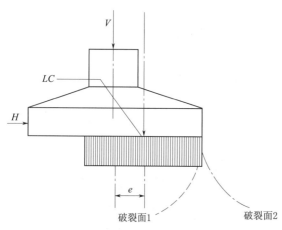

图 4.6　理想化的海上风电机组基础受力示意图

目前，理论公式法计算地基承载力是根据经验减小基础的有效面积以实现倾斜荷载对地基承载力的影响。另外，荷载偏心距影响地基的破坏模式，一般表现为如图 4.6 所示两种破坏模式，当偏心距超过 0.3 倍的基础边长时，一般沿破裂面 2 发生破坏模式 2，否则沿破裂面 1 发生破坏模式 1。对于不同的地基破坏模式，地基承载力的计算方法也不同。

1. 偏心荷载作用下有效面积计算

（1）矩形基础。如图 4.7（a）所示，对于宽度为 b 的矩形基础，当荷载沿基础某一轴线方向倾斜时，基础有效面积减小后的尺寸为

$$b_{eff} = b - 2e \tag{4.5}$$
$$l_{eff} = l \tag{4.6}$$

式中　b_{eff}、l_{eff}——有效面积减小后的基础尺寸；

　　　l、b——基础的长度和宽度。

如图 4.7（b）所示，当荷载不沿基础任一轴线方向倾斜时，基础有效面积减小后的

尺寸为

$$b_{eff} = b - 2e_1 \tag{4.7}$$

$$l_{eff} = b - 2e_2 \tag{4.8}$$

式中 e_1、e_2——荷载沿基础长边方向和短边方向的偏心距。

得到减小后的基础尺寸后，基础的有效面积 A_{eff} 为

$$A_{eff} = l_{eff} b_{eff} \tag{4.9}$$

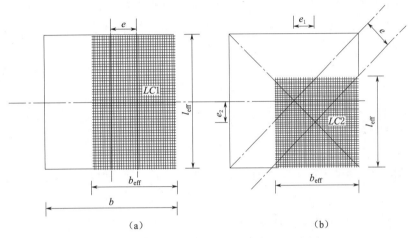

图 4.7 两种确定矩形基础有效面积方法的示意图

(a) 单向偏心；(b) 双向偏心

（2）圆形基础。对于直径为 R 的圆形基础，倾斜荷载作用下形成的有效面积为如图 4.8 所示的椭圆面积，其大小为

$$A_{eff} = 2\left[R^2 \arccos\left(\frac{e}{R}\right) - e\sqrt{R^2 - e^2}\right] \tag{4.10}$$

椭圆的主轴大小分别为

$$b_e = 2(R - e) \tag{4.11}$$

$$l_e = 2R\sqrt{1 - \left(1 - \frac{b_e}{2R}\right)^2} \tag{4.12}$$

另外，基础的有效面积可被等效为一矩形。矩形的长短边长分别为

$$l_{eff} = \sqrt{A_{eff}\frac{l_e}{b_e}} \tag{4.13}$$

$$b_{eff} = \frac{l_{eff}}{l_e}b_e \tag{4.14}$$

（3）正多边形基础。对于正多边形（包括八边形或更多）基础，可画正多边形的内接圆，依然可以应用上述公式计算倾斜荷载作用下的基础有效面积。

2. 地基承载力特征值计算

地基承载力不仅与地基破坏模式相关，而且与地基土的排水条件相关。对于砂土地基

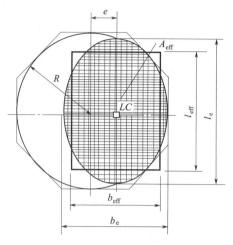

图 4.8 圆形和八边形
基础的有效面积示意图

或黏土中有砂土夹层的地基，其排水条件好，在受到基础上部荷载作用时，地基中的孔隙水易于排出。但对于黏性土地基，其排水条件较差，在荷载作用下地基内孔隙水不易排出。因此，在地基承载力计算时，常常考虑不同排水条件。

（1）第 1 种破坏模式工况。当地基发生图 4.6 所示的破坏模式 1 时，可根据地基土排水条件的不同，计算基础底面为水平的重力式基础的地基承载力特征值。

1）在完全排水条件下，可按下式计算地基承载力特征值：

$$f_a = \frac{1}{2} \gamma' b_{\text{eff}} N_\gamma s_\gamma d_\gamma i_\gamma + p_0' N_q s_q d_q i_q + c_d N_c s_c d_c i_c$$

(4.15)

2）在不排水条件下，即内摩擦角 $\varphi = 0$，则采用下式计算地基承载力特征值：

$$f_a = c_{ud} N_c^0 s_c^0 d_c^0 i_c^0 + p_0'$$

(4.16)

式中　　f_a——地基承载力特征值，kPa；

γ'——基础底面以下地基土的有效重度，kN/m^3；

p_0'——基础底面以上两侧的有效压力，kPa；

c_d——地基土的黏聚力特征值，kPa；

N_γ、N_q、N_c——地基承载力系数，无量纲；

s_γ、s_q、s_c——基础形状修正系数，无量纲；

d_γ、d_q、d_c——深度修正系数，无量纲；

i_γ、i_q、i_c——荷载倾斜修正系数，无量纲。

地基土的不排水强度特征值 c_{ud} 和内摩擦角特征值 φ_d 的计算式分别为

$$c_{ud} = \frac{c_d}{\gamma_c}$$

(4.17)

$$\varphi_d = \arctan\left(\frac{\tan\varphi}{\gamma_\varphi}\right)$$

(4.18)

式中　γ_c、γ_φ——地基土的材料系数。

当承载力公式应用于地基土排水工况时，则式（4.15）中的各系数计算式分别为

$$N_q = e^{\pi\tan\varphi_d} \frac{1+\sin\varphi_d}{1-\sin\varphi_d}$$

(4.19)

$$N_c = (N_q - 1)\cot\varphi_d$$

(4.20)

$$N_\gamma = \frac{3}{2}(N_q - 1)\tan\varphi_d$$

(4.21)

$$s_\gamma = 1 - 0.4\frac{b_{\text{eff}}}{l_{\text{eff}}}$$

(4.22)

$$s_q = s_c = 1 + 0.2 \frac{b_{eff}}{l_{eff}} \tag{4.23}$$

$$d_\gamma = 1.0 \tag{4.24}$$

$$d_q = 1 + 2 \frac{d}{b_{eff}} \tan\varphi_d (1 - \sin\varphi_d)^2 \tag{4.25}$$

$$d_c = d_q - \frac{1 - d_q}{N_c \tan\varphi} \tag{4.26}$$

$$i_q = i_c = \left(1 - \frac{H_d}{V_d + A_{eff} c_d \cot\varphi_d}\right)^2 \tag{4.27}$$

$$i_r = i_q^2 \tag{4.28}$$

$$N_c^0 = \pi + 2 \tag{4.29}$$

$$s_c^0 = s_c \tag{4.30}$$

$$i_c^0 = 0.5 + 0.5\sqrt{1 - \frac{H}{A_{eff} c_{ud}}} \tag{4.31}$$

当利用地基承载力计算公式反算基础底面反力，并应用地基反力设计基础时，地基承载力系数 N_γ 计算式则需调整为

$$N_\gamma = 2(N_q + 1)\tan\varphi_d \tag{4.32}$$

（2）第 2 种破坏模式工况。当荷载偏心距超过 0.3 倍的基础边长时，地基一般会发生如图 4.6 中破坏模式 2 的破坏，此时地基承载力特征值计算式为

$$f_a = \gamma' b_{eff} N_\gamma s_\gamma i_\gamma + c_d N_c s_c i_c (1.05 + \tan^3\varphi) \tag{4.33}$$

$$i_q = i_c = 1 + \frac{H}{V + A_{eff} c \cot\varphi} \tag{4.34}$$

$$i_\gamma = i_q^2 \tag{4.35}$$

$$i_c^0 = \sqrt{0.5 + 0.5\sqrt{1 + \frac{H}{A_{eff} c_{ud}}}} \tag{4.36}$$

应用式（4.33）计算得到地基承载力特征值后，还需与破坏模式 1 下计算得到地基承载力特征值比较，最后取其小值。

4.3.2.3　基础的水平抗滑承载力计算

在水平荷载作用下，重力式基础可能沿着基础底面发生滑动。与前文地基承载力相似，重力式基础的水平抗滑承载力也与地基土的排水情况相关。根据排水条件的不同，基础的水平抗滑承载力可按下述方法确定。

（1）在地基土排水情况下，计算公式为

$$F_{ah} = A_{eff} c_d + V\tan\varphi \tag{4.37}$$

（2）在地基土不排水情况下，由于地基土的内摩擦角 $\varphi = 0°$，计算公式简化为

$$F_{ah} = A_{eff} c_{ud} \tag{4.38}$$

式中　F_{ah}——水平抗滑承载力，kN。

4.3.3　基床与地基承载力验算

重力式基础将上部荷载作用效应传递于基床与地基，需要对基床与地基承载力进行

验算。

4.3.3.1　基床

1. 轴心作用工况

当承受轴心荷载时，基床和地基应力呈均匀分布，应满足下式要求。

$$\sigma \leqslant f_{\mathrm{a}} \tag{4.39}$$

式中　σ——作用效应的基本组合下，基础底面处平均压应力，kPa；

　　　f_{a}——地基承载力特征值，kPa。

2. 偏心荷载作用工况

当承受偏心荷载时，基床和地基应力呈梯形或三角形分布，除应满足式（4.39）外，尚应满足式（4.40）的要求：

$$\sigma_{\max} \leqslant 1.2 f_{\mathrm{a}} \tag{4.40}$$

式中　$\sigma_{\max}$——作用效应基本组合下，基础底面边缘最大压应力，kPa。

根据《码头结构设计规范》（JTS 167—2018），抛石基床承载力特征值一般可取 600kPa。对于受波浪作用的墩式建筑物或地基承载能力较高（如地基为岩基）时，可酌情适当提高取值，但不应大于 800kPa。

3. 偏心荷载作用下基床顶面应力计算

重力式基础的刚度一般很大，基床顶面应力可按直线分布，按偏心受压公式计算。

基础结构外荷载合力作用点与基底前趾的距离计算公式为

$$\xi = \frac{M_{\mathrm{R}} - M_{\mathrm{S}}}{V_{\mathrm{K}}} \tag{4.41}$$

式中　M_{R}——竖向合力标准值对基底前趾的稳定力矩，kN·m；

　　　M_{S}——倾覆力标准值对基底前趾的倾覆力矩，kN·m；

　　　V_{K}——作用于基础基底上的竖向合力标准值，kN。

（1）矩形基础。对于矩形基础，单宽基床顶面应力标准值可按下列公式计算，计算图示如图 4.9 所示。

1）当 $\xi \geqslant B/3$ 时：

$$\sigma_{\max}/\sigma_{\min} = \frac{V_{\mathrm{K}}}{B}\left(1 \pm \frac{6e}{B}\right) \tag{4.42}$$

式中　$\sigma_{\max}$、$\sigma_{\min}$——基床顶面的最大和最小应力标准值，kPa；

　　　　　B——基础底宽，m；

　　　　　V_{K}——作用在基床顶面的竖向合力标准值，kN·m；

　　　　　e——基础底面合力设计值作用点的偏心距，m，$e = \dfrac{B}{2} - \xi$；

　　　　　ξ——合力作用点与基础前趾的距离，m。

2）当 $\xi < B/3$ 时：$\sigma_{\min}$ 将出现负值，即产生拉应力。但基础底面和基床顶面之间不可

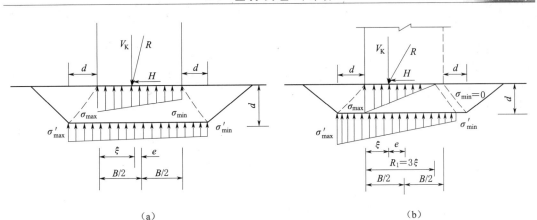

图 4.9 基底应力和地基应力计算图示

(a) $\xi \geqslant B/3$；(b) $\xi < B/3$

能承受拉应力，基底应力将重分布。根据基底应力的合力和作用在建筑物上的垂直合力相平衡的条件，得

$$
\begin{cases}
\sigma_{max} = \dfrac{2V_K}{3\xi} \\[2mm]
\sigma_{min} = 0
\end{cases}
\tag{4.43}
$$

为了使基础不致产生过大的不均匀沉降，一般要求 $\xi \geqslant B/4$。对于岩石地基则不受限制，因为岩基基本上是不可压缩的。

（2）圆形基础。对于圆形基础，基床顶面应力标准值可按下列公式计算。

1）当 $\xi \geqslant 3r/4$ 时：

$$
\sigma_{max}/\sigma_{min} = \frac{V}{\pi r^2}\left(1 \pm \frac{4e}{r}\right)
\tag{4.44}
$$

式中　r——基础底面半径，m。

2）当 $\xi < 3r/4$ 时：σ_{min} 将出现负值，即产生拉应力，但基础底面不可能出现拉应力。因此，类似于矩形基础，根据基底应力的合力和作用在建筑物上的垂直合力相平衡的条件进一步求解得到最大应力，如图 4.10 所示。

4.3.3.2 地基

与基床承载力验算相同，地基承载力验算也考虑轴心受压和偏心受压两种工况，验算公式也同样采用式（4.39）和式（4.40）。

由于地基上铺设基床，基床顶面应力通过基床向下扩散，扩散宽度为 $B_1 + 2d_1$，并按直线分布。考虑该地基应力扩散，地基顶面（基床底面）最大、最小应力标准值和合力作用点的偏心距按下列公式计算。

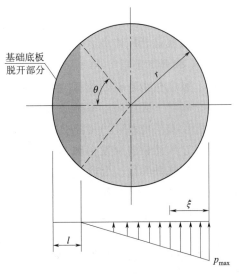

图 4.10 圆形基础基床底部
应力分布（$\xi < 3r/4$）

1. 矩形基础

对于矩形基础，基床底面最大和最小应力计算公式为

$$
\begin{cases}
\sigma'_{max} = \dfrac{B_1 \sigma_{max}}{B_1 + 2d_1} + \gamma d_1 \\[2mm]
\sigma'_{min} = \dfrac{B_1 \sigma_{min}}{B_1 + 2d_1} + \gamma d_1 \\[2mm]
e' = \dfrac{B_1 + 2d_1}{6} \dfrac{\sigma'_{max} - \sigma'_{min}}{\sigma'_{max} + \sigma'_{min}}
\end{cases}
\tag{4.45}
$$

式中　σ'_{max}、σ'_{min}——基床底面最大和最小应力标准值，kPa；

γ——块石的水下重度标准值，kN/m³；

d_1——抛石基床厚度，m；

B_1——基础底面的实际受压宽度，当 $\xi \geqslant B/3$ 时，$B_1 = B$；当 $\xi < B/3$ 时，$B_1 = 3\xi$；

e'——抛石基床底面合力作用点的偏心距，m。

2. 圆形基础

对于圆形基础，当 $\xi \geqslant 3r/4$ 时可按下式进行计算。

$$
\begin{cases}
\sigma'_{max} = \left(\dfrac{r}{r + d_1}\right)^2 \sigma_{max} + \gamma d_1 \\[2mm]
\sigma'_{min} = \left(\dfrac{r}{r + d_1}\right)^2 \sigma_{min} + \gamma d_1 \\[2mm]
e' = \dfrac{r + d_1}{4} \dfrac{\sigma'_{max} - \sigma'_{min}}{\sigma'_{max} + \sigma'_{min}}
\end{cases}
\tag{4.46}
$$

式中　r——基础底面半径，m。

当 $\xi < 3r/4$ 时，基础底面部分宽度应力为 0，如图 4.11 所示，根据竖向内力平衡，求解得到基床最大压应力。

4.3.3.3　软弱下卧层

海上风电机组基础的地基持力层范围内存在软弱下卧层时，基础底部扩散于软弱层顶部的地基应力可能会超过其承载力，导致该软弱层发生破坏，进而导致地基和基础失效。因此，当地基持力层范围内有软弱下卧层时，需要验算软弱下卧层的地基承载力。

1. 矩形基础

对于矩形基础，应按下列公式验算。

$$p_z + p_{ez} \leqslant f_{az} \tag{4.47}$$

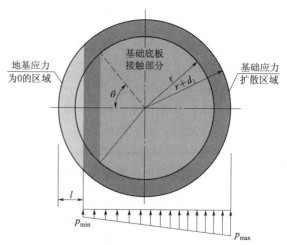

图 4.11　圆形基础的地基应力分布（$\xi < 3r/4$）

$$p_z = \frac{lb(p_k - p_c)}{(b + 2z\tan\theta)(l + 2z\tan\theta)} \tag{4.48}$$

式中　　p_z——作用效应标准组合下，软弱下卧层顶面处附加压力，kPa；

　　　　p_{ez}——软弱下卧层顶面处土自重压力，kPa；

　　　　f_{az}——软弱下卧层顶面处经深度修正后的地基承载力特征值，kPa；

　　　　p_c——基础底面处土的自重压力，kPa；

　　　　z——基础底面至软弱下卧层顶面的距离，m；

　　　　θ——地基压力扩散线与垂直线的夹角，(°)，可按表 4.4 采用。

2. 圆形基础

对于圆形基础，软弱下卧层顶面处附加压力应按下式进行计算。

$$p_z = \frac{r^2(p_k - p_c)}{(r + z\tan\theta)^2} \tag{4.49}$$

式中　　r——基础底面半径，m。

表 4.4　　地基压力扩散线与垂直线的夹角 θ

系数 E_{s1}/E_{s2}	θ	
	$z/b = 0.25$ 时	$z/b = 0.5$ 时
3	6°	23°
5	10°	25°
10	20°	30°

注　1. E_{s1} 为上层土压缩模量；E_{s2} 为下层土压缩模量。

　　2. 当基底与软弱下卧层顶面距离 z 与基础宽度 b 之比小于 0.25 时，θ 可取为 0°或通过试验确定；当 z 与 b 之比大于 0.5 时，θ 可按 $z/b = 0.5$ 取值；当 z 与 b 之比在 0.25～0.5 之间时，按线性差值计算。

4.3.4　基础稳定性验算

水平滑动稳定性和倾覆稳定性验算是海上风电机组重力式基础设计的重要计算内容，只有验算满足要求才能保证基础安全使用。

4.3.4.1　抗倾覆稳定性

1. 非地震状况

在非地震状况下，沿基础底面前趾的抗倾覆稳定验算，其最危险计算状况应符合下式要求：

$$\frac{M_R}{\gamma_0 M_s} \geqslant 1.35 \tag{4.50}$$

式中　　M_R——作用效应基本组合下的抗倾覆力矩，kN·m；

　　　　M_s——作用效应基本组合下的倾覆力矩设计值，kN·m；

　　　　γ_0——结构重要性系数，取 1.1。

分析海上风电机组重力式基础所受各种荷载，具体考虑两种工况，分别计算沿基础底面和基床底面的稳定力矩和倾覆力矩设计值。

（1）不考虑波浪作用，考虑冰荷载，上部支撑结构传递于基础的荷载为主导可变作用时：

$$\begin{cases} M_R = \gamma_G M_G + \gamma_f M_{fV} \\ M_s = \gamma_f M_{fH} + \psi_0(\gamma_l M_l + \gamma_c M_c) \end{cases} \tag{4.51}$$

（2）考虑波浪作用，不考虑冰荷载，上部支撑结构传递于基础的荷载为主导可变作用时：

$$\begin{cases} M_{R} = \gamma_{G}M_{G} + \gamma_{f}M_{fV} \\ M_{s} = \gamma_{f}M_{fH} + \psi_{0}(\gamma_{P}M_{P} + \gamma_{P}M_{U} + \gamma_{c}M_{c}) \end{cases} \tag{4.52}$$

式中 M_{G}——结构自重力标准值对外趾的稳定力矩，$kN \cdot m$；

      M_{I}——冰荷载标准值对外趾的倾覆力矩，$kN \cdot m$；

      M_{c}——海流荷载标准值对外趾的倾覆力矩，$kN \cdot m$；

      M_{P}——波峰作用时水平波压力的标准值对外趾的倾覆力矩，$kN \cdot m$；

      M_{U}——波峰作用时波浪浮托力的标准值对外趾的倾覆力矩，$kN \cdot m$；

      M_{fH}——上部支撑结构传递于基础的水平向荷载标准值对外趾的倾覆力矩，风电机组水平向荷载包括作用于风叶、机舱和塔筒的风荷载，$kN \cdot m$；

      M_{fV}——上部支撑结构传递于基础的竖向荷载标准值对外趾的稳定力矩，$kN \cdot m$；

  γ_{I}、γ_{c}、γ_{f}、γ_{P}——冰荷载、海流荷载、风荷载、波浪荷载的分项系数，具体参见第2章内容；

      ψ_{0}——非主导可变作用的组合系数，取0.7。

2. 地震状况

在地震状况下，沿基础底面前趾的抗倾覆稳定验算，其最危险计算状况应符合下式要求：

$$\frac{M_{R}'}{M_{s}'} \geqslant 1.0 \tag{4.53}$$

式中 M_{R}'——作用效应地震组合下的抗倾覆力矩，$kN \cdot m$；

    M_{s}'——作用效应地震组合下的倾覆力矩修正值，$kN \cdot m$。

在地震作用下，应以地震作用为主导可变作用，同时考虑其他荷载作用，基于地震组合计算抗倾覆力矩和倾覆力矩。

（1）不考虑波浪作用，考虑冰荷载，地震作用为主导可变作用时：

$$\begin{cases} M_{R}' = \gamma_{G}M_{G} + \psi_{0}\gamma_{f}M_{fV} \\ M_{s}' = \gamma_{E}M_{EH} + \psi_{0}(\gamma_{f}M_{fH} + \gamma_{I}M_{I} + \gamma_{c}M_{c}) \end{cases} \tag{4.54}$$

（2）考虑波浪作用，不考虑冰荷载，地震作用为主导可变作用时：

$$\begin{cases} M_{R}' = \gamma_{G}M_{G} + \psi_{0}\gamma_{f}M_{fV} \\ M_{s}' = \gamma_{E}M_{EH} + \psi_{0}(\gamma_{f}M_{fH} + \gamma_{P}M_{P} + \gamma_{P}M_{U} + \gamma_{c}M_{c}) \end{cases} \tag{4.55}$$

式中 M_{EH}——水平地震作用的抗倾覆力矩，$kN \cdot m$；

    γ_{E}——地震分项系数。

4.3.4.2 抗滑移稳定性

1. 非地震状况

在非地震状况下，地基最危险滑动面上的抗滑力与滑动力应满足下式的要求：

$$\frac{H_{d}}{\gamma_{0}H_{s}} \geqslant 1.20 \tag{4.56}$$

式中 γ_{0}——结构重要性系数，取1.1；

H_d——作用效应基本组合下的抗滑力，kN；

H_s——作用效应基本组合下的滑动力设计值，kN。

考虑海上风电机组重力式基础所受各种荷载，沿基础底面和基床底面的抗滑极限承载力和滑动力设计值分别可通过下式计算，具体如下：

（1）不考虑波浪作用，考虑冰荷载，上部支撑结构传递于基础的荷载为主导可变作用时：

$$\begin{cases} H_d = (\gamma_G G + \gamma_f F_{fV}) f \\ H_s = \gamma_f F_{fH} + \psi_0 (\gamma_I F_I + \gamma_c F_c) \end{cases} \tag{4.57}$$

（2）考虑波浪作用，不考虑冰荷载，上部支撑结构传递于基础的荷载为主导可变作用时：

$$\begin{cases} H_d = (\gamma_G G + \gamma_f F_{fV} - \psi_0 \gamma_P P_U) f \\ H_s = \gamma_f F_{fH} + \psi_0 (\gamma_P P_B + \gamma_c F_c) \end{cases} \tag{4.58}$$

式中　G——作用在计算面以上的结构自重力标准值，kN；

F_I——冰荷载的标准值，kN；

F_c——海流荷载的标准值，kN；

F_{fH}——上部支撑结构传递于基础的水平向荷载的标准值，主要包括风电机组叶片、机舱和塔筒所受的风荷载，kN；

F_{fV}——上部支撑结构传递于基础的竖向荷载的标准值，kN；

P_B——波峰作用时水平波压力的标准值，kN；

P_U——波峰作用时作用在计算面上波浪浮托力标准值，kN；

ψ_0——非主导可变作用的组合系数，取 0.7；

γ_G——结构自重力的分项系数；

f——沿计算面的摩擦系数设计值，无实测资料时其取值见表 4.5。

表 4.5　　　　　　　　　摩　擦　系　数

材　　料		摩　擦　系　数
抛石基床	基础为预制混凝土结构	0.60
抛石基床与地基土	地基为细砂～粗砂	0.50～0.60
	地基为粉砂	0.40
	地基为砂质粉土	0.35～0.50
	地基为黏土、粉质黏土	0.30～0.45

2. 地震状况

在地震状况下，地基最危险滑动面上的抗滑力与滑动力应满足下式要求：

$$\frac{H_d'}{H_s'} \geqslant 1.0 \tag{4.59}$$

式中　H_d'——作用效应地震组合下的抗滑力，kN；

H'_s——作用效应地震组合下的滑动力修正值，kN。

在地震作用下，应以地震作用为主导可变作用，同时考虑其他荷载作用，基于地震组合计算抗滑力和滑移力。

（1）不考虑波浪作用，考虑冰荷载，地震作用为主导可变作用时：

$$\begin{cases} H'_d = (\gamma_G G + \psi_0 \gamma_f F_{fV}) f \\ H'_s = \gamma_E F_{EH} + \psi_0 (\gamma_f F_{fH} + \gamma_1 F_1 + \gamma_c F_c) \end{cases} \tag{4.60}$$

（2）考虑波浪作用，不考虑冰荷载，地震作用为主导可变作用时：

$$\begin{cases} H'_d = [\gamma_G G + \psi_0 (\gamma_f F_{fV} - \gamma_P P_U)] f \\ H'_s = \gamma_E F_{EH} + \psi_0 (\gamma_f F_{fH} + \gamma_P P_B + \gamma_c F_c) \end{cases} \tag{4.61}$$

式中　F_{EH}——水平地震作用的抗倾覆力矩，kN·m；

　　　γ_E——地震分项系数。

4.3.5　地基沉降验算

海上风电机组基础的沉降主要是由地基土层后期压缩引起的，前期地基沉降基本在施工过程中完成。地基沉降包括均匀沉降和差异沉降，均匀沉降不致造成整体结构的破坏，但沉降量过大将影响风电机组的正常运行。一般来说，均匀沉降量大，差异沉降也较大。均匀沉降可以通过计算预估，若沉降过大，则应在设计或施工过程中采取措施予以解决。下面主要就均匀沉降的计算和验算进行介绍。

1. 地基沉降计算

地基最终沉降值可按下列公式计算：

$$S = \varphi_S S' = \varphi_S \sum_{i=1}^{n} \frac{p_{0k}}{E_{si}} (z_i \bar{\alpha}_i - z_{i-1} \bar{\alpha}_{i-1}) \tag{4.62}$$

$$p_{0k} = \frac{F_{zk} + G_k}{A_s} \tag{4.63}$$

式中　S——地基最终沉降值，m；

　　　S'——按分层总和法计算出的地基沉降值，m；

　　　φ_S——沉降计算经验系数；

　　　n——地基沉降计算深度范围内所划分的土层数；

　　　p_{0k}——一般对应于正常使用极限状况下基底附加应力，对风电机组基础需综合考虑风荷载作用时间以及地基土固结情况，kPa；

　　　E_{si}——基础底面下第 i 层土的压缩模量，取土自重压力至土的自重力与附加压力之和的压力段计算，MPa；

　z_i、z_{i-1}——基础底面至第 i、$i-1$ 层土底面的距离；

　$\bar{\alpha}_i$、$\bar{\alpha}_{i-1}$——基础底面计算点至第 i、$i-1$ 层土底面范围内平均附加应力系数；

　　　F_{zk}——上部结构传来的竖向力，kN；

　　　G_k——基础自重，kN。

沉降计算经验系数根据当地沉降观测资料及经验确定，无地区经验时可采用表 4.6 规定的数值，其中 $\bar{E}_s$ 计算公式为

$$\overline{E}_s = \sum A_i / \sum \frac{A_i}{E_{si}} \qquad (4.64)$$

式中　$\overline{E}_s$——沉降计算深度范围内压缩模量的当量值，MPa；

　　　A_i——第 i 层土附加应力系数沿土层厚度的积分值。

表 4.6　　　　　　　　　　　　　沉降计算经验系数 φ_s

基底附加应力 /kPa	φ_s				
	$\overline{E}_s = 2.5$	$\overline{E}_s = 4.0$	$\overline{E}_s = 7.0$	$\overline{E}_s = 15.0$	$\overline{E}_s = 20.0$
$p_{0k} \geq p_{ak}$	1.4	1.3	1.0	0.4	0.2
$p_{0k} \geq 0.75 f_{ak}$	1.1	1.0	0.7	0.4	0.2

　　地基沉降变形是下部一定深度范围内多层土体的沉降叠加，因此需要确定地基变形计算深度 Z_n，如图 4.12 所示。由计算深度 Z_n 向上厚度为 1.0m 的土层计算沉降值 $\Delta s_n'$ 应符合下式要求：

$$\Delta s_n' \leqslant 0.025 \sum_{i=1}^{n} \Delta s_i' \qquad (4.65)$$

式中　$\Delta s_n'$——由计算深度向上取厚度为 1.0m 的土层计算沉降值，m；

　　　$\Delta s_i'$——计算深度范围内，第 i 层土的计算沉降值，m。

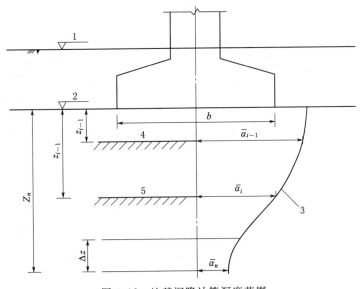

图 4.12　地基沉降计算深度范围

1—天然底面标高；2—基底标高；3—平均附加应力系数 $\overline{\alpha}_i$ 曲线；4—第 $i-1$ 层；5—第 i 层

2. 地基沉降验算

　　海上风电机组基础的地基沉降应满足风电机组正常运行要求。地基最终沉降量设计值应满足下式要求：

$$S \leqslant [S] \qquad (4.66)$$

式中　S——地基最终沉降量设计值，cm；

　　[S]——海上风电机组基础的沉降量限值，cm。

4.3.6　重力式基础结构强度验算

　　为了保证重力式沉箱基础箱壁、底板、隔墙等结构构件满足承载要求，需要对这些构件进行强度和抗裂计算。

4.3.6.1　箱壁计算

　　1. 计算荷载

　　计算沉箱外壁时一般考虑下列外力：

　　(1) 沉箱吊运下水时，承受自重作用，需考虑动力系数。

　　(2) 沉箱溜放或漂浮时的水压力。分两种情况考虑：当沉箱用绞车在滑道上下水或在船坞内漂浮时，只考虑静水压力 [图 4.13 (a)]；当密封仓顶的矩形沉箱在滑道上自动溜放时，一般假定水面与箱顶齐平，此时除考虑静水压力外，尚应考虑动水压力 $p_D = 0.84v^2$（v 为沉箱下滑速度，其值不宜大于 5m/s）[图 4.13 (b)]。

　　(3) 沉箱浮运时的水压力和波压力。当波高小于 1.0m 时，只考虑静水压力 [图 4.13 (a)]；当波高等于或大于 1.0m 时，除静水压力外，尚应考虑波压力 [图 4.13 (c)]。

　　(4) 沉箱沉放时的水压力。沉箱在基床上沉放时，一般采用灌水压载法。随着沉箱均匀缓慢地下沉，外壁水压力逐渐增大，当沉箱底与基床顶面相接触的瞬间，箱壁所受到的水压力最大 [图 4.13 (d)]。

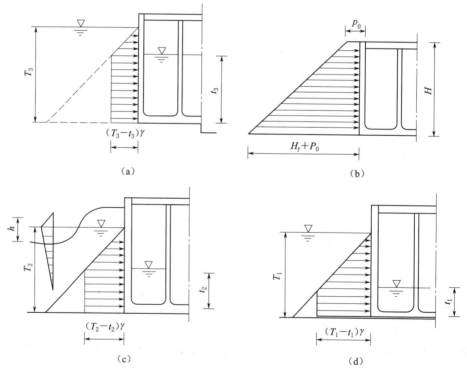

图 4.13　箱壁受力情况

(a) 在滑道上慢速溜放；(b) 在滑道上快速溜放；(c) 在无掩护区远距离拖运；(d) 在基床上沉放

γ—水的重度；h—波高

（5）沉放就位后，在沉箱内填充砂石填料时，所受到的荷载主要包括箱内填料产生的箱内填料侧压力、波浪荷载、海流荷载等。

（6）基础使用期所受到的荷载，主要包括箱内填料产生的箱内填料侧压力、上部结构传来的荷载、波浪荷载、海流荷载等。

2. 计算图式

（1）多边形沉箱。对于多边形沉箱，每个外壁都是支撑在底板、侧壁和隔墙上的板。根据结构受力特点，可将沉箱外壁分为两个计算区段：底板以上至 $1.5l$（l 为内隔墙间距）区段，可简化为三边固定、一边自由的板进行计算 [图 4.14（a）]；对于 $1.5l$ 以上区段，可简化为两端固定的连续板计算 [图 4.14（a）]。此外，隔墙与外壁的连接按轴心受拉构件计算。

对于图 4.14（b）所示的外围宽浅型六边形沉箱侧壁，由于其宽度一般都大于高度，可简化为三边固定、一边自由的板进行计算。

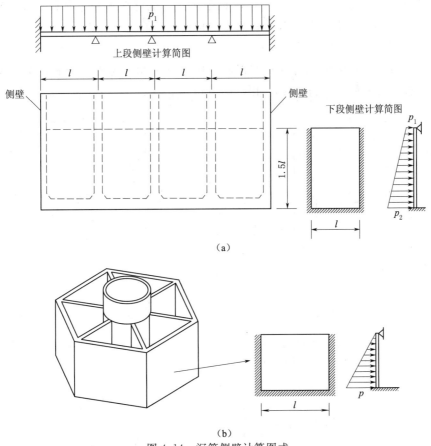

（a）

（b）

图 4.14　沉箱侧壁计算图式

（a）普通矩形沉箱；（b）宽浅型六边形沉箱

（2）圆形和圆台形壳体沉箱。对于圆形和圆台形壳体沉箱，如图 4.1 所示沉箱基础的核心圆柱沉箱和图 4.2 所示的预应力圆柱和圆台形沉箱，由于沉箱外壁为曲面，计算比较复杂，宜采用有限元法计算。主要有两种途径：

1）首先确定作用于筒壁上的荷载，如筒内填料压力、水压力、波浪力等，然后采用大型通用有限元软件计算筒壁内力。若外力准确的话，计算结果是可靠的。但由于筒体内部填料-筒壁-底板相互作用，准确计算内部填料压力比较困难。

2）将沉箱圆筒、地基、内部填料作为整体系统考虑，建立耦合作用有限元模型。采用该方法时，需要处理好沉箱侧壁与填料的接触面、沉箱底板与基床的接触面等，而且需要合理模拟地基初始应力场。

此外，若无条件采用有限元法时，可采用有经验的实用方法进行如下近似计算：

1）对无隔墙圆形沉箱可采用有经验的简化方法计算内力，如纵向可作为一端固定、一端简支的梁计算，横向在外壁上取单宽圆环进行计算。

2）对有隔墙圆沉箱，外壁分两种情况进行近似计算：①底板以上 1.5l（l 为内隔墙间距）区段内，按三边固定、一边简支的曲板计算（图 4.15）；在曲板的水平向和垂直向各切出 1m，水平向按两端固定的无铰拱计算；垂直向以拱为弹性支承，按一端固定、另一端简支的弹性支承连续梁计算；② 1.5l 以上区段，也可在水平方向和垂直方向各切出1m，水平向按两端固定的无铰拱计算；垂直向按构造配筋。

3. 圆形沉箱内填料压力计算

海上风电机组基础圆形沉箱为有底沉箱，圆筒形沉箱侧壁的内填料压力类似筒仓压力，可采用杨森公式简化分析计算，如图 4.16 所示。

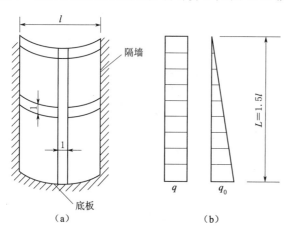

图 4.15　曲板计算图式　　　　　　　图 4.16　薄壳圆筒体内填料储仓压力分布图
（a）计算单元分割；（b）受力分布

填料垂直压力 σ_z 可用杨森公式计算：

$$\sigma_z = \frac{\gamma D_0}{4K\tan\delta}(1 - e^{\frac{4K\tan\delta}{D_0}Z}) \qquad (4.67)$$

填料侧压力 σ_x 为

$$\sigma_x = K\sigma_z \qquad (4.68)$$

式中　γ——填料重度；

　　　K——填料侧压力系数；

　　　Z——自填料顶面算起的计算点深度。

4.3.6.2 底板计算

1. 计算荷载

底板的计算一般考虑以下两种受力情况：

（1）使用时期，作用于底板的向上的基床反力、向下的底板自重和箱格内填料垂直压力（按储仓压力计算）、结构自重力、塔筒传递的竖向压力、波浪产生的上浮力等。

（2）沉放和浮运期间，相应于外壁在第4.3.6.1节中（2）～（5）四种受力情况时对底板产生的浮托力及箱内压仓水的重量。一般前一种情况为底板的控制荷载。

2. 计算图式

沉箱底板应按四边固定板计算，作用在四边固定板上的设计荷载如图4.17（a）所示；外趾板应按悬臂板计算，作用于外趾板上的设计荷载如图4.17（b）所示。

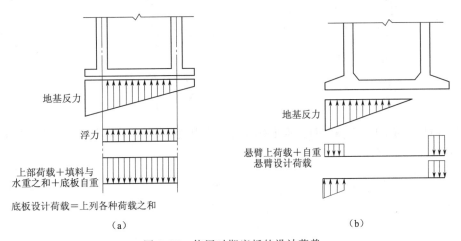

图4.17 使用时期底板的设计荷载

（a）四边固定底板上的设计荷载；（b）底板悬臂部分的设计荷载

4.3.7 重力式沉箱基础浮运验算

重力式沉箱基础常采用浮运的方式拖至指定施工场地。为保证基础的浮运稳定性，基础在浮运阶段时的定倾高度 m 和倾斜角 φ 应分别满足 $m > 0$，$\varphi < 6°$。

1. 浮运阶段沉箱基础定倾高度计算

重力式沉箱基础在浮运阶段时的定倾高度 m 计算公式为

$$m = \rho - a \tag{4.69}$$

式中 m——定倾高度，m；

ρ——定倾半径，m，即定倾中心 M 至浮心 C 的距离，如图4.18所示；

a——基础重心 G 至浮心 C 的距离，m，重心在浮心之上为正，反之为负。

重力式沉箱基础采用浮运时，定倾半径计算式为

$$\rho = \frac{I - \sum i}{V} \tag{4.70}$$

式中　I ——基础在水面处的断面对纵向中心轴的惯性矩，m^4；

　　　i ——基础内部分仓第 i 箱格压载水的水面对该水面纵向中心轴的惯性矩，m^4；

　　　V ——基础的排水量，m^3。

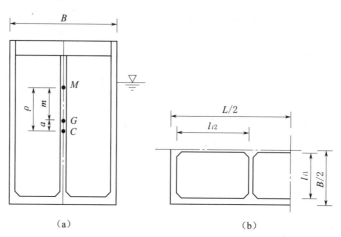

图 4.18　沉箱定倾半径计算图式

（a）立面图；（b）平面图

对于惯性矩 I 和 i，可以参考《码头结构设计规范》（JTS 167—2018）进行确定。

（1）对于矩形沉箱：

$$I = \frac{LB^3}{12} \tag{4.71}$$

$$i = \frac{l_{i2} l_{i1}^3}{12} \tag{4.72}$$

（2）对于无隔墙圆形沉箱：

$$I = \frac{\pi r_{外}^4}{4} \tag{4.73}$$

$$i = \frac{\pi r_{内}^4}{4} \tag{4.74}$$

式中　L ——矩形沉箱长度，m；

　　　B ——沉箱在水面处的宽度，m；

　　　l_{i1} ——第 i 箱格纵向之间的净距，m；

　　　l_{i2} ——第 i 箱格横向之间的净距，m；

　　　$r_{外}$ ——圆形沉箱的外半径，m；

　　　$r_{内}$ ——圆形沉箱的内半径，m。

计算定倾高度时，钢筋混凝土和水的重度应根据实测资料确定；如无实测资料，钢筋混凝土的重度宜取 24.5kN/m^3（计算沉箱吃水时，宜采用 25kN/m^3）；水的重度宜采用 10.25kN/m^3（海水）。

定倾高度大，浮游稳定性好，但势必增大沉箱吃水，需加大拖轮的功率和航道水深，并不经济，设计时也需注意。

2. 浮运阶段沉箱基础倾斜角计算

重力式沉箱基础浮运阶段倾斜角计算公式为

$$\varphi = \arctan^{-1} \frac{M}{\gamma_w V(\rho - a)} \tag{4.75}$$

式中　φ——基础在浮运阶段的倾斜角，（°）；

　　　M——外力矩，kN·m；

　　　γ_w——水的重度，kN/m³。

4.4　重力式基础与塔筒的连接

重力式基础与塔筒的连接方式可以采用锚栓笼连接和基础环连接等方式。锚栓笼连接是指在基础混凝土承台内预埋顶部带环向钢板的锚栓笼，然后通过高强锚栓-螺母将环向钢板与塔筒底端法兰盘连接起来，实现塔筒与基础的连接。基础环连接是指在基础混凝土承台内预埋带有 T 型端板的钢管，通过 T 型端板在混凝土承台间的锚固将基础与塔筒连接起来。具体的连接设计与计算方法详见第 3.8 节。

思　考　题

1. 海上风电机组重力式基础的结构型式有哪些，各有什么特征？

2. 海上风电机组重力式基础有哪几种基床型式，适用于何种工况，基床的主要作用是什么？

3. 海上风电机组重力式基础的验算内容有哪些，考虑何种极限状态和荷载组合？

4. 在承载能力极限状态下，对于重力式基础不同验算指标的作用效应组合，作用分项系数有何不同？

5. 重力式基础的稳定性不足时，可采取何种措施进行处理？

6. 圆形沉箱基础和矩形沉箱基础，在验算地基和基床承载力时有何不同？

7. 地基沉降验算时，计算深度取值的原理是什么，如何取值？

8. 重力式基础和塔筒连接方式有哪些？分别介绍下各自的特征。

9. 圆形和方形沉箱基础验算箱壁强度时，分别采用何种计算简图，有何区别？

10. 海上风电机组重力式基础浮运稳定如何验算？

参　考　文　献

［1］　NB/T 10105—2018 海上风电场工程风电机组基础设计规范［S］

［2］　DNV-OS-J 101 Design of offshore wind turbine structures［S］

［3］　JTS 167—2018 码头结构设计规范［S］

［4］　JTS 151—2011 水运工程混凝土结构设计规范［S］

［5］　JTS 147—2017 水运工程地基设计规范［S］

［6］　GB 50007—2011 建筑地基基础设计规范［S］

［7］　FD 003—2007 风电机组地基基础设计规定（试行）［S］

［8］　王元战 . 港口与海岸水工建筑物［M］. 北京：人民交通出版社，2013.

［9］　练继建，刘润，王海军，等 . 海上风电筒型基础工程［M］. 上海：上海科学技术出版社，2021.

［10］　韩理安 . 港口水工建筑物［M］. 北京：人民交通出版社，2008.

［11］　林毅峰，等 . 海上风电机组支撑结构与地基基础一体化分析设计［M］. 北京：机械工业出版社，2020.

［12］　王伟，杨敏 . 海上风电机组地基基础设计理论与工程应用［M］. 北京：中国建筑工业出版社，2013.

［13］　张燎军，等 . 风力发电机组塔架与基础［M］. 北京：中国水利水电出版社，2017.

［14］　毕亚雄，赵生校，孙强，等 . 海上风电发展研究［M］. 北京：中国水利水电出版社，2017.

［15］　陈小海，张新刚 . 海上风力发电机设计开发［M］. 北京：中国电力出版社，2018.

第5章 筒 式 基 础

筒式基础是近些年开发利用的一种海洋工程新型基础型式。该基础为底端敞开、顶端封闭的倒置大直径圆筒结构,通过筒内负压吸力将筒内土体与筒体组合成整体,依靠筒壁摩擦力和筒底端承力抵抗风电机组和环境荷载作用,保证风电机组基础的承载安全与稳定。该型基础一定程度上类似于重力式基础,根据其受力特征,也常称之为吸力式沉箱基础、负压筒式基础、吸力式筒式基础。筒式基础适用水深较大,可应用于水深50m以内的海域。

筒式基础是基于负压原理进行沉放安装,首先靠基础的自重沉入到海底一定深度,形成有效密封后,再抽出沉箱内的空气和水形成负压,利用沉箱内外的压力差将基础沉入到设计深度。与传统的桩基础相比,筒式基础具有以下优点:①结构型式简单,预制简易;②筒式基础水平承载能力高;③采用负压沉贯可以加快施工速度,一般筒式基础海上施工时间为1~2天,远低于桩承式基础施工时间,大大降低了施工安装费用;④筒式基础的地基土质适用条件广,沉筒过程对土体扰动小;⑤筒体可重复利用,避免了割桩造成的海洋污染。此外,筒式基础也存在着缺点:在负压作用下,筒内外的水压可能引起土体渗流,过大的渗流将导致筒内土体产生渗流大变形,形成土塞,甚至可能引起筒内土体液化及流动等,而且下沉过程中筒体容易产生倾斜,需频繁矫正。

筒式基础由海上采油平台基础发展而来,1994年在北海水深为70m的海域,成功安装了采用筒式基础的Eurpoipe16/Ⅱ-E大型固定式海洋平台。1999年10月,我国首座筒式基础采油平台在胜利油田CB20B井位安装成功,该平台设计工作水深8.9m,筒体直径和高度分别为4m和4.4m,标志我国筒式基础海洋平台进入实用阶段。2002年,丹麦Frederikshavn海上风电场Vestas V90 3MW试验风电机组首次采用筒式基础,该基础筒径12m,筒高6m,海域水深4m,标志着这一技术正式应用于海上风电机组基础。2016年,我国在江苏响水海上风电场完成了首座采用复合筒式基础的海上风电机组安装,单机容量3.0MW、水深8~12m、筒径30m、筒高12m,标志着海上风电机组筒式基础在我国进入实用阶段。

5.1 筒式基础的结构型式及特点

海上风电机组筒式基础型式多样,按结构材料可分为钢质筒式基础和混凝土筒式基础,按筒的布置方式可分为单筒基础和多筒基础,按筒的复合型式可分为筒-沉箱复合基础和筒-桩复合基础。筒式基础具有造价低、便于运输和安装、现场施工时间短等优点,特别是在水深条件适宜的情况下,可以将风电机组在陆地上安装完成后,整体浮运并下沉安装,这极大缩短了海上的施工时间,进一步降低了工程成本。此外,受益于筒式基础的施工方式,其拆卸回收简便且经济,这一特点相对于其他基础型式具有明显优势。

5.1.1 单筒基础

单筒基础是海上风电机组筒式基础的主要型式，由于其直径大，筒高相对较小，筒体径高比往往大于1.0，属于典型的宽浅型筒体。宽浅型的筒式基础与窄深型筒式基础在受力模式上存在较大的差异。窄深型筒式基础主要是依靠筒壁侧摩阻力承载，类似于桩基础；宽浅型筒式基础采用以筒顶承载为主、筒壁为辅的联合模式，类似于筏板基础。在浅海区域，使用大直径的宽浅型筒式基础更容易满足拖航要求。

5.1.1.1 钢质筒式基础

钢质筒式基础结构型式简单、受力明确，是最为常用的一种结构型式，如图5.1所示。为了提高筒体刚度和沉桩稳定性，一般在筒裙和筒盖布置加劲肋板，同时筒顶加劲肋

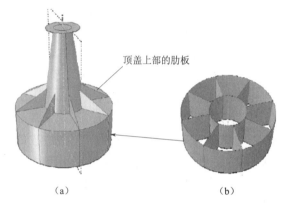

顶盖上部的肋板

（a） （b）

图 5.1 钢质筒式基础

（a）基础型式；（b）筒体分仓型式

板有效减小塔筒-基础筒连接部位应力集中，将塔筒荷载均匀传递于基础筒。同时，基础筒体内常常设置分舱板结构，如采用内外双筒形式或内多边形-外圆筒形式，内筒和外筒由多块径向辐射布置的肋板连接（图5.1）。该处理方式不仅可以有效加强筒体刚度，而且有助于上部荷载可靠传递于筒体，还可改善筒体浮游稳定性和下沉施工控制，但分仓板的设置使沉贯过程中筒-土-水相互作用更加复杂。

2002年，丹麦在Frederikshavn海上风电场Vestas V90 3MW试验风电机组首次应用全钢筒式基础。2005年，德国在Wilhemshaven海上风电场设计安装了6MW风电机组全钢筒式基础，直径为16m，筒高为15m，顶盖上分布分隔肋板，可以装填压载物增加重量以提高基础稳定性，如图5.2所示。

2021年，广东三峡阳江沙扒海上风电场成功完成国内首个全钢筒式基础海上风电机组，单机容量5.5MW，筒径36m，筒高12.5m，总高度58.2m，总重约2200t，如图5.3

图 5.2 Wilhemshaven海上风电场
筒式基础

图 5.3 广东三峡阳江沙扒海上风电场
全钢筒式基础

所示。该基础采用斜向布置的钢支撑连接塔筒与筒体，将塔筒荷载均匀传递于下部筒体，有效地发挥了单桩和传统筒式基础结构的优势，可用于近海深水海域水深、浪大、基岩埋深浅、施工窗口期短的工程环境。

5.1.1.2 复合钢-混凝土筒式基础

复合钢-混凝土筒式基础采用钢-混凝土组合结构型式，兼具钢和混凝土结构的优势，节约基础总用钢量。目前常采用的复合筒式基础是由上部混凝土过渡段、中间混凝土顶板和下部薄壁钢筒裙三部分组成。过渡段采用预应力大直径薄壁混凝土壳体结构，通过施加预应力提高混凝土结构的抗拉和抗弯性能，抵抗上部风电机组传来的较大水平和弯矩荷载。下部采用钢筒裙，有助于基础下沉施工。

2016 年，我国江苏响水海上风电场 2 台 3.0MW 风电机组成功安装了复合筒式基础，该工程位于响水县灌东盐场、三圩盐外侧海域，风电场离岸距离约 10km，沿海岸线方向长约 13.4km，涉海面积 34.7km²，场区水深 8～12m。该复合筒式基础的筒径 30m，筒高 12m，过渡段高度 18.8m，壁厚 0.6m，如图 5.4 所示。

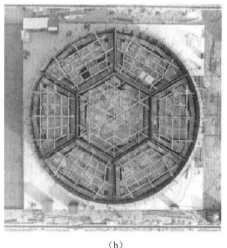

(a)   (b)

图 5.4 复合钢-混凝土筒式基础

(a) 复合筒式基础；(b) 筒式基础内部分仓型式

5.1.2 多筒基础

海上风电机组多筒基础结构通常由多个直径相对较小的单筒基础组成，通过三角桁架或导管架结构将几个筒体组合成整体，通过多筒协同承载提供更大的基础承载力，从而使得筒式基础能够适用于更深的水域。

海上风电机组多筒基础常采用三筒基础和四筒基础。当场地存在显著主导风向时，多采用三筒基础。当场地风向、浪向复杂多变时，四筒基础一般更为优越，适用于水深小于 50m 的各类海床地质环境。为了使筒式基础拥有较高的承载能力，多筒结构常采取偏心处理，各筒沿径向向外偏离一定距离，可获取更大的多筒协同力臂，以便发挥更多的抗倾承载力。图 5.5 为典型三筒基础布置型式。如图所示，筒间距 S 越大则基础承载能力越高，但对连接结构体系要求也相应提高，需要采用更大刚性和空间受力特性的连接结构体系以保证多筒基础协同受力。

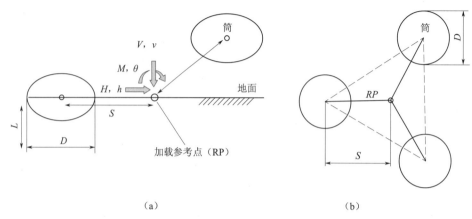

图 5.5　三筒基础结构尺寸参数示意图

(a) 侧视图；(b) 俯视图

　　与单筒基础结构相比，筒间距是多筒基础结构设计的重要参数，其不仅影响结构整体的材料用量，而且影响上部结构体系型式、水动力特性和基础承载能力等，需综合考虑各项指标才能得到最终的优选方案。

　　2014 年，世界首个三筒基础样机应用于德国的 Borkum Riffgrund 1 海上风电场，基础高为 57m，适用水深 30~60m，装机容量为 4MW，如图 5.6 所示。2021 年，我国广东三峡阳江沙扒海上风电场成功完成国内首个三筒基础 5.5MW 海上风电机组安装，采用导管架结构将三个筒体连接为整体，并在导管架顶部平台与风电机组塔筒连接，将塔筒荷载通过导管架传递至下部筒体。导管架体总高 63m，单筒直径约 13m、高 11m，导管架高 52m，总重量约为 1560t，如图 5.7 所示。该工程的顺利完成，标志着我国海上风电机组多筒基础进入工程实用阶段。

图 5.6　Borkum Riffgrund 1 海上风电场
三筒基础

图 5.7　广东三峡阳江沙扒海上风电场
三筒基础

5.1.3 复合筒式基础

5.1.3.1 筒-沉箱复合基础

筒-沉箱复合基础是下部为筒式基础、上部为沉箱结构的组合基础，如图5.8所示。该基础兼具筒式基础和沉箱基础的优良特征，其沉贯施工方法与筒式基础相同，同时还可在上部沉箱箱格内填充砂石等压载物，提高整体基础的抗倾覆和抗滑移稳定性。

筒-沉箱复合基础一般为钢-混凝土组合结构体系，也可以为全钢结构体系和全混凝土结构体系。通常情况下，该组合基础往往是下部筒式基础为钢质筒体结构，上部为分仓混凝土沉箱，总体用钢量相对较少。其中，筒体顶盖或者沉箱底板型式多种多样，包括变厚度混凝土顶盖、密肋混凝土顶盖、压型钢板-混凝土组合顶盖等。同时，为了提高混凝土沉箱抗裂能力，混凝土沉箱可采用预应力结构，在沉箱底板、外壁布置预应力钢筋，降低开裂风险，提高沉箱耐久性。

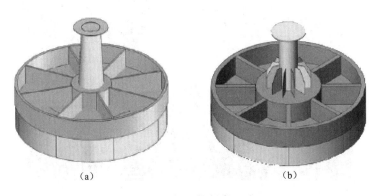

（a）　　　　　　　　　　　　（b）

图5.8　筒-沉箱复合基础

（a）筒体根部无加劲肋；（b）筒体根部有加劲肋

5.1.3.2 筒-桩复合基础

筒-桩复合基础是将单筒和单桩相结合的一种新型复合基础型式，如图5.9所示。该基础通过在泥面附近设置大直径筒式基础，与桩基协同工作，筒式基础可利用自身优良的水平、竖向承载特性和对桩基的支撑效应，有效提高整体基础的承载能力，并减小桩基入土深度，降低沉桩施工难度。筒-桩复合基础的沉贯安装工艺是先将筒式基础沉入海床中，再进行沉桩，沉桩到位后，桩与筒之间进行刚性或柔性连接，完成整个基础施工。

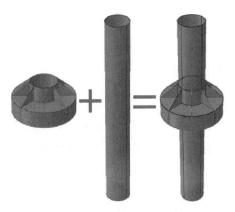

图5.9　筒-桩复合基础示意图

与传统单桩基础和单筒基础相比，筒-桩复合基础具有以下优势：①水平荷载通过桩与筒之间的连接传递给外围筒体，由筒式基础承担大部分水平荷载，部分竖向荷载也传递于筒体，筒-桩共同承担；②桩长和桩径减小，可大幅度降低海上沉桩费用，增加的筒式基础靠自重及压力差下沉，增加的施工费用较小；③沉放入位的筒式基础中间导向孔可有效解决桩基定位问题，缩短沉桩时间；④在适用范围方面，在同等用钢量情况下，筒-桩基础较单桩和单筒基础，具有更高的承载能力，可用于更大功率的风电机组和更深的海域。

2020 年，在莆田平海湾海上风电场二期某 6MW 风电机组基础首次完成筒-桩复合基础工程应用，该工程位于福建省莆田市秀屿区平海湾海域，中心距离平海镇约 12km，距岸线 8.3～10.1km，水深 10～15m。该复合基础筒体直径 25m、高 7m，总重量 350t，如图 5.10 所示。该工程采用"先外部、后内部""先深后浅"的筒-桩施工工序，合理安排作业窗口期，极大地缩短了安装工期。该工程是世界首座成功安装的海上风电场筒-桩复合基础，该筒-桩复合基础的成功安装，为复杂地质条件下的海上风电机组基础型式设计提供了新的设计方向。

图 5.10　莆田平海湾海上风电场筒-桩复合基础安装

5.2　筒式基础的一般构造

5.2.1　筒体

海上风电机组筒式基础所受水平荷载作用较大，基础的抗倾覆设计尤为重要。一般来说，筒体直径越大，筒体倾覆转动运动下所受被动土压力的抗倾覆贡献越显著，有利于基础抗倾覆稳定。同时，基础竖向承载力一般相对容易满足，当筒径很大时，往往不需要较大的入土深度。因此，筒式基础常常设计为宽浅型筒体型式，高径比多在 0.5 左右，一般不超过 1.0。

筒式基础的筒体一般分为若干隔仓，每个隔仓盖板上均应设置预留抽气孔、抽水孔，抽气孔直径宜取 30～80mm，抽水孔直径宜取 50～100mm。当遇到筒体在下沉过程中发生倾斜时，对沉降小的部位对应的分仓加大负压，其他仓室不进行任何操作，从而达到调平的目的。施工完成后应封闭抽气孔和抽水孔，保证筒体的密闭性。此外，筒式基础结构应设置拖带固定装置，便于船舶拖航浮运。

对于钢制筒式基础，为了防止基础发生屈曲破坏，一般要求筒直径 D 与筒壁厚 t 之比不超过 150，筒壁钢板厚度不小于 12mm。当筒体平面尺寸较大时，也可在筒体内部设置隔板，筒壁、隔板、盖板应设置加强肋板。当筒壁、隔板设置加强肋时，应采取降低土塞效应的措施，开孔洞处应局部加强。

混凝土筒式基础的壁厚应根据计算确定，最小厚度不宜小于 200mm。混凝土筒式基础的筒壁、隔板沿高度方向可采取变截面设计，下部截面计算高度不宜小于 3.0m。筒式基础顶板与上部混凝土过渡段连接处，应采用局部加强的措施。钢筋混凝土加强厚度不宜小于盖板厚度的 3 倍，高度加强范围不宜小于盖板厚度的 1.5 倍。筒式基础下设钢靴时，可采用刚性连接，连接处应采取加强措施。

5.2.2 筒体与塔筒连接

海上风电机组筒式基础的筒体直径一般都很大，远大于风电机组塔筒直径，基础筒与塔筒间的连接是关系整体结构协同受力的重要结构部件。对于单筒基础，一般采用局部加强和过渡段的连接型式；对于多筒基础，一般采用导管架或三脚架等作为连接体系。

5.2.2.1 单筒基础连接

单筒基础与塔筒之间的连接型式主要包括肋板加强体系、钢支撑加强体系、预应力混凝土壳体过渡段等连接方式。对于肋板加强体系，由于塔筒与筒式基础的连接处内力较大，而且容易产生应力集中，在塔筒根部设置径向辐射分布的加强肋板，可有效提高该部位连接强度，并将上部荷载作用更加均匀分散传递于下部筒体，从而有效消除连接处的应力集中问题。

对于全钢单筒基础，钢支撑加强体系也是常用方式之一。在塔筒底部设置斜向钢支撑，通过与固定于塔筒上的环向钢梁和筒体顶盖的径向钢梁相连接，形成稳定的三脚支撑体系，可有效加强底部连接部位的强度和刚度，将上部荷载作用均匀传递于下部筒体，保证整体结构受力可靠。图 5.11 为钢支撑体系构造示意图，也可采用其他桁架结构连接型式。

对于筒体基础顶盖采用混凝土结构的单筒基础，可采用预应力混凝土壳体过渡段的新型连接方式，如图 5.4 所示。该过渡段连接体系采用连续变截面的方式，将上部荷载

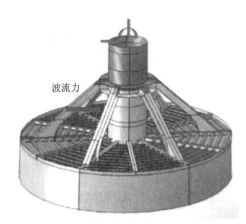

图 5.11　全钢单筒基础钢支撑体系构造示意图

均匀传递于下部顶盖，然后通过底盖纵横梁格体系将荷载传递于整个筒体。过渡段的曲率设计及直径渐变设计，将过渡段顶部的大弯矩转变为过渡段底部的有限拉应力，降低了混凝土开裂风险。同时，过渡段预应力壳体与混凝土顶盖整体现浇，并通过施加纵向预应力进一步提高过渡段根部抗裂性能，极大地避免了混凝土受拉开裂引起的腐蚀劣化问题。

5.2.2.2 多筒基础连接

多筒基础常常采用三筒和四筒基础型式，筒体之间的可靠连接是保证整体基础协同受力的基础。一般来说，多筒基础的筒间距较大，连接体系需要有足够的刚度，常采用导管架（图 5.6 和图 5.7）或三脚架等空间结构体系（图 5.12）作为连接结构。采用空间结构连接体系，不仅可将上部荷载可靠地传递于多个单筒基础，而且通过合理设计连接结构型式可使多筒基础适用更大水深海域。对于导管架或三脚架

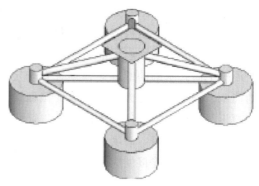

图 5.12　多筒组合结构

的构造规定，可参照第 3.2.2 节关于该结构的相关规定和要求。

5.3　筒 式 基 础 计 算

5.3.1　设计状况和验算内容

筒式基础设计考虑承载能力和正常使用两种极限状态，承载能力极限状态应分别考虑极端状况、疲劳极限状况下的基本组合和地震状况下的地震组合，正常使用极限状态应考虑正常使用极限状况下的标准组合。表 5.1 给出了筒式基础计算和验算内容及采用的极限状态和效应组合。

表 5.1　　　　　　　　筒式基础计算和验算内容及采用的极限状态和效应组合

序号	计算和验算内容	采用的极限状态	采用的效应组合
1	抗倾覆稳定性	承载能力极限状态	基本组合、地震组合
2	抗滑移稳定性	承载能力极限状态	基本组合、地震组合
3	地基承载力	承载能力极限状态	基本组合、地震组合
4	构件强度：抗拉、抗弯等	承载能力极限状态	基本组合、地震组合
5	浮运稳定性	承载能力极限状态	基本组合
6	下沉力和下沉阻力	承载能力极限状态	基本组合
7	基础施工期稳定性	承载能力极限状态	基本组合
8	基础裂缝宽度	正常使用极限状态	标准组合
9	地基沉降	正常使用极限状态	标准组合

5.3.2　地基承载力计算

筒式基础最初用于海上浮式采油平台中，承受上拔荷载作用。海上风电机组基础中的筒式基础承受水平和竖向下压荷载作用。筒式基础的抗压承载力计算还没有成文的规范可

依，常参照桩基础规范来进行设计。然而，由于筒式基础较浅的埋深和筒内土体的影响，使得其又与桩和普通浅基础有所区别。

5.3.2.1 竖向抗压承载力

与海上浮式采油平台中的筒式基础不同，海上风电机组筒式基础长径比较小，大多小于 1.0。结合我国浅滩和近海的地质条件，一般可设计为宽浅型筒式基础，筒体顶盖与地基土完全接触。因此，筒式基础的竖向承载力主要由地基土对筒体顶盖承载力（地基土对筒体顶盖的地基反力）、筒壁侧摩阻力和筒底端阻力三部分组成。

筒式基础抗压承载力设计值 Q_d 为

$$Q_d = Q_f + Q_p + Q_{DB} = \sum f_i A_{si} + q_d A_d + A' q_u \tag{5.1}$$

式中　　Q_f——筒壁侧摩阻力，kN；

f_i——在 i 层土中筒体侧壁表面的单位面积侧摩阻力，kPa，普通黏土取值如图 5.13 所示，对于高塑性黏土 f_i 可取与次固结和正常固结黏土的不排水抗剪强度相等的值，对于超固结黏土，埋入较浅部分取 $f \leqslant 50$ kPa；埋入较深部分 f_i 可取与正常固结 c_u 相等的值；对于砂性土 $f = k_0 p_0 \tan\delta$，k_0 为水平土压力系数（0.5～1.0），p_0 为有效上覆荷载（kPa），δ 为土与筒壁之间的摩擦角；

Q_p——筒底端阻力，kN，$Q_p = A_d q_d$；

A_{si}——在 i 层土中筒体侧壁的面积，m^2；

q_d——筒底端单位面积地基极限承载力，kPa，黏土中 $q_d = 9c_u$，其中，c_u 为不排水强度；砂土中 $q_d = p_0 N_q$，N_q 为无量纲承载力系数，推荐取值见表 5.2；

A_d——筒底端的等效面积，m^2；

Q_{DB}——筒体顶盖承载力，kN；

A'——取决于荷载偏心度的筒顶等效面积，m^2，$A' = R^2 \arccos e/R - e\sqrt{R^2 - e^2}$，偏心距 $e = (M_{xy} + F_{xy} h)/(G_1 + F_z)$，$M_{xy}$、$F_{xy}$、$F_z$ 分别为基础受到的极限弯矩、水平力、竖向力荷载，h 为基础加荷作业平台到筒顶盖的高度，G_1 为顶盖和基础上部结构自重；

q_u——筒顶单位面积地基极限承载力，kPa。

q_u 可采用汉森公式计算，即

$$q_u = c' N_c S_c d_c i_c + q N_q S_q d_q i_q + \frac{1}{2} \gamma B N_\gamma S_\gamma d_\gamma i_\gamma \tag{5.2}$$

式中　　　c'——地基土的有效黏聚力；

N_q、N_c、N_γ——承载力系数，$N_q = e^{\pi\tan\varphi} \tan^2(45° + \varphi/2)$，$N_c = (N_q - 1)\cot\varphi$，$N_\gamma$ 可近似地用 $1.5(N_q - 1)\tan\varphi$ 计算；φ 为地基土的内摩擦角，（°）；

γ——地基土单位有效重度，kN/m^3；

i_c、i_q、i_γ——荷载倾斜系数，$i_c = i_q - \dfrac{1 - i_q}{N_c \tan\varphi}$，$i_q = \left(1 - \dfrac{0.5 F_z}{F_v + c' A' \cot\varphi}\right)^5$，$i_\gamma = \left(1 - \dfrac{0.7 F_z}{F_v + c' A' \cot\varphi}\right)^5$；

S_c、S_q、S_γ ——基础形状系数，$S_c=1+0.2i_c\dfrac{b'}{l'}$，$S_q=1+i_q\dfrac{b'}{l'}\sin\varphi$，$S_\gamma=1+0.4i_\gamma\dfrac{b'}{l'}$；基

础换算宽度 $b_e=2(R-e)$，基础换算长度 $l_e=2R\sqrt{1-(1-b_e/2R)}$，基础

等效长度 $l'=\sqrt{A'l_e/b_e}$，基础等效宽度 $b'=l'b_e/l_e$，且式（5.2）中 $B=b'$；

d_c、d_q、d_γ ——基础深度系数，$d_c=1+0.35\dfrac{d}{b'}$，$d_q=1+2\tan\varphi(1-\sin\varphi)^2\dfrac{d}{b'}$，$d$ 为基

础换算埋深，适当减去浅层软弱土层厚度；$d_\gamma=1$；

q ——基础底面处的有效旁侧荷载，kPa，取极限单位侧阻力最大值；

A' ——取决于荷载偏心度的筒顶等效面积，m^2。

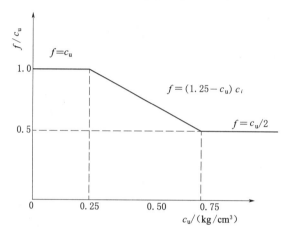

图 5.13 筒体侧壁的黏性土摩阻力系数 f/c_u

表 5.2

N_q 的 取 值

土 的 种 类	$\varphi/(°)$	$\varphi'/(°)$	N_q
纯净的砂	35	30	40
淤泥质砂	30	25	20
砂质淤泥	25	20	12
粉土	20	15	8

5.3.2.2 竖向抗拔承载力

海上风电机组筒式基础的抗拔破坏可分为两类：①仅筒体从土中拔出，抗拔力由筒体自重、筒体内外侧摩阻力、筒顶内外水压力差三部分组成；②筒体带着筒内外一部分土体一起拔出。对于长径比较小的筒式基础，由于筒体直径较大，黏土地基主要是发生第二种破坏。此时筒内壁摩阻力与负压对筒内土的作用力之和超过土的拉伸强度，筒内的土柱因张力失效而部分与基础分离，如图 5.14 所示，具体筒内土分离多少，需根据具体地基土的特性进行试验验证。砂土中筒式基础只发生第一种破坏，黏土地质两种都有可能发生。在结构设计使用时，取两种破坏模式所得到的最小值作为筒式基础的极限抗拔承载力；当将筒体回收利用时，取大值作为抗拔力。

对于第一种破坏模式，筒式基础的抗拔承载力设计值为

$$F_v = W_{caisson} + F_{press} + Q_{interior} + Q_{exterior} \qquad (5.3)$$

式中　F_v——筒式基础的抗拔承载力设计值，kN；

　　　$W_{caisson}$——筒体的自重；

　　　F_{press}——作用在筒顶部的水压力，kN；

　　　$Q_{interior}$——筒内壁与土体之间的摩擦阻力，kN；

　　　$Q_{exterior}$——筒外壁与土体之间的摩擦阻力，kN。

对于第二种破坏模式，筒式基础的抗拔承载力计算公式为

$$F_v = W_{caisson} + F_{press} + W_{soil} + Q_{exterior} + Q_{tip} \qquad (5.4)$$

式中　W_{soil}——筒内土塞的自重，kN；

　　　Q_{tip}——土塞底部的极限张力，kN。

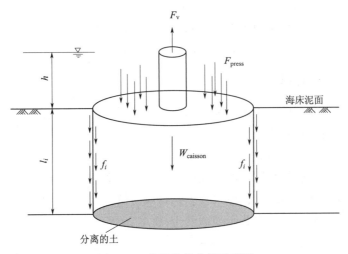

图 5.14　抗拔失效分析示意图

5.3.2.3　水平承载力

通常海上风电机组叶片、塔架所受的水平荷载较大，因此验算筒式基础在水平荷载作用下的稳定性是风电机组稳定性验算的重要组成部分。确定筒式基础极限水平承载力的简化算法是将筒式基础与筒内土体看作整体。在水平向荷载的作用下，基础受力分析如图5.15所示，图中 E_a 为主动土压力合力，E_p 为被动土压力合力。

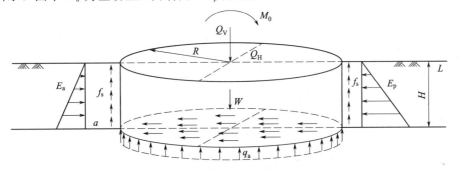

图 5.15　水平受荷状态筒式基础的受力分析

由图 5.15 可知，作用于基础上的水平荷载包括由上部荷载传递的水平作用力和来自地基土体的主动土压力，而基础的水平极限抗力包括地基土体的被动土压力和基础底面的摩阻力。

由朗肯土压力理论可得

$$E_{a} = \left[\frac{1}{2} \gamma' L^{2} \tan^{2}\left(45° - \frac{\varphi}{2}\right) - 2cL \tan\left(45° - \frac{\varphi}{2}\right) + \frac{2c^{2}}{\gamma'} \right] 2R \tag{5.5}$$

$$E_{p} = \left[\frac{1}{2} \gamma' L^{2} \tan^{2}\left(45° + \frac{\varphi}{2}\right) + 2cL \tan\left(45° + \frac{\varphi}{2}\right) \right] 2R \tag{5.6}$$

筒式基础底面的摩阻力计算式为

$$R_{H} = A\tau_{fh} = A\left[(Q_{V} - Q_{外}) / A \tan\varphi + c \right] \tag{5.7}$$

式中　　A ——基础底面的面积，m^{2}；

$Q_{外}$ ——筒外部侧壁摩阻力合力，kN，$Q_{外} = f_{s}A_{s}$。

结合上述计算的水平作用与抗力，筒式基础的极限水平承载力为

$$Q_{H} = E_{p} + R_{H} - E_{a} \tag{5.8}$$

5.3.3　基础稳定性验算

海上风电机组筒式基础承受水平荷载作用大，滑移稳定性和倾覆稳定性验算是保障基础承载安全的重要设计计算内容。

5.3.3.1　抗倾承载力理论计算

与竖向地基承载力验算相同，海上风电机组筒式基础的长径比不大于 1.0，其抗倾承载模式可考虑为顶盖承载模式。在该模式下，将筒与筒内土体看作整体，可类比为墩式基础，其在倾覆荷载作用下的受力状态如图 5.16 所示。

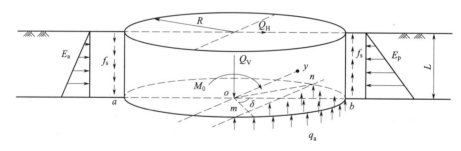

图 5.16　基础倾覆轴分析示意图

如图 5.16 所示，在倾覆荷载作用下，基础围绕底面 mn 轴发生转动，所受的倾覆力矩和抗倾覆力矩可以分别表示如下。

（1）抗倾覆力矩 M_{R} 为

$$M_{R} = (Q_{V} + G')\lambda R + M_{R1} + M_{Ep} + M_{fs} \tag{5.9}$$

式中　　Q_{V} ——竖向荷载，kN；

G' ——基础及其内部土体自重，kN；

M_{Ep} ——基础一侧被动土压力提供的抗倾覆力矩，kN·m，$M_{Ep} = 2LE_{p}\sqrt{(1 - \lambda^{2})}/3$，

$\lambda = \cos\delta$，δ 为 om 与 ox 间的夹角；

M_{fs}——基础侧摩阻力提供的抗倾覆力矩，kN·m，$M_{fs} = 2Q_{外} R(2\sin\delta - 2\lambda\delta + \lambda\pi)/\pi$，$Q_{外}$ 为筒式基础外侧摩阻力，kN，R 为基础半径，m；

M_{R1}——受压区地基反力提供的抗倾覆力矩，kN·m，$M_{R1} = q_u A_x l_x$，A_x 为地基受压区域 mnb 的面积，m^2，l_x 为地基受压区域 mnb 的形心到 mn 轴的距离，m。

根据图 5.16 所示筒式基础受力简图，设该 mn 与 ab 的交点为 u，该点距基础中心的距离与基础半径有如下关：$ou = \lambda R$，ab 与 om 的夹角为 $\delta = \arccos\lambda$。转动轴 mn 右侧弓形受压区的面积 A_x 为

$$A_x = \frac{2\delta}{2\pi}\pi R^2 - R\lambda R\sin\delta = (\delta - \lambda\sin\delta)R^2 \tag{5.10}$$

转动轴 mn 右侧弓形受压区形心到 mn 轴的距离 l_x 为

$$l_x = \frac{S_y}{A_x} - \lambda R = \frac{\frac{2}{3}(1-\lambda^2)^{\frac{3}{2}}R^3}{\delta - \lambda\sin\delta} - \lambda R = \left[\frac{\frac{2}{3}(1-\lambda^2)^{\frac{3}{2}}}{\delta - \lambda\sin\delta} - \lambda\right]R \tag{5.11}$$

式中　S_y——右侧弓形受压区对 mn 轴的面积矩，m^3。

（2）倾覆力矩 M_q 为

$$M_q = Q_H L + M_0 + M_{Ea} \tag{5.12}$$

式中　Q_H——水平向荷载，kN；

M_0——上部荷载产生的弯矩，kN·m；

M_{Ea}——基础一侧主动土压力产生的倾覆力矩，kN·m，$M_{Ea} = 2EL\sqrt{(1-\lambda^2)}/3$。

（3）抗倾覆安全系数。筒式基础抗倾覆安全系数可以表示为

$$SF_t = \frac{M_R}{M_q} \tag{5.13}$$

抗倾覆安全系数对 λ 求导，进而得到极限工况，即

$$\frac{dSF_t}{d\lambda} = 0 \tag{5.14}$$

通过迭代试算可最终求得基础旋转轴的位置，然后可通过式（5.13）验算筒式基础的抗倾覆稳定性。

然而，由于该种模式假设了筒式基础与筒内土体不分离，现场试验和实际工程均检测到筒顶盖局部与地基土体脱开的现象。因此，建议采用该种方法验算筒式基础抗倾覆极限承载能力时，安全系数取 2.0，即抗倾覆验算表达式为

$$SF_t = \frac{M_R}{M_q} \geqslant 2.0 \tag{5.15}$$

5.3.3.2　抗倾覆稳定性简化验算

一般来说，筒式基础也可以理解为一种特殊的重力式基础，不同之处在于筒式基础在倾覆过程中受到筒外侧土体的主动和被动土压力作用。结合第 4 章重力式基础抗倾覆稳定性验算思路，筒式基础验算方法如下。

（1）非地震状况。在非地震状况下，沿基础底面前趾的抗倾覆稳定计算，其最危险计算状况应符合下式要求：

$$\frac{M_R}{\gamma_0 M_s} \geqslant 1.35 \tag{5.16}$$

式中　γ_0——结构重要性系数，根据第 2 章取 1.1；

　　　M_R——作用效应基本组合下的抗倾覆力矩，kN·m；

　　　M_s——作用效应基本组合下的倾覆力矩设计值，kN·m。

对于筒式基础，受压区地基反力和转动轴位置需要通过复杂的迭代求解计算才能得到。为了便于工程计算，参考《水运工程桶式基础结构设计与施工规程》（JTS/T 167 - 16—2020），保守地忽略地基反力和侧壁摩阻力的抗倾覆力矩贡献，采用如图 5.17 所示的计算简图，并考虑主动土压力、被动土压力、结构和土体自重等永久作用，以及波浪力、冰荷载、海流力、上部结构传递于基础的水平荷载和竖向荷载等可变荷载作用，可得抗倾覆力矩和倾覆力矩计算式分别如下。

1）考虑波浪作用，不考虑冰荷载，上部支撑结构传递于基础的荷载为主导可变作用时：

$$\begin{cases} M_R = \gamma_G(M_G + M_{Gst} + M_{Gsl}) + \gamma_{Ep}M_{Ep}K_s + \gamma_f M_{fV} \\ M_s = \gamma_{Ea}M_{Ea} + \gamma_f M_{fH} + \psi_0(\gamma_P M_P + \gamma_c M_c) \end{cases} \tag{5.17}$$

2）不考虑波浪作用，考虑冰荷载，上部支撑结构传递于基础的荷载为主导可变作用时：

$$\begin{cases} M_R = \gamma_G(M_G + M_{Gst} + M_{Gsl}) + \gamma_{Ep}M_{Ep}K_s + \gamma_f M_{fV} \\ M_s = \gamma_{Ea}M_{Ea} + \gamma_f M_{fH} + \psi_0(\gamma_I M_I + \gamma_c M_c) \end{cases} \tag{5.18}$$

式中　　　γ_G——结构和土体自重力分项系数；

　　　　　M_G——上部支撑结构和风电机组自重力标准值对计算面转动中心的稳定力矩，kN·m；

　　　　M_{Gst}——筒式基础和上部结构自重标准值对计算面转动中心的稳定力矩，kN·m；

　　　　M_{Gsl}——筒式基础内参与抗倾土体和筒式基础盖板上回填土体的自重标准值对计算面转动中心的稳定力矩，kN·m；筒式基础内参与抗倾土体根据筒内真空度和筒壁摩擦力计算确定；

　　　　γ_{Ep}——被动土压力的分项系数，取 1.0；

　　　　M_{Ep}——筒式基础前侧的被动土压力标准值对计算面转动中心的稳定力矩，kN·m；

　　　　　K_s——筒式基础前侧的被动土压力折减系数，取 0.3～1.0，取值根据所允许的筒式基础水平位移情况确定，水平位移大时取高值；

　　　　γ_{Ea}——主动土压力的分项系数，取 1.35；

　　　　M_{Ea}——筒式基础后侧的主动土压力标准值对计算面转动中心的倾覆力矩，kN·m；

　　　　　M_I——冰荷载标准值对外趾的倾覆力矩，kN·m；

　　　　　M_c——海流荷载标准值对外趾的倾覆力矩，kN·m；

　　　　　M_P——波峰作用时水平波压力的标准值对外趾的倾覆力矩，kN·m；

　　　　　M_{fH}——上部支撑结构传递于基础的水平荷载标准值对计算面转动中心的倾覆力

矩，kN·m；

M_{fV} ——上部支撑结构传递于基础的竖向荷载标准值对计算面转动中心的稳定力
矩，kN·m；

γ_{I}、γ_{c}、γ_{f}、γ_{P} ——冰荷载、海流荷载、风荷载、波浪荷载的分项系数，具体参见表 2.2；

ψ_0 ——非主导可变作用的组合系数，取 0.7。

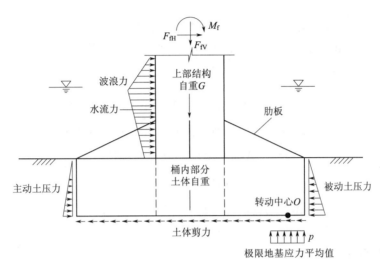

图 5.17　筒式基础结构计算示意图

转动中心可采用简化计算方法进行确定，应符合下列规定：

a. 筒式基础平面为矩形时，转动中心（图 5.18）设置在筒底面，转动中心距倾覆侧筒壁的距离为

$$O_{\text{L}} = \frac{F_{\text{V}}}{2Bp} \qquad (5.19)$$

式中　O_{L} ——转动中心距倾覆侧筒壁的距离，m；

F_{V} ——计算地面上的竖向荷载，kN，包括结构自重、筒式基础内土体自重、外荷载等；

B ——筒式基础转动轴方向水平截面宽度，m；

p ——地基达极限承载力时竖向地基应力平均值，kPa，按现行行业标准《水运工程地基设计规范》（JTS 147—2017）的有关规定执行。

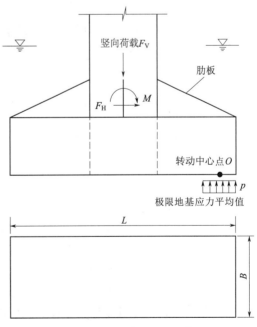

图 5.18　矩形截面转动中心计算图示

L—筒式基础有效计算长度，m；O—转动中心点

b. 筒式基础平面为非矩形时，应按转动轴方向的结构宽度等面积折算为矩形进行转动中心计算。

（2）地震状况。在地震状况下，抗倾覆稳定验算应考虑地震组合下的倾覆力矩和抗倾覆力矩，按式（5.20）进行验算。

$$\frac{M'_R}{M'_s} \geqslant 1.0 \tag{5.20}$$

地震组合下，抗倾覆力矩和倾覆力矩计算式分别为

1）考虑波浪作用，不考虑冰荷载，地震作用为主导可变作用时：

$$\begin{cases} M'_R = \gamma_G (M_G + M_{Gst} + M_{Gsl}) + \gamma_{Ep} M_{Ep} K_s + \psi_0 \gamma_f M_{fV} \\ M'_s = \gamma_{Ea} M_{Ea} + \gamma_E M_{EH} + \psi_0 (\gamma_f M_{fH} + \gamma_P M_P + \gamma_c M_c) \end{cases} \tag{5.21}$$

2）不考虑波浪作用，考虑冰荷载，地震作用为主导可变作用时：

$$\begin{cases} M'_R = \gamma_G (M_G + M_{Gst} + M_{Gsl}) + \gamma_{Ep} M_{Ep} K_s + \psi_0 \gamma_f M_{fV} \\ M'_s = \gamma_{Ea} M_{Ea} + \gamma_E M_{EH} + \psi_0 (\gamma_f M_{fH} + \gamma_I M_I + \gamma_c M_c) \end{cases} \tag{5.22}$$

式中　　M_{EH}——水平地震作用的抗倾覆力矩，$kN \cdot m$；

　　　　γ_E——地震分项系数。

5.3.3.3　抗滑移稳定性验算

（1）非地震状况。在非地震状况下，地基最危险滑动面上的抗滑力与滑动力应满足下式要求：

$$\frac{H_d}{\gamma_0 H_s} \geqslant 1.20 \tag{5.23}$$

对于筒式基础，其抗滑力和滑移力分别如下。

1）考虑波浪作用，不考虑冰荷载，上部支撑结构传递于基础的荷载为主导可变作用时：

$$\begin{cases} H_d = \gamma_G \left[(G_{st} + G) f_1 + G_{sl} f_2 \right] + \gamma_{Ep} E_p K_s + \gamma_c c B + \gamma_f F_{fV} f_1 \\ H_s = \gamma_{Ea} E_a + \gamma_f F_{fH} + \psi_0 (\gamma_P P_B + \gamma_c F_c) \end{cases} \tag{5.24}$$

2）不考虑波浪作用，考虑冰荷载，上部支撑结构传递于基础的荷载为主导可变作用时：

$$\begin{cases} H_d = \gamma_G \left[(G_{st} + G) f_1 + G_{sl} f_2 \right] + \gamma_{Ep} E_p K_s + \gamma_c c B + \gamma_f F_{fV} f_1 \\ H_s = \gamma_{Ea} E_a + \gamma_f F_{fH} + \psi_0 (\gamma_I F_I + \gamma_c F_c) \end{cases} \tag{5.25}$$

式中　　γ_G——结构和土体自重力分项系数，取 1.0；

　　　　G——上部结构和风电机组的自重力标准值，kN；

　　　　G_{st}——筒式基础结构和筒式基础盖板上回填土体自重标准值，水下部分按浮重度计算，kN；

　　　　f_1——筒式基础地面与土体之间的摩擦系数；

　　　　G_{sl}——筒式基础内的土体自重标准值，按浮重度计算，kN；

　　　　f_2——计算面上土体间的摩擦系数，可按土体内摩擦角的正切值；

γ_c ——黏聚力分项系数，取 1.0；

c ——筒底部土体破坏剪切面的平均黏聚力，kPa；

B ——筒底部破坏剪切面面积，剪切面的确定应通过试算，选用最不利破坏面；

γ_{Ep} ——被动土压力的分项系数，取 1.0；

E_p ——筒式基础前侧的被动土压力标准值，kN；

K_s ——筒式基础前侧的被动土压力折减系数，取 0.3～1.0，取值根据所允许的筒式基础水平位移情况确定，水平位移大时取高值；

γ_{Ea} ——主动土压力的分项系数，取 1.35；

E_a ——筒式基础后侧的主动土压力标准值，kN；

F_I ——冰荷载的标准值，kN；

F_c ——海流荷载的标准值，kN；

F_{fH} ——上部支撑结构传递于基础的水平向荷载的标准值，主要包括风电机组叶片、机舱和塔筒所受的风荷载，kN；

F_{fV} ——上部支撑结构传递于基础的竖向荷载的标准值，kN；

P_B ——波峰作用时水平波压力的标准值，kN；

ψ_0 ——非主导可变作用的组合系数，取 0.7。

（2）地震状况。在地震状况下，抗滑移稳定验算应考虑地震组合下的滑移力和抗滑移力，按下式进行验算：

$$\frac{H'_d}{H'_s} \geqslant 1.0 \qquad (5.26)$$

地震组合下，抗滑移力和滑移力计算如下。

1）不考虑波浪作用，考虑冰荷载，地震作用为主导可变作用时：

$$\begin{cases} H'_d = \gamma_G \left[(G_{st} + G) f_1 + G_{sl} f_2 \right] + \gamma_{Ep} E_p K_s + \gamma_c cB + \psi_0 \gamma_f F_{fV} f_1 \\ H'_s = \gamma_{Ea} E_a + \gamma_E F_{EH} + \psi_0 (\gamma_f F_{fH} + \gamma_P P_B + \gamma_c F_c) \end{cases} \qquad (5.27)$$

2）考虑波浪作用，不考虑冰荷载，地震作用为主导可变作用时：

$$\begin{cases} H'_d = \gamma_G \left[(G_{st} + G) f_1 + G_{sl} f_2 \right] + \gamma_{Ep} E_p K_s + \gamma_c cB + \psi_0 \gamma_f F_{fV} f_1 \\ H'_s = \gamma_{Ea} E_a + \gamma_E F_{EH} + \psi_0 (\gamma_f F_{fH} + \gamma_I F_I + \gamma_c F_c) \end{cases} \qquad (5.28)$$

式中　F_{EH} ——水平地震作用的抗倾覆力矩，kN·m；

　　　γ_E ——地震分项系数。

5.3.4　筒式基础结构强度验算

在进行筒式基础结构强度验算时，需要先行计算基础结构的内力。对于筒式基础结构，可采用数值分析方法进行计算，结构单元可采用线弹性板壳、梁等单元。在浮运、下沉、纠偏和使用阶段，筒式基础受力状态各不相同，可分别按下述受力简图进行分析。

1. 水上气浮内力分析

水上气浮阶段对应的荷载简化模型，可将气压对盖板的作用简化为均布荷载，气压对筒壁的作用以外水位线为界，外水位线以上气压可简化为均布荷载，外水位线以下气压与水压力叠加后可简化为三角分布荷载至隔仓内水位线，如图 5.19 所示。

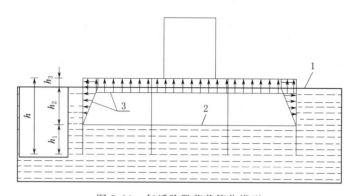

图 5.19　气浮阶段荷载简化模型

1—外水位线；2—内水位线；3—筒内气压；

h_1—封仓水高度，m；h_2—排水高度，m；h_3—干舷高度，m；h—筒式基础高度，m

2. 下沉阶段内力分析

下沉阶段对应的荷载简化模型，可将负压荷载、盖板上覆水荷载和压重荷载简化为盖板上均布荷载或集中荷载；泥面以上同比外的水压荷载和筒内负压荷载叠加后可简化为四边形分布的围压力，如图 5.20 所示。

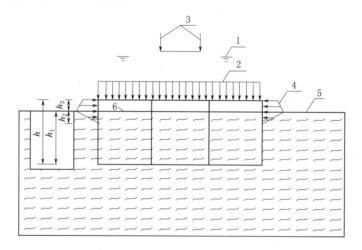

图 5.20　下沉阶段荷载简化模型

1—水位线；2—盖板上水压力和负压；3—集中荷载；4—筒壁上水压力和负压；5—安装泥面；

6—筒内真空度；h_1—入土深度，m；h_2—真空影响深度，一般取 2.5m；

h_3—未入土部分筒高度，m；h—筒式基础高度，m

3. 纠偏阶段内力分析

纠偏阶段对应的荷载简化模型，可在下沉阶段的荷载简化模型上调整各隔仓内负压荷载，相邻隔仓压力差宜控制在 20kPa 以内，如图 5.21 所示。

4. 使用阶段

使用阶段对应的荷载简化模型，应考虑自重、外部土压力、水压力、波浪荷载、海流荷载和使用荷载等。

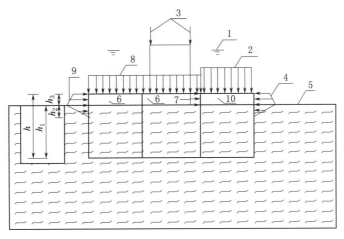

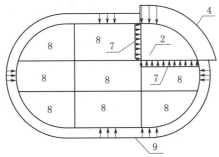

图 5.21 纠偏阶段荷载简化模型

1—水位线；2—盖板上水压力和负压；3—集中荷载；4—筒壁上水压力和负压；5—安装泥面；

6—筒内真空度；7—隔板压差；8—水压力；9—筒壁上水压力；10—隔仓内真空度；

h_1—入土深度，m；h_2—真空影响深度，一般取 2.5m；

h_3—未入土部分筒高度，m；h—筒式基础高度，m

5.3.5 浮运稳定性计算

筒式基础常采用气浮运输方式拖至指定施工海域。该气浮方式主要特征是筒体下部以一定深度水体密封，而上部筒体内部注入空气，形成气腔，提供筒体基础浮运所需的浮力，故称为气浮。这与重力式沉箱基础浮运不同，沉箱基础有底板，是通过沉箱本身的空腔提供浮力。为保证筒式基础气浮安全，需要验算基础的浮游稳定性。

筒式基础的浮游稳定性常用定倾高度表示，定倾高度一般要大于 0.6m。对于水平截面为矩形的基础，可结合图 5.22 所示的计算图式，定倾高度计算公式为

$$m = \frac{n^2 - 1}{n^2}\rho - (Y_c - Y_0) \qquad (5.29)$$

式中　m——定倾高度，m；

　　　n——筒式基础一个主轴方向的隔仓数；

　　　ρ——定倾半径，参考第 4.3.7 节计算；

Y_c ——结构重心位置；

Y_0 ——结构初始浮心位置。

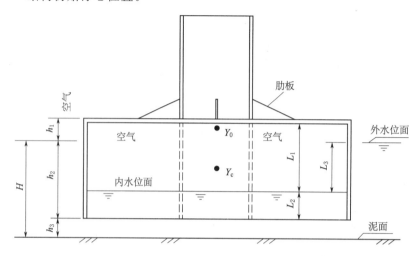

图 5.22　矩形截面浮游稳定性计算图式

H—浮运水深；h_1—干舷高度；h_2—筒式基础吃水深度；h_3—富裕水深；

L_1—筒式基础内气柱高度；L_2—封仓水高度；L_3—内外水位差

对于水平截面为非矩形的筒式基础，其浮游稳定性可按一个边长等面积换算成矩形进行计算。

5.3.6　筒式基础下沉计算

筒式基础在沉放施工时，需要满足筒体下沉力大于下沉阻力的条件，才能完成沉放作业。

1. 下沉力计算

下沉力可按下式计算，计算图式如图 5.23 所示。

$$F_k = G + \gamma h A_0 + p_{筒内} A$$

$$(5.30)$$

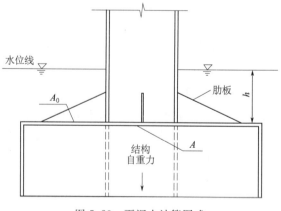

图 5.23　下沉力计算图式

式中　F_k ——下沉力，kN；

　　　G ——安装筒体自重，kN；

　　　γ ——安装筒体盖板上覆盖水的重度，kN/m³；

　　　h ——安装筒体盖板上覆盖水的高度，m；

　　　A_0 ——安装筒体盖板上覆盖水的面积，m²；

　　$p_{筒内}$ ——安装筒体筒内的负压力（真空度），kPa；

　　　A ——安装筒体的筒内截面积，m²。

2. 下沉阻力计算

下沉阻力可按下式计算，计算图式如图 5.24 所示。

$$F_z = p_z A_1 + \sum_{i=1}^{n} f_i S_i \qquad (5.31)$$

式中　F_z——下沉阻力，kN；

　　　　p_z——安装筒底端土层极限承载力，kPa；

　　　　A_1——安装筒底端的端面积，m^2；

　　　　n——指定土层数；

　　　　f_i——安装筒壁和隔板在第 i 层土的摩阻力，kPa；

　　　　S_i——安装筒壁和隔板在第 i 层土的表面积，包括内外表面，m^2。

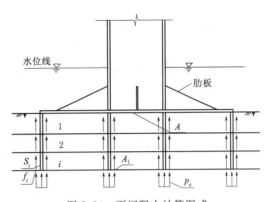

图 5.24　下沉阻力计算图式

1—第 1 层土体；2—第 2 层土体；i—第 i 层土体

5.3.7　多筒基础受力特性简化分析

海上风电机组多筒基础主要为三筒基础和四筒基础。多筒基础的承载力主要包括竖向承载力 V_0、水平承载力 H_0 及抗倾覆承载力 M_0，单筒承载能力、筒间距和布置方式是决定多筒基础承载能力的关键因素。

参考《建筑地基基础设计规范》（GB 50007—2011）中群桩基础的荷载分担方法，可将作用于多筒基础结构顶面的荷载按照简化的"拉-压"模式分配到单个筒式基础上，进而以单筒基础进行地基稳定性校核。以中心连接的三筒、四筒基础为例，详细说明荷载的分配方法，如图 5.25 所示。

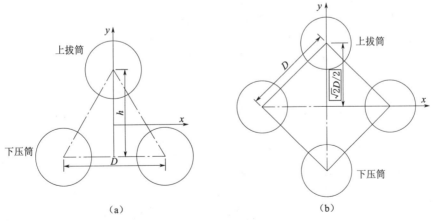

（a）　　　　　　　　　　　　　（b）

图 5.25　三筒、四筒基础平面布置图

（a）三筒基础；（b）四筒基础

对于多筒基础的竖向荷载和水平荷载，可平均分配到各个基础筒上，即上部荷载和基础自重按照式（5.32）进行分配，水平力按式（5.33）进行分配。

$$V_1 = V_2 = \frac{V + G}{n} \tag{5.32}$$

$$H_1 = H_2 = \frac{H}{n} \tag{5.33}$$

式中　V_1、V_2——上拔筒式基础和下压筒式基础分别承担的竖向荷载，kN；

　　　　V——上部风电机组竖向荷载，kN；

　　　　G——筒式基础自重，kN；

　　H_1、H_2——上拔筒式基础和下压筒式基础分别承担的水平荷载，kN；

　　　　H——多筒基础在泥面受到的总水平力，kN；

　　　　n——多筒基础的筒体数量。

对于多筒基础的力矩作用，由于力矩作用方向不同，各个单筒基础分别会受上拔荷载和下压荷载，据此可将各个筒分为上拔筒和下压筒。依据各筒的相对位置，按照下式将相应荷载分配到各个基础筒：

$$\begin{cases} V_{M1} = -\dfrac{My_1}{\sum y_i^2} \\ V_{M2} = \dfrac{My_2}{\sum y_i^2} \end{cases} \tag{5.34}$$

式中　V_{M1}、V_{M2}——弯矩产生的上拔荷载和下压荷载，kN；

　　　y_1、y_2——上拔筒式基础和下压筒式基础形心到多筒基础形心 x 主轴的距离，其与力矩作用方向相关，m；

　　　$\sum y^2$——各个筒体形心至 x 主轴距离的平方和；

　　　　M——作用于泥面、绕通过三筒基础平面形心 x 主轴的力矩，kN·m。

从上述荷载分配方法来看，每个基础筒所分配的荷载与力矩作用方向相关，其决定了单筒中心点到多筒形心 x 主轴的距离。对于等边三角形布置的三筒基础，力矩作用的最不利方向为：①最不利上拔荷载，即基础中一个单筒受到上拔荷载，另外两个筒受相同的下压荷载；②最不利下压荷载，即基础中一个单筒受到下压荷载，另外两个筒受相同的上拔荷载。该工况下的力矩作用简图如图 5.25（a）所示，该方向下单筒中心点到多筒形心 x 主轴的距离为

$$\begin{cases} y_1 = 2h/3 \\ y_2 = h/3 \end{cases} \tag{5.35}$$

式中　h——三筒等边三角形的高，m。

对于呈方形布置的四筒基础，力矩作用的最不利方向为形心 x 主轴为对角线方向，一个筒受上拔荷载，一个筒受下压荷载，另外两个筒位于主轴上而不受荷载。该工况下的力矩作用简图如图 5.25（b）所示，该方向下单筒中心点到多筒形心 x 主轴的距离为

$$y_1 = y_2 = \sqrt{2}D/2 \tag{5.36}$$

式中　D——四筒基础各筒体中心连线正方形的边长，m。

采用式（5.34）～式（5.36）进行荷载分配后，多筒基础的地基承载力验算就转换为每个单筒基础的地基承载力验算，可参照第 5.3.2 节中的方法进行验算。

需要指出，复合荷载作用下多筒基础中的单筒除了发生上拔或下压运动外，还会发生水平向运动和转动，即单筒的受力情况为竖向-水平-力矩的复合荷载作用，因此将多筒荷载准确分配到单个筒基上往往需要通过上部结构与下部筒-土系统刚度矩阵的反复迭代才能实现。多筒基础的荷载分担情况与土质参数、筒体刚度、筒-土相互作用、结构刚度以及结构基础连接方式等密切相关，比较复杂。因此，若有条件时，需要结合更为准确的筒-土相互作用模型，采用有限元数值分析方法进行多筒基础协同受力分析。

思 考 题

　　1. 海上风电机组筒式基础的结构型式有哪几种？主要特征是什么？

　　2. 海上风电机组筒式基础的受力机理是什么，其下沉安装的工艺是什么，如何进行调平控制？

　　3. 海上风电机组筒式基础与上部塔筒结构的连接方式有哪些，各有什么特征？

　　4. 宽浅型筒式基础的抗压承载力主要由哪几部分构成？

　　5. 筒式基础的抗倾覆和抗滑移稳定性验算与重力式基础有何异同？

　　6. 筒式基础浮运稳定性如何控制和优化？

　　7. 筒式基础在下沉阶段筒壁强度验算的荷载作用情况如何考虑？

　　8. 简述多筒基础承载力验算的分析方法，承载力不满足时如何优化调整？

参 考 文 献

［1］　JTS/T 167-16—2020 水运工程桶式基础结构设计与施工规程［S］

［2］　NB/T 10105—2018 海上风电场工程风电机组基础设计规范［S］

［3］　JTS 167—2018 码头结构设计规范［S］

［4］　JTS 147—2017 水运工程地基设计规范［S］

［5］　GB 50007—2011 建筑地基基础设计规范［S］

［6］　JTS 151—2011 水运工程混凝土结构设计规范［S］

［7］　DNV-OS-J 101 Design of offshore wind turbine structures［S］

［8］　练继建，刘润，王海军，等．海上风电筒型基础工程［M］．上海：上海科学技术出版社，2021.

［9］　李武，练学标．水运工程新型桶式基础结构技术与实践［M］．上海：上海科学技术出版社，2021.

［10］　林毅峰，等．海上风电机组支撑结构与地基基础一体化分析设计［M］．北京：机械工业出版社，2020.

［11］　王元战．港口与海岸水工建筑物［M］．北京：人民交通出版社，2013.

［12］　武科．滩海吸力式桶形基础承载力计算方法及其应用［M］．北京：海洋出版社，2014.

［13］　王伟，杨敏．海上风电机组地基基础设计理论与工程应用［M］．北京：中国建筑工业出版社，2013.

［14］　张燎军，等．风力发电机组塔架与基础［M］．北京：中国水利水电出版社，2017.

［15］　毕亚雄，赵生校，孙强，等．海上风电发展研究［M］．北京：中国水利水电出版社，2017.

［16］　刘永刚．海上风力发电复合筒型基础承载特性研究［D］．天津：天津大学，2014.

［17］　丁红岩，朱岩．海上风电大尺度筒型基础分舱优化设计［J］．船海工程，2016，45（3）：

140 - 145.

[18] BAGHERI P，SON S W，KIM J M. Investigation of the load-bearing capacity of suction caissons used for offshore wind turbines [J]. Applied Ocean Research，2017，67（9）：148 - 161.

[19] WU X，HU Y，LI Y. Foundations of offshare wind turbines：A review [J]. Renewable and Sustainable Energy Reviews，2019，104：379 - 393.

[20] LIU B，ZHANG Y，MA Z，et al. Design considerations of suction caisson foundations for offshore wind turbines in Southern China [J]. Applied Ocean Research，2020，104（102358）：1 - 14.

第6章 漂 浮 式 基 础

当前，全球80%以上的海上风电机组位于浅海，主要采用底部固定基础支撑的结构型式。然而随着环境和生态约束日益严格，浅海海上风电发展空间日趋饱和，且全球80%的海上风能资源位于超60m水深的海域，深远海海上风电前景广阔。随着水深的增加，固定式基础的成本和安装难度会越来越高，漂浮式基础更具有工程经济性。漂浮式基础利用锚定系统将浮体结构锚定于海床，作为安装风电机组的基础平台，特别适用于水深50m以上的海域，具有成本低、运输方便的优点。

相对于陆上风力发电和采用固定式基础的海上风力发电来说，采用漂浮式基础的海上风电机组的优点主要有：①适用于水深较深海域，海面粗糙度小，风速较为稳定，对风电机组的传动系统损害小；②采用集成结构，可一体化安装，降低成本，且受海底地形影响小，机位部署更加灵活；③安装在远离海岸线的水域，消除视觉的影响，并大大降低噪声、电磁波对人类生活的影响；④基础的机动性高，拆解和迁移工作相较于固定式基础更加便捷，且服役期满后还可以回收再利用。

海上风电机组漂浮式基础是由海上采油平台基础发展而来，但两者的安全级别和用途具有差异性，风电机组漂浮式基础具有较大的优化空间。1994年，英国的Garrad Hassan等人对在采用悬链线系泊的单立柱式（spar）平台上设置单涡轮风电机组的方案进行评价，这是最早针对风电机组漂浮式基础开展的详细研究。2008年，英国的Blue H公司研制出了世界上第一台海上漂浮式风电机组样机。2009年，挪威石油公司在220m水深环境中试运行了单机容量为2.3MW的Hywind漂浮式风电机组，是首座兆瓦级漂浮式风电机组。2017年，世界上首个漂浮式风电场Hywind Scotland成功并网发电，实现了商业化的突破。漂浮式风电场的开发面临的真正挑战不是机组规模，而是通过技术进步和削减建造成本来提高竞争力，以促进漂浮式基础的大规模运用。

国际上对海上风电机组漂浮式基础的研究已有30多年的历史，尽管我国在相关研究上起步较晚，但在国家政策的支持和学者们不断深入的探究下，我国自主研发的首台漂浮式海上风电机组"三峡引领号"，如图6.1所示，已于2021年12月7日成功并网发电，成为亚太地区首个投入商业化运营的漂浮式风电机组。"三峡引领号"是目前国际上机位水深最浅、抗台风等级最高、所受风电机组荷载最大、设计难度最大的漂浮式海上风电结构，它的建成实现了我国在漂浮式风电关键技术和试验样机领域从0到

图6.1 漂浮式海上风电机组"三峡引领号"样机

1的突破，大大拓展了海上风电的发展空间。

6.1　漂浮式基础结构型式及其特点

漂浮式海上风电机组早已走出概念设计和实验室研究的阶段，出现了各式各样的漂浮式基础结构型式，按基础获得静态稳性的方式划分，主要有以下3类：单立柱式（spar）基础、半潜式（semi-submersible，semi）基础和张力腿式（tension-leg platform，TLP）基础。也存在其他型式，包括驳船式（barge）基础和一些新颖基础结构型式。

6.1.1　单立柱式（spar）基础

单立柱式基础由长立柱和锚定系统等组成，如图6.2所示。其工作原理是在长立柱重心以下位置布置压载物，使得系统重心低于浮心，形成无条件稳定的深吃水结构，类似

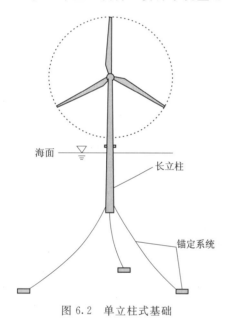

图6.2　单立柱式基础

"不倒翁"，再通过辐射式布置的系泊缆来保持整个风电机组的位置。长立柱是一个大直径、深吃水的整体柱状结构，由上部的硬舱、中段和底部的软舱3个部分组成。其中，硬舱用来提供平台的浮力；中段提供软舱与硬舱的连接且降低结构的重心；软舱结构与硬舱相同，主要功能是提供压载，在运行阶段用于吃水控制，在湿拖运输阶段时提供浮力，在浮体就位阶段提供竖向力矩。

单立柱式基础吃水大，并且垂向波浪激励力小、垂荡运动小，但较小的基础水线面使得横摇与纵摇运动响应幅值较大。单立柱式基础需要保证足够的使用水深以满足锚定系统设置足够的系泊缆长度，通常用于水深大于100m的海域，结构整体较长导致建造和安装上存在较大困难。

Hywind Scotland是全球首个漂浮式风电场，位于苏格兰北海，离岸距离25～30km，水深105m。该风电场总装机容量30MW，由5台单机容量6MW的SWT-6.0-154型风电机组组成，风电机组之间距离为72～1600m，由阵列间电缆连接。风电机组叶轮直径154m，轮毂高度98m，采用单立柱式基础支撑。浮体结构是一个钢制圆柱形浮筒，底部装有压载水和岩石或矿石，浮体质量11200t，排水量约12000t，设计吃水85～90m，水面线附近浮筒直径为9～10m，水下部分直径为14～15m。浮体结构通过3根辐射布置的系泊缆与海底锚基础连接，系泊缆为钢制锚链，每根缆绳重60t，海底基础为吸力锚。浮体在挪威Stord海岸完成陆上装配，拖运至海上现场进行锚定系统安装。Hywind Scotland风电场于2016年开始陆上建设，2017年进行海上安装，并于2017年10月并网发电，是

全球首个商业化运营的海上漂浮式风电场。

6.1.2　半潜式（semi）基础

　　半潜式基础一般由立柱、水平撑、斜撑、垂荡板和锚定系统等组成，如图6.3所示。半潜式基础主要利用水面线惯性矩来获得系统的静稳性，通过增加立柱间距来获得较大水面线惯性矩以保证基础的稳定。可在立柱内部设置多级主动压载舱，灵活地调节基础的吃水及倾角。立柱一般采用分散式布置，提供较大的基础水线面面积，在复杂的海况下也具有一定的抗倾覆性。合理的立柱间距可使得波浪荷载相互抵消一部分，使其在波浪作用下的运动响应较小。

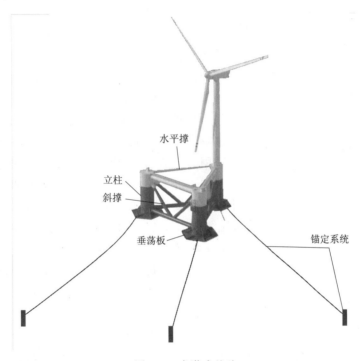

图6.3　半潜式基础

　　半潜式基础吃水灵活，对海域水深不敏感，50m以上的水深均适用。半潜式基础可在静水中完成安装并通过浮运船拖航至锚定地点，相应的费用比单立柱式和张力腿式基础少。由于基础水线面面积较大，基础整体受波浪力影响严重，垂荡运动响应比单立柱式基础更剧烈。

　　我国首台漂浮式海上风电机组"三峡引领号"采用了半潜式基础，位于广东阳江西沙扒三期400MW海上风电场内，离岸距离30km，水深28～32m。为抵御极端海况，半潜式基础和风电机组均选用50年一遇的极端风浪流工况设计，最高可抵抗17级台风。风电机组采用明阳智能MySE5.5-155机型，单机容量5.5MW，是全球叶轮直径最大的抗台风型风电机组，叶轮直径158m，扫风面积近20000m²，轮毂高度107m。浮体结构的排水量13000t，设计吃水13.5m，立柱直径约12m，各立柱跨距65m，浮体高度32m。浮体通过"3×3"共9根系泊缆辐射布置与海底基础连接，系泊缆上设置配重块以减少系泊半

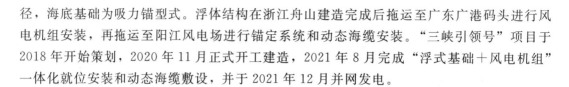

径，海底基础为吸力锚型式。浮体结构在浙江舟山建造完成后拖运至广东广港码头进行风电机组安装，再拖运至阳江风电场进行锚定系统和动态海缆安装。"三峡引领号"项目于2018年开始策划，2020年11月正式开工建造，2021年8月完成"浮式基础＋风电机组"一体化就位安装和动态海缆敷设，并于2021年12月并网发电。

6.1.3　张力腿式（TLP）基础

张力腿式基础主要由中央立柱、浮箱、张力腿和锚组成，如图6.4所示。中央立柱的功能是支撑塔筒和提供浮力。浮箱通常为圆形或方形截面，其功能是连接中央立柱、提供压载和张力腿锚固。张力腿式基础设计浮力大于自身重力，需要利用紧绷状态下的张力腿提供初始张力抵消剩余浮力，采用张力腿锚定是区分于其他漂浮式基础的关键。有时为了增加平台系统的侧向刚度，还会安装斜线系泊索系统，作为垂直张力腿系统的辅助。

图 6.4　张力腿式基础

张力腿式基础借助于垂向张紧式系泊系统，在波浪中具有较小的运动响应，具有良好的垂荡和摇摆运动特性，适用水深在50m以上。由于张力腿永久锚固的特点，基础不可移动，故维护作业方式与固定式基础相似。整个基础刚度较强，且受海流影响大，对高频波浪力的响应比较突出，容易产生疲劳问题。且张力腿锚定系统复杂，安装费用高。

当前，张力腿式基础尚未运用在实际海上风电场中，但已被确定用于法国 Provence Grand Large 漂浮式风电机组项目。该项目位于法国马赛港以西40km，水深约100m，将安装3台8MW的SG8.0-167DD型风电机组。基础采用新型的倾斜式张力腿式基础，由荷兰 SBM Offshore 和法国 IFP Energies Nouvelles 设计，将由 SBM Offshore 负责浮体与风电机组安装。项目开发工作于2016年开始，2022年下半年建成。

6.1.4　其他型式基础

除上述漂浮式基础以外，目前国际上也存在驳船式（barge）基础和一些新型基础型式，有些已处于样机测试阶段，具有良好的商业应用前景。

1. 驳船式基础

驳船式基础由浮箱与锚定系统组成，如图6.5所示。浮箱体积较大，类似船体，浮力分布均匀，通过基础的浮力抵消重力。驳船式基础具有较大水线面面积，力学特性与半潜平台有相似之处，能够提供较大的回复力矩，稳定性好。但由于驳船式基础吃水小，重心高，受波浪力影响严重，在恶劣工况下运动性能较差，难以保证风电机组安全运行，只能布置在相对平静的海面。西班牙 Saitec 公司设计了 SATH（swinging around twin hull）

漂浮式基础，采用驳船式基础搭配单点系泊。基础的浮力通过 2 个预制的混凝土浮筒来实现，混凝土结构嵌入钢制桁架中，整个船体吃水小于 10m，对于浅水水深适应性较好。2020 年 4 月，Saitec 公司在 Santander 海域已布置 1 个 1∶6 的 2MW 风电机组样机进行测试，测试时间 2 年。

2. 半潜-单立柱式基础

半潜-单立柱式基础由 1 个中央立柱、3 个外侧立柱和锚定系统组成，如图 6.6 所示，中央立柱通过旁通结构与外侧立柱连接，基础底部配备固定压载以降低重心。该基础结合了半潜式在基础施工、运输及安装简易的优势和单立柱式在运行阶段重心低的优势。西班牙 Flocan 5 Canary 项目将采用半潜-单立柱式基础，项目位于西班牙加纳利群岛，安装 4～5 台 5～8MW 风电机组，但目前尚未有样机工程。

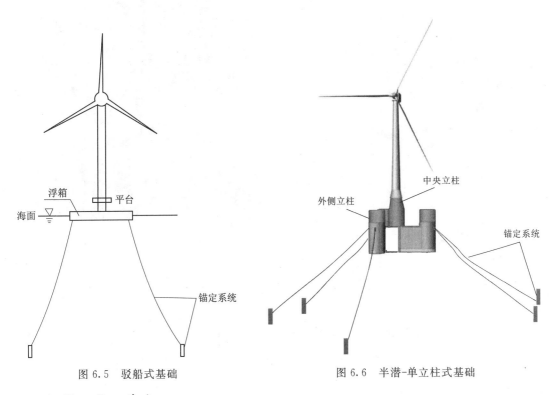

图 6.5 驳船式基础　　　　　　　　　　图 6.6 半潜-单立柱式基础

3. TetraSpar 基础

TetraSpar 基础是带有悬浮龙骨的四面体钢管结构，如图 6.7 所示。该基础结合了单立柱式、半潜式、张力腿式基础的优点，特点是结构简单、波浪荷载较小、锚定系统简单、适用水深范围广（100～1000m 均可采用）、基础用钢量小（6MW 风电机组基础用钢量 1000～1500t），可在港口进行风电机组安装。目前，该基础正在挪威 MetCentre 海上测试中心进行测试，样机的单机容量为 3.6MW，海域水深约 200m。

4. 新型全潜式基础

天津大学综合单立柱式基础压载稳定、张力腿式基础锚定稳定、半潜式基础水线面稳定的特点，提出了新型全潜式基础。基础由立柱、浮箱、斜撑、张力腿等组成，如图 6.8

所示。拖航时大面积浮箱可提供足够稳性，实现一体化浮运拖航；就位后主体结构潜入水面下，小面积立柱使得波浪力大大减少；张力腿提供张力，锚定系统具有良好的稳定性。当前该基础仍处于实验室研究阶段。

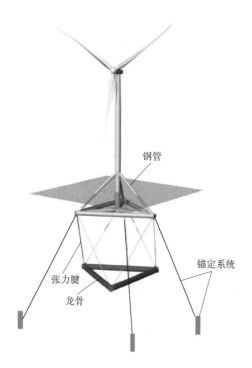

图 6.7 TetraSpar 基础

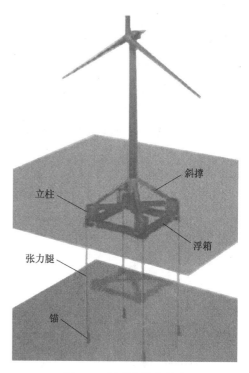

图 6.8 新型全潜式基础

6.2 漂浮式基础的一般构造

海上风电机组漂浮式基础由浮在海面上的浮体结构与限制浮体结构偏移的锚定系统组成，共同承受风电机组运行荷载与风、浪、流等复杂环境荷载作用。

6.2.1 浮体结构

漂浮式基础的浮体结构可被认为是一个船体，为风电机组提供浮力，并起连接上部平台和锚定系统的作用，包括立柱、浮箱、撑杆等。并非所有的浮体结构均包含以上构件，比如单立柱式基础的浮体为细长的圆柱单壳体结构，没有立柱与浮箱之分。

6.2.1.1 立柱

立柱提供浮力，保证基础的浮性和稳性，立柱内可设置锚链舱等。立柱的结构型式按直径分为粗立柱和细立柱，按外形分为圆立柱、方立柱、等截面立柱和变截面立柱，按立柱内部构造分为普通构架、交替构架、纵横隔板式和环筋桁架式结构。立柱大多由板、扶强材或桁材组成，采用高强度钢材，有最小尺寸的要求。

6.2.1.2 浮箱

浮箱提供浮力，可在内部设置压载水舱。浮箱一般采用直的箱型结构，需要保证水密性和强度，承受上部结构重力、静水压力与波浪力。浮箱内一般采用纵横舱壁加强并划分舱室。浮箱与立柱相同，均采用高强钢材板、扶强材、桁材，最小尺寸的构造要求相同。

6.2.1.3 撑杆

撑杆连接立柱与浮箱，使整个浮体形成空间结构，同时传递载荷，如将风、浪等载荷产生的不平衡力进行有效的再分布，连接中央立柱与浮箱的垂向斜撑杆，可有效地将风电机组荷载传递到浮体上。采用管形撑杆时，可要求设置环筋以保证其刚度和圆度。撑杆需要保证其水密性，以提供足够的通道保证平台在漂浮状态下可实施内部检修。水下撑杆除应为水密以外，还应有一个渗漏探测系统。撑杆节点连接处应尽量减少应力集中。

6.2.2 锚定系统

锚定系统能够将漂浮式风电机组的偏移、加速度限制在规定限度内，保持预期方向，并在极端海况下保证基础结构的安全性。单立柱式和半潜式基础的锚定系统主要由系泊缆和锚组成，张力腿式基础的锚定主要依靠张力腱和锚。锚定系统涉及三类构件，即系泊缆、张力腱和锚。

6.2.2.1 系泊缆

系泊缆上端通过导缆器连接到浮体，下端通过与锚连接来固定整根系泊缆，通过锚泊线的刚度和重量定位浮体。为了在各方向都能给浮体结构提供回复力，通常将多根系泊缆拉向四面八方，采用辐射状的布置型式。由于受力原理不同，系泊缆存在三种型式：悬链式、半张紧式和张紧式，如图 6.9 所示。

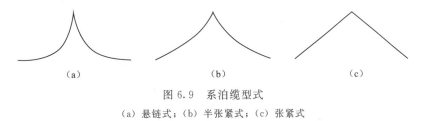

图 6.9　系泊缆型式
（a）悬链式；（b）半张紧式；（c）张紧式

悬链式系泊缆主要由自身重力提供系泊回复力，即重力系泊，在最大张力条件下仍有卧链段，卧链段的锚链张力为 0，锚拔出角为 0，这是与其他形态系泊缆的显著区别。张紧式和半张紧式系泊缆主要通过其弹性伸长来提供回复力，即张力系泊，没有卧链段。在设计预张力条件下张紧式系泊缆对应的锚拔出角大于 0，而半张紧式对应的锚拔出角为 0，拔出荷载为 0。系泊缆一般采用钢链、钢索或两者组合、尼龙、聚酯纤维等材料，需考虑材料是否耐磨、抗老化和抗疲劳，以及所处的海洋环境等多种因素。

6.2.2.2 张力腱

张力腱是在张力腿式基础与锚之间形成垂直连接的锚定构件，具有预张力，以抵消基础浮力与重力的差值，并保证基础在垂荡、纵摇、横摇方向上的刚性。张力腱一般由连续的钢管组成，各段采用机械连接，钢管的直径和厚度可以不同。张力腱上、下两端分别设有与浮体和锚的连接件。连接件中机械式插入-旋转自锁连接头是张力腱的关键技术，其球形插头与张力腱的连接是轴向刚性而转动柔性的"球铰"结构，减小张力腱两端的约束弯矩，而使其近似于铰约束，降低了张力腿的弯曲载荷。为保证张力腱在服役过程中的张力，需配备张力监测装置。

当风电机组与基础自重不会引起张力腱的强度、疲劳以及施工问题时，可采用机械连接的钢制管状张力腱，也可采用焊接连接的钢制管状或实心杆张力腱，亦或钢缆结构的张力腱。当自重问题突出时，可采用纤维或纤维增强型复合材料制作张力腱。

6.2.2.3 锚

根据锚定要求和海床土的具体情况，常用的锚型式主要有桩锚、吸力锚、重力锚等。

1. 桩锚

桩锚是将中空的钢管桩打入海床，利用钢管外侧表面和海床土之间的摩擦来保持稳定，结构示意如图 6.10 （a）所示。桩锚的水平承载力一般远低于其竖向承载力，且水平承载力对水平荷载的作用位置十分敏感，周围海床土的参数对其破坏模式也有较大影响。桩锚的适用范围较广，各浮式基础的锚定系统均可使用，但昂贵的打桩成本需要在设计时仔细考虑。

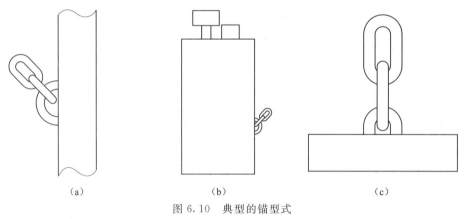

（a）　　　　　　　　　　（b）　　　　　　　　　　（c）

图 6.10　典型的锚型式

（a）桩锚；（b）吸力锚；（c）重力锚

2. 吸力锚

吸力锚主要有吸力桩锚和吸力沉箱两种型式，采用上端封闭而下端开口的大直径钢管或钢箱，首先通过自重嵌入海床土形成初始密封条件，再利用安装在封闭端的吸力泵使密封的吸力锚内外产生压力差，使其逐渐埋入至设计深度，结构示意如图 6.10 （b）所示。相比吸力桩锚，吸力沉箱的贯入深度较浅，极限承载力较小，可抵抗的锚定张力较小。吸力锚主要应用于张紧式和半张紧式锚泊定位系统，可以提供较大的竖向荷载和水平荷载抗力。

3. 重力锚

重力锚是最早开始使用的锚型式，结构示意如图 6.10 （c）所示，主要靠材料自身重量、锚和海床土之间的摩擦作用来保持稳定，但是水平张力通常难以单纯通过压载和海床之间的摩擦力进行平衡。其性能对海床变化敏感，使用范围受限。

目前最常用于漂浮式风电机组基础的是桩锚和吸力锚。应根据系泊缆的最大张力进行锚布置，可用单根桩锚、吸力锚或多根桩锚、吸力锚。如用多根桩锚、吸力锚，则应用桁架结构将它们连接在一起，以充分发挥每根锚的作用。

6.3 漂浮式基础计算

6.3.1 漂浮式基础的计算内容

漂浮式基础设计时，首先需要进行主尺度规划，再根据不同的设计工况与设计条件对相关内容进行计算与验算。计算内容主要包括：①稳性分析；②水动力性能分析；③结构强度与疲劳分析；④锚定分析等。

主尺度规划与设计需要丰富的浮体专业知识，本书不做介绍。设计工况应涵盖海上风电机组基础运输、安装、运行和维护等各个阶段，是设计条件与环境条件的组合工况，至少包含作业工况和自存工况等典型工况。必要时，还应对事故工况予以特殊考虑，如撞船事故。

设计条件即漂浮式基础的设计状态，至少应考虑以下几种：

（1）正常设计条件，漂浮式风电机组处于完好状态时的正常作业状态，可考虑生命周期中可能频繁出现的容许的小故障。

（2）非正常设计条件，漂浮式风电机组处于非正常状态，发生严重故障导致保护系统启动的异常状态。异常状态包括：①结构的非正常状态，如结构破损、进水、系泊系统破损、火灾或爆炸等；②非结构的非正常状态，如脱网、电力系统内部或外部故障、控制系统故障或保护系统故障等。

6.3.2 漂浮式基础的稳性

稳性是海洋结构物在外力作用下偏离其平衡位置而倾斜，当外力消失后，能自行回复到原来平衡位置的能力。由于漂浮式基础不能像船那样避开恶劣海洋环境，在运行期间更不能轻易撤离，因此稳性要求相当严格。海上风电机组漂浮式基础的不同状态对基础的稳性有不同要求，可分为完整静态稳性和破舱稳性。

6.3.2.1 风倾力矩与复原力矩

漂浮式基础在风、浪等荷载作用下，受到倾斜力矩作用，其平衡状态被破坏。本章仅讨论风倾力矩，作用在浮体上的风倾力矩 M_q 计算公式为

$$M_q = FZ \tag{6.1}$$

式中　F——计算风力，kN；

　　　Z——计算风力作用力臂，m。

计算风力作用力臂应取受风面积压力中心至浮体水下部分侧向阻力中心间的垂直距离，若装备了推进器，则计算时需考虑其影响。计算风力可按第2.3.2节内容确定。对来

自任意方向作用于风电机组系统的风力均应加以考虑，对拖航和运行工况，最小风速应取 36m/s；对自存工况，最小风速应取 51.5m/s。

对于风电机组漂浮式基础而言，还需考虑转子推力的作用。转子推力可以用动量理论补充阻力项的方法简化计算。对于水平轴涡轮，转子推力 F_{thrust} 可由式（6.2）进行初步估计。

$$F_{thrust} = \frac{1}{2}\rho C_T A_{rotor} U_{10}^2 \tag{6.2}$$

其中

$$A_{rotor} = \pi R^2 \tag{6.3}$$

式中　ρ ——空气密度，kg/m^3；

$\quad C_T$ ——推力系数，取决于风力涡轮机的类型；

$\quad A_{rotor}$ ——转子扫掠面积，m^2；

$\quad U_{10}$ ——远场 10min 平均风速，m/s；

$\quad R$ ——转子半径，m。

浮体受外力作用发生倾斜，其重量倾斜前后没有改变，故排水体积大小没有发生变化，但水线位置变化使水下部分体积的形状改变，浮心位置改变，在锚定系统的作用下，形成复原力矩 M_R。复原力矩与风倾力矩方向相反，大小取决于排水量、重心高度、浮心移动的距离及锚定系统等。

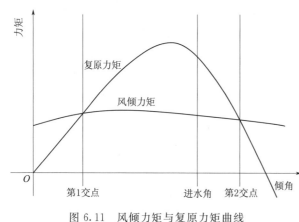

图 6.11　风倾力矩与复原力矩曲线

基础的稳性判别需首先考虑各个方向，从而识别最不利倾斜方向，即最小稳性轴。再考虑全部工况，包括拖航工况、安装工况，计算并绘制足够数量的相应于最小稳性轴的复原力矩和风倾力矩曲线，如图 6.11 所示。

6.3.2.2　完整静态稳性

漂浮式基础应能在风电机组运行期间产生最大转子推力的风速下保持稳定，还应能够在恶劣条件风电机组停机期间保持稳定，各基础型式的完整静态稳性应符合以下标准。

1. 单立柱式基础

稳心高度（稳心垂直高度与重心垂直高度之差）应不小于 1.0m。

2. 半潜式基础

（1）至第 2 交点或进水角处的复原力矩曲线下的面积中的较小者，应不小于至同一限定倾角处风倾力矩曲线下的面积的 130%。

（2）复原力矩曲线从正浮状态，即基础漂浮于静水面的状态，至第 2 交点的所有角度范围内均为正值。

3. 张力腿式基础

（1）在建造、拖航和安装过程中，张力腿式基础在临时自由漂浮状态下的完整稳性一般应满足半潜式基础的要求。

（2）在永久就位状态下，张力腿式基础的稳性通常由张力腱的预张力和刚度提供，稳性分析应证明基础受到张力腱的充分约束，并且在所有可预见的工况下都不会倾覆。应进行倾斜试验或分析计算，以准确确定张力腿平台的允许重量和允许水平位移，只需在一台样机上进行倾斜试验或解析计算即可。

6.3.2.3 破舱稳性

应选取最坏的稳性状态进行破舱稳性计算，并假定基础处于无锚定的漂浮状态，但如果锚定约束对稳性有不利影响，应加以考虑，也可以假定转子处于空转状态。相关风速可从任意方向叠加，计算最小稳性轴的复原力矩曲线。对于无人值守的漂浮式风电机组的破舱情况，当同时满足下列两种情况时，可以不考虑破舱稳性：①人员安全不受影响，不会对海洋环境造成不合理的损害威胁，也不会与其他海上风电场内的漂浮式风电机组及邻近设施发生碰撞；②失稳及其造成浮体结构性能丧失的联合概率不超过用于评估结构完整性的安全等级所对应的失效概率。各基础型式的破舱稳性应符合以下要求。

1. 单立柱式基础

浮体结构需有足够的干舷，浮体由水密甲板和舱壁分隔，以提供足够的浮力和稳性，需承受任何工况下，从任何方向叠加 25.8m/s 风速所产生的风倾力。同时考虑到以下因素：

（1）破舱后的浮体倾角应不大于 17°。

（2）任何进水口都应远离水线，在破损水线以下可能发生持续溢流的任何开口都应水密，在破损水线以上 4m 范围内的开口应为水密。即在任何工况下，水不得通过这些开口渗透到浮体内。

（3）复原力矩曲线从第 1 交点到进水角或第 2 交点的较小者，即正稳性范围，应大于等于 7°。且在此范围内，同一角度的复原力矩应至少达到风倾力矩的两倍，如图 6.12 所示。

2. 半潜式基础

浮体结构应提供足够的浮力和稳性，以承受全部或部分低于破损水线的任何水密舱的进水。稳性的评估应包括风倾力矩，建议以 25.8m/s 风速为基础，同时考虑到以下因素：

（1）任何进水口都应远离水线，破损水线以下的任何开口都应密封。

（2）正稳性范围应不小于 7°。

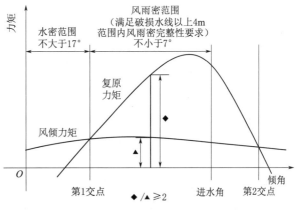

图 6.12　破舱稳性要求示意图

3. 张力腿式基础

（1）在建造、拖航和安装过程中，张力腿式基础在临时自由漂浮状态下的破舱稳性一般应满足半潜式基础的要求。

（2）在 1 根张力腿断裂情况下，张力腿式基础的稳性计算与完整稳性相同。应考虑破损发生与稳性恢复的时间差，以保证期间张力腿式基础的安全。

6.3.3　漂浮式基础的水动力性能

当受到风、浪、流等海洋环境荷载作用时，漂浮式基础将产生六自由度的摇荡运动，由此产生的动力响应会对基础结构的安全产生重要影响。因此，需要掌握漂浮式基础的水动力性能及分析方法。

6.3.3.1　运动响应特性

假设浮体结构正浮于水面，在荷载激励下相对平衡位置产生六自由度的摇荡运动，包括 3 个线位移和 3 个角位移运动，如图 6.13 所示。线位移运动指相对于浮体平均位置沿着 3 个坐标轴的线位移分量，分别称为纵荡（surge）、横荡（sway）、垂荡（heave）。角位移运动表示围绕浮体 3 个坐标轴的角位移分量，分别称为横摇（roll）、纵摇（pitch）、艏摇（yaw）。

海洋工程结构中典型漂浮式基础六自由度运动的固有周期参见表 6.1。

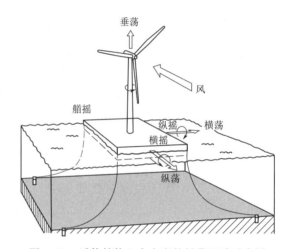

图 6.13　浮体结构六自由度的摇荡运动示意图

表 6.1　　　　　　　　典型漂浮式基础六自由度运动的固有周期

振荡运动分量	单立柱式基础固有周期/s	半潜式基础固有周期/s	张力腿式基础固有周期/s
纵荡	>100	>100	>100
横荡	>100	>100	>100
垂荡	20～35	20～50	<5
横摇	50～90	30～60	<5
纵摇	50～90	30～60	<5
艏摇	>100	>50	>100

按照风、浪、流荷载作用下浮体运动周期范围，漂浮式基础的运动响应分为波频响应（wave frequency，WF）、低频响应（low frequency，LF）和高频响应（high frequency，HF）3 类。

波频响应主要指浮体受波浪激励产生的线性响应。波浪主要能量集中在 5～25s 范围内，在这个范围内，浮体将受到极大的波浪荷载作用，并产生与波浪相同周期的运动响应，运动幅度几乎以线性方式与入射波波幅关联。

低频响应指浮体的运动频率小于荷载的激励频率，又称慢漂。一般而言，浮体慢漂与锚定系统的水平运动，即纵荡、横荡、艏摇相关，由于系泊缆水平运动的固有周期较长，1～2min，而且运动阻尼较小，故运动幅值较大，在锚定系统设计中需要重点考虑。

高频响应指浮体的运动频率高于荷载的激励频率。由于张力腿式基础的垂荡和纵摇固有频率较高，约高于其他漂浮式结构 1 个数量级，容易发生高频响应，主要有弹振（springing）和鸣振（ringing）两种型式。尽管高频响应运动幅度小，但容易引起张力腿疲劳。

对于海上风电机组漂浮式基础而言，浮体结构的运动频率不仅需要避开波浪能量较为集中的频率范围，也需要远离风轮机的激振频率范围，从而避免由于风轮旋转而引发的浮体结构共振。风轮机的激振频率范围包括 1P 区间与 3P 区间，1P 为叶轮转速频率，3P 为叶片通过频率，是风轮机的叶片数与转速频率的乘积。

6.3.3.2　水动力性能分析方法

漂浮式基础的浮体结构刚度通常较大，结构的变形几乎不会对其整体运动性能产生影响，故在进行水动力性能分析时将其视为刚体。水动力性能分析是十分复杂的动力分析，最常使用频域分析和时域分析方法，这两种方法分别适用于线性和非线性荷载激励情况。

1. 频域分析

在初步设计阶段，通常采用频域分析方法以快速得到漂浮式基础的稳态响应，获得固有周期与幅值响应算子（response amplitude operator，RAO）。频域分析基于线性运动理论，假定波浪是微幅波，浮体运动幅度也很小，其运动与浮体受力关系是线性的，且可进行线性叠加。不规则波中的运动响应与动力荷载可以由无数不同频率的规则波中的运动响应与动力荷载分量叠加。

由于浮体结构尺寸通常较大，属于大尺度构件，波浪对于大尺度构件具有明显的绕射和辐射效应。Morison 方程将不再适用，而需要使用势流理论计算作用在浮体结构上的水动力荷载。在频域分析中，浮体结构的水动力问题又可分为辐射问题与绕射问题独立求解。

（1）辐射问题求解。辐射问题中考虑浮体在静水中做给定运动时受到的流体反作用力 F_{Rj}，包括浮体位移引起的静水回复力以及与浮体运动速度和加速度成正比的阻尼力与附加质量力，即

$$\boldsymbol{F}_{Rj} = -\boldsymbol{A}_{jk}\ddot{\boldsymbol{\eta}}_k - \boldsymbol{B}_{jk}\dot{\boldsymbol{\eta}}_k - \boldsymbol{C}_{jk}\boldsymbol{\eta}_k \tag{6.4}$$

式中　$\ddot{\boldsymbol{\eta}}_k$、$\dot{\boldsymbol{\eta}}_k$、$\boldsymbol{\eta}_k$——第 j 自由度运动的加速度、速度及位移，$k=1, 2, \cdots, 6$；

$\boldsymbol{A}_{jk}$——附加质量系数；

$\boldsymbol{B}_{jk}$——阻尼系数；

$\boldsymbol{C}_{jk}$——静水回复刚度。

附加质量系数 $\boldsymbol{A}_{jk}$ 和阻尼系数 $\boldsymbol{B}_{jk}$ 不是无因次系数，它们不仅与浮体的形状和运动有关，而且是振荡频率的函数。其他因素如水深和限制水域也会影响到这些系数。对于系泊结构，还存在锚定系统的附加回复力，尽管一般锚定系统对线性波浪的运动响应较小，但

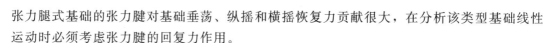

张力腿式基础的张力腱对基础垂荡、纵摇和横摇恢复力贡献很大，在分析该类型基础线性运动时必须考虑张力腱的回复力作用。

（2）绕射问题求解。绕射问题考虑浮体在空间固定不变，求解波浪经过时对浮体的干扰力 $\boldsymbol{F}_{Dj}$，即

$$\boldsymbol{F}_{Dj} = \boldsymbol{f}_{dj} e^{-i\omega t} \tag{6.5}$$

式中　　$\boldsymbol{f}_{dj}$ ——入射波压力。

这部分荷载是由未扰动入射波压强对浮体结构产生的弗汝德-克里洛夫（Froude-Kriloff）力以及扰动波压强对结构产生的扰动力组成。

可根据势流理论求解频域内的辐射与绕射水动力系数，相关理论与常用水动力分析软件可见第 2.5 节。

综合式（6.4）和式（6.5），建立频域分析中浮体的六自由度线性运动方程：

$$(\boldsymbol{M}_{jk} + \boldsymbol{A}_{jk})\ddot{\boldsymbol{\eta}}_k + \boldsymbol{B}_{jk}\dot{\boldsymbol{\eta}}_k + \boldsymbol{C}_{jk}\boldsymbol{\eta}_k = \boldsymbol{f}_{dj} e^{-i\omega t} \tag{6.6}$$

式中　　$\boldsymbol{M}_{jk}$ ——浮体结构质量矩阵。

寻求该方程的稳态解，即与波浪激励作用有相同频率的振荡。考虑浮体做稳态简谐振荡，六自由度运动可写为

$$\boldsymbol{\eta}_k = \boldsymbol{\eta}_{ka} e^{-i\omega t} \tag{6.7}$$

式中　　$\boldsymbol{\eta}_{ka}$ ——浮体结构的运动响应幅值。

将式（6.7）代入式（6.6），可得以运动振幅为未知数的代数方程组：

$$\{-\omega^2([\boldsymbol{M}] + [\boldsymbol{A}]) - i\omega[\boldsymbol{B}] + [\boldsymbol{C}]\}\{\boldsymbol{\eta}_{ka}\} = \boldsymbol{f}_{dj} \tag{6.8}$$

由于已经确定浮体结构的附加质量系数、阻尼系数、回复刚度和波浪激励力，可求解该方程，获得浮体的运动响应幅值：

$$\boldsymbol{\eta}_{ka} = \boldsymbol{f}_{dj} H(\omega) \tag{6.9}$$

$$H(\omega) = (-\omega^2\{[\boldsymbol{M}] + [\boldsymbol{A}]\} - i\omega[\boldsymbol{B}] + [\boldsymbol{C}])^{-1} \tag{6.10}$$

式中　　$H(\omega)$ ——响应传递函数，即幅值响应算子，其物理意义是浮体在单位波幅的规则波作用下的响应幅值。

2. 时域分析

一些动力荷载可以线性化后在频域分析中处理，而高度非线性的荷载只能通过时域分析进行处理。时域分析可以将一阶和二阶波浪力、风载荷以及系泊缆张力等多种作用力综合考虑。其中除一阶波浪力外，其他力是非线性的作用力，如随浮体非线性位移变化的系泊缆张力等。

此外，漂浮式基础的运动响应与其受到的风、浪、流等环境载荷之间存在耦合关系，而漂浮式风电机组系统内部也存在多种耦合，如塔架与平台和机舱运动的耦合、浮体运动与锚定系统之间的耦合。这些耦合效应对漂浮式基础运动响应有显著影响，时域分析可以在每个时间步上考虑耦合关系，给出响应信息。

时域分析与频域分析相比，计算复杂、结果整理与应用困难，在初步设计阶段应用较少。

6.3.4 漂浮式基础的结构计算

结构计算的主要目的是校核浮体结构壳体、舱壁、立柱等结构单元的名义应力，并根据相应荷载组合工况的结构许用应力，评估浮体结构规划设计的可行性或进行优化。

6.3.4.1 结构分析

由于浮体结构组成复杂，多为空间框架结构，一般需要采用有限元手段进行结构分析，大多采用 ANSYS、ABAQUS 等有限元分析软件。由于浮体结构中板、梁等构件的尺度差别较大，受单元网格划分的限制，要在整体结构模型中完全模拟所有的构件是困难的。在建立结构有限元模型时一般要如实地模拟主要结构构件和单元，为了简化模型，提高计算效率，可以忽略一些小的构件，但决不能对结构有限元模型随意简化，要符合规范规定。

整体结构有限元模型中，对于外板、舱室等主要承载结构可以采用较粗的板单元与壳单元，主要结构连接区域多为应力敏感区，要采用较细网格的板单元与壳单元。所有的第二类承载结构，如扶强材和桁材，可以采用梁单元。在建模过程中，由于有限元模型的简化，模型的重量与实际结构相比必然有所差别，因此需要通过调整结构材料的密度来改变模型重量，使得模型重量与实际结构相等。

建立起整体结构模型后，需要对模型施加外荷载与边界条件，求解结构的应力分布和最大应力值等结果。根据荷载工况不同，如拖航、安装和就位，需要列举浮体结构在各种受力状态下的荷载组合，并分别施加到结构模型上。其中，直观的方法是把水动力性能分析求解出的总荷载施加到结构的相应位置上，再将水动力以外的外荷载，如重力、系泊力等施加到相应的作用位置。现阶段程序分析技术已能实现水动力荷载在结构模型上的直接施加。模型求解前，还需要施加边界条件。尽管作用于浮体结构上的外荷载是平衡力系，理论上不需要边界条件，但为了消除其刚体位移，保证有限元求解的收敛，需要施加边界条件。一般要求施加边界的节点要远离结构连接部位，以免影响连接区域的应力分布。

6.3.4.2 强度验算

浮体结构的组成构件大多由高强度钢板材、扶强材等组成，在结构设计中需对构件进行强度验算，包括屈服强度和屈曲强度。通常采用许用应力法，首先确定不同构件所适用的失效准则，再按最不利应力/应力组合值确定构件的设计应力。

在许用应力法中，基于与设计条件与应力形式的安全系数 S.F、最小屈服强度允许值 σ_y 来确定许用应力 $[\sigma]$：

$$[\sigma] = \sigma_y / \text{S.F} \tag{6.11}$$

对于梁柱和管状构件，单个应力分量不得超过许用应力。对于多轴荷载条件下的板结构，应力以冯-米塞斯（Von Mises）应力表示，又称等效应力 σ_{eq}，且不应超过许用应力。σ_{eq} 计算式为

$$\sigma_{eq} = \sqrt{\sigma_x^2 + \sigma_y^2 - \sigma_x \sigma_y + 3\tau_{xy}^2} \tag{6.12}$$

式中　σ_x ——单元 x 方向的应力，N/mm^2；

　　　σ_y ——单元 y 方向的应力，N/mm^2；

　　　τ_{xy} ——单元 xy 方向的剪应力，N/mm^2。

通常，安全系数按表 6.2 进行选取。正常工况（N）与非正常工况（A）按照标准和规范规定的设计荷载工况划分。

表 6.2　　　　　　　　　　　　　安　全　系　数

应　力　类　别	安　全　系　数		
	正常工况（N）	非正常工况（A）	运输和安装工况（T）
轴向应力	1.50	1.25	1.67
弯曲应力	1.50	1.25	1.67
剪切应力	2.26	1.89	2.52
冯-米塞斯应力	1.33	1.11	1.48

除了屈服外，基础结构构件承受压缩或剪切时，也可能发生屈曲，失去稳定性，故还应验算其屈曲强度。构件由于受压、弯曲或剪切产生的应力，不得超过由临界压缩屈曲应力或剪切屈曲应力 σ_{cr} 除以安全系数 S.F 后得到的许用屈曲应力 $[\sigma_{cr}]$：

$$[\sigma_{cr}] = \sigma_{cr} / \text{S.F} \tag{6.13}$$

通常，对于安全系数的取值，正常工况（N）为 1.50，非正常工况（A）为 1.25，运输和安装工况（T）为 1.67。然而，如果测量荷载值或经测量确定的计算荷载值高于正常置信度，则安全系数的取值，正常工况（N）为 1.25，非正常工况（A）为 1.04，运输和安装工况（T）为 1.39。

6.3.4.3　疲劳分析

漂浮式基础长期遭受风、浪、流等动荷载作用，疲劳问题尤为严重，故需要进行疲劳分析，尤其是各构件连接处，确保其服役寿命。通常采用 Miner 线性累积损伤理论进行疲劳损伤度的计算，具体内容参见第 3.7.6 节。当采用基于疲劳损伤的疲劳失效准则时，计算点的疲劳损伤度应满足：

$$D \leqslant \frac{1.0}{S_{ftg}} \tag{6.14}$$

式中　D ——疲劳损伤度；

　　　S_{ftg} ——疲劳强度安全系数，见表 6.3。

6.3.5　锚定分析

锚定系统的分析与设计应考虑不同工况下锚定系统的受力及规范的容许值，环境条件的重现周期至少是 50 年一遇。锚定系统受风、浪、流荷载影响显著，分析计算十分复杂，

表 6.3	疲 劳 强 度 安 全 系 数
构 件 单 元 特 点	疲劳强度安全系数
干燥环境中检验维修可达，失效后果不严重	1
水下检验维修可达，失效后果不严重	2
检验维修不可达，失效后果不严重	5
干燥环境中检验维修可达，失效后果严重	2
水下检验维修可达，失效后果严重	5
检验维修不可达，失效后果严重	10

常见的分析方法有准静力分析法与动力分析法，动力分析又包括频域分析和时域分析，应根据分析对象和复杂程度选择分析方法。张力腿的计算较为复杂，本章仅涉及系泊缆张力、长度以及锚抓力的设计与计算要求。

6.3.5.1 系泊缆张力

在锚定分析中首先确定浮体结构的平均偏移，再确定平均偏移处的系泊刚度，据此进行漂浮式基础的低频运动分析，确定基础低频运动有效及最大单幅值。同时确定基础波频运动有效及最大单幅值。根据锚定系统静刚度特性确定各情况下系泊缆张力，并适当组合波频和低频运动，计算最大张力 $T_{\max}$。$T_{\max}$ 应按下述两式计算，并取其中较大值。

$$T_{\max} = \overline{T} + T_{\max, \mathrm{lf}} + T_{1/3, \mathrm{wf}} \tag{6.15}$$

$$T_{\max} = \overline{T} + T_{1/3, \mathrm{lf}} + T_{\max, \mathrm{wf}} \tag{6.16}$$

式中 $T_{\max}$ ——最大张力，kN；

$\overline{T}$ ——平均张力，kN；

$T_{\max, \mathrm{lf}}$ ——最大低频张力，kN；

$T_{1/3, \mathrm{lf}}$ ——有效低频张力，kN；

$T_{\max, \mathrm{wf}}$ ——最大波频张力，kN；

$T_{1/3, \mathrm{wf}}$ ——有效波频张力，kN。

系泊缆张力安全系数取决于设计工况、浮体附近其他海上结构物是否存在以及所采用的系泊分析方法。当采用准静力分析法和动力分析法时，系泊缆或钢丝绳的安全系数应不小于表 6.4 的规定值。其他材料系泊缆的安全系数应经中国船级社专门批准。张力安全系数 F 规定为

$$F = \frac{P_{\mathrm{B}}}{T_{\max}} \tag{6.17}$$

式中 P_{B} ——系泊缆的断裂强度，kN；

$T_{\max}$ ——系泊缆最大张力，kN。

6.3.5.2 系泊缆长度

系泊缆长度取决于锚抓力的大小及锚定系统的布置方式，例如靠水平力提供抓力的锚和悬链线式系泊方式都要求锚定系统达到最大偏移时仍能有一段与海底相切，要保证在各种海况下，锚不会被拔起，海底水平系泊缆要足够长。但如果海底的土质坚硬，锚基础能

表 6.4　　　　　　　　　　　　　　系 泊 缆 的 安 全 系 数

设 计 工 况	准 静 力 分 析 法		动 力 分 析 法	
	远离其他结构物	邻近有其他结构物	远离其他结构物	邻近有其他结构物
完整运行工况	2.70	3.00	2.25	2.47
完整自存工况	2.00	2.20	1.67	1.84
破损运行工况	1.80	2.00	1.57	1.73
破损自存工况	1.43	2.00/1.57	1.25	1.37
瞬态运行工况	—	—	1.22	1.34
瞬态自存工况	—	—	1.05	1.16

够承受足够大的垂向力，可以采用短锚链线。

系泊缆最小长度取决于系泊缆静平衡时的长度，可通过悬链线方程计算得出。对于悬链线式锚定系统，系泊缆最小长度按经验取 1.8～2.0 倍水深。对于张紧式系泊，初步设计时取 1.5～2.0 倍水深。

在初步设计阶段，可采用悬链线分析法计算系泊缆长度。悬链线是一种具有均质、完全柔性而无延伸的链或索自由悬挂于两点形成的曲线。尽管悬链线式系泊缆由于自身的拉伸和海流力作用，与理论上的悬链线并不完全吻合，但在应用过程中通常略去海流力与弹性伸长的影响。

单根悬链线式系泊缆静力计算简图如图 6.14 所示，它的下端与海底相切于 O 点，上端导缆孔 A 受到浮体结构拉力 T，T_H 和 T_V 分别为其水平分力与垂直分力。h 为水深，即导缆孔至海底的距离。l 为系泊缆长度，s 为系泊缆的水平投影长度，θ 为系泊缆上端切线方向与水平面的夹角。

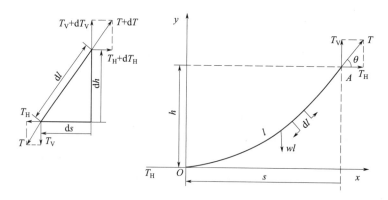

图 6.14　单根悬链线式系泊缆静力计算简图

T_V 等于扣除浮力后的系泊缆总重量，T_H 等于海底锚的水平抓力，在系泊缆各点为常值，得到

$$\begin{cases} T\sin\theta = wl = T_V \\ T\cos\theta = T_H \end{cases} \qquad (6.18)$$

式中　w ——系泊缆的水下单位长度重量。

取系泊缆一截段 $\mathrm{d}l$ ，则有

$$\mathrm{d}T_V = w\,\mathrm{d}l \tag{6.19}$$

$$T_V = T_H \frac{\mathrm{d}h}{\mathrm{d}s} \tag{6.20}$$

进一步对 s 微分，则得

$$T_H \frac{\mathrm{d}^2 h}{\mathrm{d}s^2} = w\,\frac{\mathrm{d}l}{\mathrm{d}s} = w\sqrt{1+\left(\frac{\mathrm{d}h}{\mathrm{d}s}\right)^2} \tag{6.21}$$

$$\frac{\mathrm{d}^2 h/\mathrm{d}s^2}{\sqrt{1+(\mathrm{d}h/\mathrm{d}s)^2}} = \frac{w}{T_H} \tag{6.22}$$

将上式积分即可得到系泊缆曲线方程，即悬链线方程。

$$h = a\left(\mathrm{ch}\,\frac{s}{a} - 1\right) \tag{6.23}$$

其中

$$a = \frac{T_H}{w} \tag{6.24}$$

式中　a——悬链线参数。

根据式（6.23），通过力的平衡分析可得到给定状态下系泊缆各状态参数之间的关系式。

$$T_H = aw = \frac{wh}{2}\left[\left(\frac{l}{h}\right)^2 - 1\right] \tag{6.25}$$

$$s = a\,\mathrm{ch}^{-1}\left(1+\frac{h}{a}\right) \tag{6.26}$$

$$l = a\,\mathrm{sh}\,\frac{s}{a} = h\sqrt{1+\frac{2a}{h}} \tag{6.27}$$

$$T = w(h+a) \tag{6.28}$$

在水深 h 和系泊缆在水下单位长度重量 w 给定情况下，给出悬链线参数 a 便可确定全部系泊缆状态参数。例如，确定系泊缆长度最小值时，先由式（6.25）和式（6.28）确定系泊缆最大张力：

$$T_{max} = T_H + wh \tag{6.29}$$

联立式（6.23）、式（6.27）和式（6.29），得

$$l_{min} = h\sqrt{2\frac{T_{max}}{wh} - 1} \tag{6.30}$$

6.3.5.3　锚抓力

锚抓力特征值 R_c 定义为土壤或岩石提供的平均锚抓力，应根据现场特定的岩土数据进行估算，也可根据经验关系和相关试验数据估计。一般情况下，锚抓力设计值 R_d 为

$$R_d = \frac{R_c}{\gamma_m} \tag{6.31}$$

式中　R_c——锚抓力特征值；

　　　γ_m——材料系数，按表 6.5 取值。

表 6.5　　　　　　　　　　　不同锚型式对应的材料系数

锚型式	桩锚	吸力锚	重力锚	拖曳嵌入式锚	板锚
承载极限状态	1.3	1.2	1.3	1.3	1.4
1 根系泊缆断裂	1.0	1.0 (1.2)	1.0	1.0 (1.3)	1.0 (1.3)

注　括号内数值对应于非冗余锚定情况，即锚定系统采用单组单根系泊缆。

思 考 题

1. 海上风电机组漂浮式基础的结构型式有哪些，各有什么特征，适用水深是多少？
2. 浮体结构主要包含哪些构件？构件型式与构造要求有哪些？
3. 锚定系统包括哪些构件？构件的型式有哪些？
4. 漂浮式基础的稳性校核主要考虑哪几种情况？基础的破舱稳性要求包括哪些？
5. 漂浮式基础的运动响应特征是什么？有哪些响应类型？在设计中应如何考虑？
6. 漂浮式基础水动力性能分析方法有哪些？计算原理是什么？RAO 指什么？
7. 漂浮式基础结构强度计算需要校核哪些内容？
8. 系泊缆最大张力如何计算？系泊缆张力安全系数取值应考虑哪些情况？

参 考 文 献

［1］　中国船级社. 海上移动平台入级规范 ［S］. 北京：中国船级社，2020.
［2］　中国船级社. 海上浮式风机平台指南 ［S］. 北京：中国船级社，2022.
［3］　中国船级社. 海洋工程结构物疲劳强度评估指南 ［S］. 北京：中国船级社，2013.
［4］　IEC TS 61400 - 3 - 2：2019 Wind energy generation systems - Part 3 - 2：Design requirements for floating offshore wind turbines ［S］
［5］　DNVGL - ST - 0119 Floating wind turbine structures ［S］
［6］　DNVGL - RP - C205 Environment conditions and environmental loads ［S］
［7］　American Bureau of Shipping. ABS guideline 195 guide for building and classing floating offshore wind turbine installations ［S］. New York：American Bureau of Shipping，2013.
［8］　胡开业. 浮体静力学与动稳性理论 ［M］. 哈尔滨：哈尔滨工程大学出版社，2018.
［9］　张兆德，梁旭，李磊. 海洋工程结构 ［M］. 北京：海洋出版社，2019.
［10］　练继建，刘润，王海军，等. 海上风电筒型基础工程 ［M］. 上海：上海科学技术出版社，2021.
［11］　张大刚. 深海浮式结构设计基础 ［M］. 哈尔滨：哈尔滨工程大学出版社，2012.
［12］　孙丽萍，闫发锁. 船舶与海洋工程结构物强度 ［M］. 哈尔滨：哈尔滨工程大学出版社，2017.
［13］　马山，赵彬彬，廖康平. 海洋浮体水动力学与运动性能 ［M］. 哈尔滨：哈尔滨工程大学出版社，2019.
［14］　聂武，刘玉秋. 海洋工程结构动力分析 ［M］. 哈尔滨：哈尔滨工程大学出版社，2002.

［15］ 赵永生. 新型多立柱张力腿型浮式风力机概念设计与耦合动力特性研究 ［D］. 上海：上海交通大学，2018.

［16］ 张健. 海上风电全潜漂浮式风机拖航运动响应与风险分析研究 ［D］. 天津：天津大学，2019.

［17］ 陈嘉豪，裴爱国，马兆荣，等. 海上漂浮式风机关键技术研究进展 ［J］. 南方能源建设，2020，7（1）：8－20.

第7章　海上风电机组基础防腐蚀

　　海上风电机组基础结构除了承受风、波浪、海流等复杂荷载的共同作用，同时还面临着严酷海洋环境的影响，特别是海水中氯盐、硫酸盐等多重盐类的侵蚀作用，加剧了结构性能劣化。在海上风电机组基础结构设计中，要充分考虑氯盐和硫酸盐侵蚀的影响，采取合理的防护措施，保障结构正常服役。

　　钢材和混凝土是风电机组基础结构最常使用的两类材料。对于钢材而言，海水中的氯盐是其锈蚀劣化的最主要因素，氯离子击穿钢材表面钝化膜，引发电化学腐蚀，消耗原本致密的钢铁，导致钢材截面积减少，且锈蚀达一定程度后钢材力学性能也会降低，尤其是延性。对于混凝土而言，海水中的硫酸盐是其腐蚀劣化的主要因素，硫酸根离子与水泥水化产物反应生成钙矾石、石膏等产物，这些具有膨胀性的反应产物在混凝土孔隙中累积，超过混凝土抗拉强度后将诱发微裂纹，同时水化产物被消耗，降低了水泥浆体与骨料的胶结能力，共同造成混凝土性能劣化。对于钢材与混凝土协同工作的构件，除了两者材料腐蚀的影响外，钢材锈蚀产物会破坏钢材与混凝土界面胶结，胀裂混凝土保护层，锈蚀钢材与腐蚀混凝土之间的黏结性能将显著退化。恶劣海洋环境引起的钢材锈蚀、混凝土腐蚀、钢材与混凝土黏结退化对基础结构服役性能的劣化作用不容小觑。

　　海洋环境腐蚀对海洋工程结构造成的直接、间接损失巨大。据中国工程院发布的《中国腐蚀成本》调查报告，每年我国海洋工程的腐蚀损失达万亿元之巨，约占国民生产总值的1%。根据国内外经验，如果采用有效的防护措施，25%~40%的腐蚀损失可以避免。

7.1　海上风电机组基础的腐蚀分区及特点

7.1.1　海水的性质

　　海水作为腐蚀介质，首要特征是含盐量相当大，一般在3%左右。对于大洋以及大多数的海域，海水含盐量相对稳定。海水中除了 H_2O 外，主要包含 Na^+、Mg^{2+}、Ca^{2+}、K^+ 等阳离子和 Cl^-、SO_4^{2-}、HCO_3^-、Br^- 等阴离子，还存在含量较少的其他组分，如臭氧、游离的碘、溴和硅酸的化合物等。由于电解质的存在，海水是一种电导性很高的电解液。高含量的氯离子使海水具有强烈的腐蚀性。对于钢结构，导致铸铁、低合金钢和中合金钢不可能在海水中建立钝态，可能出现小孔腐蚀，甚至含铬的高合金钢也难以在海水中形成稳定钝态，除了镁及其合金外，结构金属在海水中都发生氧的去极化腐蚀；对于混凝土结构，海水将与混凝土材料发生化学反应，影响混凝土的力学特性，破坏混凝土强度。

　　海水中溶解的气体有氮、氧、二氧化碳、惰性气体等。由于海水表面与空气的接触面积很大，以及经常不断的机械搅拌和剧烈的自然对流，表层海水的气体溶解达到饱和状态，其中氧的含量达到 8mg/L（5.6mL O_2/L），容易使钢结构发生氧化反应，导致生锈腐蚀。

7.1.2　腐蚀分区

海上风电机组基础结构通常由混凝土结构（重力式基础的墙身、胸墙以及群桩承台基础的承台等）和钢结构（导管架、钢管桩等）组成，容易受海水或带盐雾的海洋大气侵蚀。对于海上风电机组基础分区，应根据其预定功能和各部位所处的海洋环境条件进行划分。

7.1.2.1　钢结构

海上风电机组基础中钢结构的暴露环境分为大气区、浪溅区、全浸区和内部区。大气区为浪溅区以上暴露于阳光、风、水雾及雨中的支撑结构部分。浪溅区为受潮汐、风和波浪（不包括大风暴）影响所致支撑结构干湿交替的部分。浪溅区以下部位为全浸区，包括水中和海泥中两个部分。内部区为封闭的不与外界海水接触的部分。其中，浪溅区上限 SZ_U 和下限 SZ_L 均以平均海平面计。浪溅区上限 SZ_U 计算公式为

$$SZ_U = U_1 + U_2 + U_3 \tag{7.1}$$

式中　　U_1——0.6 倍百年一遇有效波高 $H_{1/3}$，m；

　　　　U_2——最高天文潮位，m；

　　　　U_3——基础沉降，m。

浪溅区下限 SZ_L 计算公式为

$$SZ_L = L_1 + L_2 \tag{7.2}$$

式中　　L_1——0.4 倍百年一遇有效波高 $H_{1/3}$，m；

　　　　L_2——最低天文潮位，m。

7.1.2.2　混凝土结构

海上风电机组基础混凝土结构部位应按设计水位或天文潮位划分为大气区、浪溅区、水位变动区、水下区，具体划分见表 7.1。

表 7.1　　　　　　　　　　海上风电机组基础混凝土结构部位划分

划分类别	大气区	浪溅区	水位变动区	水下区
按设计水位	设计高水位加（η_0 + 1.0m）以上	大气区下界至设计高水位减 η_0 之间	浪溅区下界至设计低水位减 1.0m 之间	水位变动区下界至海泥面
按天文潮位	最高天文潮位加 0.7 倍 100 年一遇有效波高 $H_{1/3}$ 以上	大气区下界至最高天文潮水位减 100 年一遇有效波高 $H_{1/3}$ 之间	浪溅区下界至最低天文潮水位减 0.2 倍 100 年一遇有效波高 $H_{1/3}$ 之间	水位变动区下界至海泥面

注　　η_0 值为设计高水位时的重现期 50 年 $H_{1\%}$（波列累计率为 1% 的波高）波峰面高度，m。

冻融环境下混凝土抗冻等级应按照腐蚀条件划分为微冻、受冻和严重受冻地区，具体划分见表 7.2。

表 7.2　　　　　　　　　　冻融环境混凝土所在地区划分

建筑物所在地区	普通混凝土		高性能混凝土
	钢筋混凝土 及预应力混凝土	素混凝土	钢筋混凝土 及预应力混凝土
严重受冻地区 （最冷月月平均气温低于−8℃）	F350	F300	F350
受冻地区 （最冷月月平均气温为−8～−4℃）	F300	F250	F300
微冻地区 （最冷月月平均气温为−4～0℃）	F250	F200	F250

7.1.3　腐蚀特点及机理

由于材料的防腐蚀特性会随所处环境的不同而导致腐蚀速率大小不一，因此结构在不同高程部分的腐蚀特点也有所不同。总结前一节内容，海上结构腐蚀区域大体可分为大气区、浪溅区、水位变动区、水下区、海泥区和内部区，各区腐蚀特点分别如下。

7.1.3.1　大气区

大气区是指海浪飞溅不到，潮水也无法淹没的大气区域。相对于普通内陆大气，海洋大气具有湿度大、盐分高、温度高及干湿循环效应明显等特点。通常大气腐蚀可分为三类：干大气腐蚀、潮大气腐蚀、湿大气腐蚀。由于海洋大气湿度大，潮大气腐蚀与湿大气腐蚀最为常见，此时水蒸气在毛细管作用、吸附作用、化学凝结作用影响下，易在钢铁表面形成水膜，而 CO_2、SO_2 和一些盐分溶解在水膜中，形成导电良好的液膜电解质，易发生电化学腐蚀。由于钢材的主体元素铁和碳等微量元素的标准电极电位不同，当它们同时处于电解质溶液中时，就形成了很多原电池，铁作为阳极在电解质溶液（水膜）中失去电子变成铁离子，氧化后生锈。此外，Cl^-、SO_4^{2-}、HCO_3^- 等离子的存在提高了水膜的导电能力，加速了钢材的点蚀、应力腐蚀、晶间腐蚀和缝隙腐蚀等局部腐蚀。

7.1.3.2　浪溅区

浪溅区是指平均高潮位以上海浪飞溅所能润湿的区段。浪溅区腐蚀除了大气区中的腐蚀因素影响外，还受到海浪飞溅的影响，在浪溅区下部还受到海水的短时间浸泡。浪溅区的海盐粒子含量更高，海水浸润时间更长，干湿交替频繁，且波浪的冲击更加剧材料的破坏，导致此区域的构件腐蚀更加严重。浪溅区的钢表面锈层在湿润过程中会作为一种强氧化剂，在干燥过程中，由于空气的氧化作用，锈层中的 Fe^{2+} 又被氧化为 Fe^{3+}。上述过程反复进行，将不断加速钢结构的腐蚀，造成海上风电机组基础钢结构损伤严重。此外，海水中的气泡对钢结构表面的保护膜及涂层来说具有较大的破坏性，漆膜在浪花飞溅区通常老化得更快。对于海上风电机组基础钢结构及钢筋混凝土结构来说，浪溅区是所有海洋环境中腐蚀最严重的部位。

7.1.3.3　水位变动区

水位变动区是指平均高潮位和平均低潮位之间的区域。该区特点是涨潮时被水浸没，退潮时又暴露在空气中，即干湿交替呈周期性变化。水位变动区氧气扩散相对于浪溅区慢，构筑物表面的温度既受气温也受水温的影响，但通常接近或等于海水的温度。在这一区域，构筑物处于干湿交替状态，淹没的时候产生海水腐蚀，同时物理冲刷及高速水流形成的空泡腐蚀作用导致腐蚀加速，退潮时产生同大气区类似的腐蚀。另外，海洋生物能够栖居在水位变动区内的构筑物表面上，附着均匀密布时能在钢表面形成保护膜减轻构筑物的腐蚀；局部附着时，会因附着部位的钢与氧难于接触而产生氧浓差电池，使得生物附着部位下面的钢产生强烈腐蚀。同时不同的生物种类会产生不同的金属腐蚀影响。

7.1.3.4 水下区

水下区是指常年低潮线以下直至海床的区域，根据海水深度不同分为浅海区（低潮线以下 20～30m 以内）、大陆架全浸区（在 30～200m 水深区）、深海区（＞200m 水深区）。三个区影响钢结构腐蚀的因素因水深而不同。在浅海区，具有海水流速较大、存在近海化学和泥沙污染、O_2 和 CO_2 处于饱和状态、生物活跃、水温较高等特点，因而该区腐蚀以电化学和生物腐蚀为主，物理化学作用为次，该区钢的腐蚀比大气区和水位变动区更严重。在大陆架全浸区，随着水的深度加深，含气量、水温及水流速度均下降，生物亦减少，钢腐蚀以电化学腐蚀为主，物理化学作用为次，腐蚀较浅海区轻。在深海区，pH 值小于浅海区，压力随水的深度增加，矿物盐溶解量下降，水流、温度充气均低，钢腐蚀以电化学腐蚀和应力腐蚀为主，化学腐蚀为次，为水下区腐蚀最轻的区域。在水下区构筑物除了产生均匀腐蚀外，还会产生局部腐蚀，如孔蚀等。

7.1.3.5 海泥区

海泥区是指海床以下部分，主要由海底沉积物构成。该区域实际上是饱和的海水土壤，既有土壤腐蚀特点，又有海水腐蚀特性，腐蚀环境十分复杂。这一区域沉积物的物理性质、化学性质和生物性质都会影响钢结构腐蚀。海泥区土壤上方全部是海水，导致土壤缝隙完全被海水填充，不与空气直接接触，而且该区域土壤与海水间的物质交换速率很低，海水又不能提供充足的氧气，使得海泥区土壤中的含氧量十分有限，建筑物腐蚀往往比海水中的缓慢。海泥区中含有硫酸盐还原菌，会在缺氧环境下生长繁殖，对埋入海泥区的钢结构造成比较严重的腐蚀。

7.1.3.6 内部区

内部区是指钢结构的内部区域，对于实际海上风电机组基础钢结构，其管状构件两端必须要求做好气密性封闭，即内部区不与海水和空气接触。因此，认为钢结构的内部区基本不易发生腐蚀。

7.2 海上风电机组基础的腐蚀类型及影响因素

7.2.1 腐蚀类型

7.2.1.1 钢结构

海上风电机组基础钢结构腐蚀按照腐蚀形成的机理可分为化学腐蚀与电化学腐蚀。化学腐蚀是钢结构直接与外部介质发生化学反应；电化学腐蚀比化学腐蚀较为复杂，其不仅发生化学作用，而且伴随着电流产生。海洋环境下的钢结构腐蚀，通常为电化学腐蚀，即钢材中的铁在腐蚀介质中通过电化学反应被氧化成正的化学价状态。组成钢结构的元素不是单一的金属铁，同时含有碳、硅、锰等合金元素和杂质，不同元素处在相同或不同介质中，其电极电位也不同，存在电位差，且钢材自身导电性好，这些因素导致腐蚀的发生。

在电化学腐蚀过程中，钢材中的铁元素作为腐蚀电池的阳极释放电子形成铁离子，经过一系列的反应最终形成铁锈。反应方程式如下：

阳极反应：$\qquad Fe \longrightarrow Fe^{2+} + 2e^-$

阴极反应：$\quad 2H^+ + 2e^- \longrightarrow H_2$；$O_2 + 2H_2O + 4e^- \longrightarrow 4OH^-$

上述反应生成的 $Fe(OH)_2$ 经过后续的一系列反应生成 $Fe(OH)_3$，最终脱水生成铁锈的主要成分 Fe_2O_3。铁锈疏松、多孔，体积约膨胀 4 倍。

腐蚀是材料在环境作用下发生变质并导致破坏的过程。钢结构的腐蚀将引起构件截面变小，承载力下降，最终导致破坏。钢结构腐蚀按照腐蚀形态可分为均匀腐蚀（或全面腐蚀）和局部腐蚀。

均匀腐蚀是指钢材与介质相接触的部位，均匀地遭到腐蚀损坏。这种腐蚀损坏使得钢材尺寸变小、颜色改变。由于海洋钢结构的各部位相对长期稳定地处于海洋环境各个区域内，所以各部位的钢材均会出现程度不同的均匀腐蚀。腐蚀分布在整个钢结构的表面上，减薄了构件的厚度，降低结构强度。

局部腐蚀是指钢材与介质相接触的部位，遭到腐蚀损坏的仅是一定的区域（点、线、片）。局部腐蚀大多会导致结构发生脆性破坏，降低结构的耐久性。局部腐蚀危害要比均匀腐蚀大。局部腐蚀按照腐蚀条件、机理和表现特征划分主要有电偶腐蚀、缝隙腐蚀、点状腐蚀、疲劳腐蚀、冲击腐蚀和空泡腐蚀等。这些腐蚀类型往往与材料、环境或结构设计等因素有关。

1. 电偶腐蚀

电偶腐蚀是指两种不同金属在同一种介质中接触，由于它们的腐蚀电位不同，形成了很多原电池，使电位较低的金属溶解速度增加，电位较高的金属溶解速度反而减缓，就造成接触处的局部腐蚀。海水是一种强电解质，两种不同金属相连接并暴露在海洋环境中时，通常会发生严重的电偶腐蚀。侵蚀的程度取决于两种金属在海水中的电位差，组成结构的金属之间电位差越大，则电偶中的阳极金属溶解速度越快。

2. 缝隙腐蚀

缝隙腐蚀是指金属与金属或金属与非金属之间形成特别小的缝隙，使缝隙内的介质处于滞流状态，参加腐蚀反应的物质难以向内补充，缝内的腐蚀产物又难以扩散出去。随着腐蚀不断进行，缝内介质组成、浓度、pH 值等与整体介质的差异越来越大，此时缝内的钢表面腐蚀加速，缝外的钢表面腐蚀则相对缓慢，从而在缝内呈现深浅不一的蚀坑。缝隙腐蚀通常在钢结构全浸区和浪溅区最严重，大气区也发现有缝隙腐蚀。由于设计上的不合理或加工工艺等原因，会使许多构件产生缝隙，如法兰连接面、螺母压紧面、焊缝气孔等与基体的接触面上会形成缝隙。另外，泥沙、积垢、杂屑、锈层和生物等沉积在构件表面上也会形成缝隙。

3. 点状腐蚀

点状腐蚀（简称点蚀）是指金属表面局部区域出现纵深发展的腐蚀小孔，表面的其余区域往往不腐蚀或轻微腐蚀。蚀孔一旦形成，具有"深挖"的动力，即孔蚀自动加速向深处进行，因此点蚀具有极大的隐患性及破坏性。暴露在海洋大气中金属上的点蚀，可能是由分散的盐粒或大气污染物引起的，也可能是表面状态或冶金因素，如夹杂物、保护膜的破裂、偏析和表面缺陷等造成的。点蚀容易发生在表面生成钝化膜的材料或表面镀有阴极性镀层的金属。

4. 疲劳腐蚀

金属在腐蚀循环应力或脉动应力和腐蚀介质的联合作用下，一些部位的应力比其他部位高得多，从而加速裂缝的形成，称为疲劳腐蚀。海洋环境十分恶劣，风电机组基础钢结构在腐蚀环境中承受海浪、风暴等交变荷载的作用，与惰性环境中承受交变荷载的情况相比，交变荷载与侵蚀性环境的联合作用，往往会显著降低构件疲劳性能。因此，疲劳腐蚀是影响海上风电机组基础钢结构安全的重要因素之一。疲劳腐蚀时，海上风电机组基础钢结构抗疲劳性能降低，已产生滑移的表面区域的溶解速度比非滑移区要快得多，出现的微观缺口会在更大的范围内产生进一步滑移运动，使局部腐蚀加快。这种交替的增强作用最终导致材料开裂。

5. 冲击腐蚀

钢材对海水的流速很敏感。当速度超过某一临界点时，便会发生快速的侵蚀。在湍流情况下，常有空气泡卷入海水中，夹带气泡的高速流动海水冲击金属表面时，保护膜可能被破坏，且金属可能受到局部腐蚀。金属表面的沉积物可促进局部湍流。当海水中有悬浮物时，则磨蚀和腐蚀所产生交互作用比磨蚀与腐蚀单独作用的总和要严重得多。在某些情况下，这两种损坏方式都起作用，该类腐蚀具有明显的冲击流痕。

6. 空泡腐蚀

若周围的压力降低到海水温度下的海水蒸气压，海水就会沸腾。在高速状态下，实际上常观察到局部沸腾，蒸汽泡便形成了，但海水向下流到某处时气泡又会重新破裂。随着时间的推移，这些蒸汽泡的破裂而造成的反复抨击，促成海上风电机组基础钢结构表面的局部压缩破坏。碎片脱落后，新的活化钢结构便暴露在腐蚀性的海水中。因此，海水中的空泡腐蚀造成的损坏通常使风电机组基础结构既受机械损伤，又受腐蚀损坏，该类腐蚀多呈蜂窝状。

7.2.1.2　混凝土结构

海洋环境中混凝土结构腐蚀的主要类型有氯离子侵蚀、碳化侵蚀、镁盐硫酸盐侵蚀、碱-骨料反应、冻融破坏及海洋生物侵蚀等。其中氯离子侵蚀导致的钢筋锈蚀是钢筋混凝土结构耐久性退化的最主要原因，其所造成的破坏和损失也是最严重的。

1. 氯离子侵蚀

海水中的氯离子是一种穿透力极强的腐蚀介质，比较容易渗透进入混凝土内部，到达钢筋钝化膜的表面，取代钝化膜中的氧离子，造成钝化膜的破坏。在氧和水充足的条件下，活化的钢筋表面形成一个小阳极，大面积钝化膜区域作为阴极，导致阳极金属铁快速溶解，形成腐蚀坑，造成钢筋截面强度降低，一般称这种腐蚀为点蚀。点蚀形成的 $Fe(OH)_3$ 若继续失水就形成水化物红锈，一部分氧化不完全的变成 Fe_3O_4（即黑锈），在钢筋表面形成锈层，腐蚀将不断向内部发展。铁锈疏松、多孔，体积约膨胀 4 倍，膨胀后破坏混凝土的保护层，加剧腐蚀的速度，反应方程式为

$$Fe \longrightarrow Fe^{2+} + 2e^-$$

$$Fe^{2+} + 2Cl^- + 4H_2O \longrightarrow FeCl_2 \cdot 4H_2O$$

$$FeCl_2 \cdot 4H_2O \longrightarrow Fe(OH)_2 \downarrow + 2Cl^- + 2H^+ + 2H_2O$$

$$4Fe(OH)_2 + O_2 + 2H_2O \longrightarrow 4Fe(OH)_3 \downarrow$$

2. 碳化侵蚀

大气中的 CO_2 会通过混凝土微孔进入混凝土内部，与混凝土中的 $Ca(OH)_2$ 反应生成 $CaCO_3$，破坏混凝土的碱性环境，影响钝化膜的保持，最后 $CaCO_3$ 又与 CO_2 作用转化为易溶于水的 $Ca(HCO_3)_2$ 并不断流失，导致混凝土密实度减小，混凝土的强度降低，也增加钢筋腐蚀，反应方程式为

$$CO_2 + H_2O =\!\!=\!\!= H_2CO_3$$

$$H_2CO_3 + Ca(OH)_2 =\!\!=\!\!= CaCO_3 + 2H_2O$$

$$CaCO_3 + CO_2 + H_2O =\!\!=\!\!= Ca(HCO_3)_2$$

3. 镁盐硫酸盐侵蚀

硫酸盐侵蚀是一种常见的化学侵蚀形式。海水中的硫酸盐与混凝土中的 $Ca(OH)_2$ 发生置换作用而生成石膏，使混凝土变成糊状物或无黏结力的物质，反应方程式为

$$SO_4^{2-} + Ca(OH)_2 + 2H_2O \longrightarrow CaSO_4 \cdot 2H_2O + 2OH^-$$

生成的石膏在混凝土中的毛细孔内沉积、结晶，引起体积膨胀，使混凝土开裂，破坏钢筋的保护层。同时，所生成的石膏还与混凝土中固态单硫型水化硫铝酸钙和水化铝酸钙作用生成三硫型水化硫铝酸钙（钙钒石），反应方程式为

$$3CaO \cdot Al_2O_3 \cdot CaSO_4 \cdot 12H_2O + 2(CaSO_4 \cdot 2H_2O) + 16H_2O \longrightarrow$$
$$3CaO \cdot Al_2O_3 \cdot 3CaSO_4 \cdot 32H_2O$$

$$3CaO \cdot Al_2O_3 \cdot 6H_2O + 3(CaSO_4 \cdot 2H_2O) + 6H_2O \longrightarrow 3CaO \cdot Al_2O_3 \cdot 3CaSO_4 \cdot 18H_2O$$

生成的三硫型水化硫铝酸钙含有大量结晶水，其体积比原来增加 1.5 倍以上，产生局部膨胀压力，使混凝土结构胀裂，导致混凝土强度下降且破坏保护层。

此外，镁盐在海水中的含量仅次于 NaCl，占海水总含盐量 16% 以上，而 Mg^{2+} 能与混凝土中的成分产生阳离子交换作用，混凝土中硅酸盐矿物水化生成水化硅酸钙（C-S-H）凝胶。水化硅酸钙凝胶处于不稳定状态，易分解出 $Ca(OH)_2$，破坏水化硅酸钙凝胶的胶凝性，生成胶结性很差的水化硅酸镁（M-S-H），造成混凝土的溃散。新生成物不再能起到"骨架"作用，使混凝土的密实度降低或软化。反应方程式为

$$Mg^{2+} + Ca(OH)_2 \longrightarrow Ca^{2+} + Mg(OH)_2$$

$$Mg^{2+} + C\text{-}S\text{-}H \longrightarrow Ca^{2+} + M\text{-}S\text{-}H$$

4. 碱-骨料反应

碱-骨料反应主要是指混凝土中的 OH^- 与骨料中的活性 SiO_2 发生化学反应，生成一种含有碱金属的硅凝胶。这种硅凝胶具有强烈的吸水膨胀能力，使混凝土发生不均匀膨胀，造成裂缝、强度和弹性模量下降等不良现象，从而影响混凝土的耐久性。

5. 冻融破坏

当寒冷地区饱和混凝土结构物温度降低到冰点以下时，混凝土毛细孔内的液态水会结

冰，水结冰后体积约增加 9%，对混凝土产生膨胀作用。受到阳光照射后温度升高，冰开始融化。夜晚时温度再次降低，水再次结冰，产生进一步膨胀。冻融破坏具有累积作用，最后可能造成混凝土破坏。

水在空隙内刚结成冰时，水被排出空隙，排出的水流受阻产生静水压力，造成混凝土空隙内水分结冰产生膨胀。一般认为冻融产生的静水压力是饱和混凝土或接近饱和混凝土发生冻融破坏的最重要因素。

6. 海洋生物侵蚀

由于海洋生物种类繁多、机理复杂，因此不同的海洋生物对钢筋混凝土结构影响存在差异。大部分研究表明海洋生物对混凝土结构产生不利影响。一方面海洋生物会破坏混凝土保护层，加速有害离子侵蚀过程；另一方面，混凝土结构易受到大量海洋生物的附着，从而对混凝土结构产生损害，增大混凝土结构的静力荷载和动力荷载。例如藤壶、牡蛎等生物会分泌黏胶质物体和代谢产物，其中的生物酸会腐蚀混凝土，破坏混凝土表面的保护层，与混凝土中的 $Ca(OH)_2$ 发生反应生成石膏，再经一系列反应变成钙矾石，最终导致混凝土膨胀开裂。但也有部分研究发现，有些海洋生物会在结构表面形成一种类似保护膜的抗腐蚀层，对腐蚀具有一定的抑制作用。如牡蛎和贝壳等生物会形成较强胶凝生物胶，附着在混凝土结构上形成一种具有致密微观结构的黏结层，可提高抗氯离子侵蚀的能力。

7.2.2 腐蚀影响因素

7.2.2.1 钢结构

从腐蚀机理来看，海上风电机组基础钢结构腐蚀的影响因素主要有材料及其表面因素和环境因素等。

1. 材料及其表面因素

不同的钢材其耐腐蚀性不同，改变钢材中合金元素的含量是改善钢材耐腐蚀性的一个重要途径。研究表明，铜、磷元素可改善钢材的耐腐蚀性。相同的钢材其表面状态不同，产生的腐蚀也不同，粗糙、不平整的表面要比光滑表面更容易腐蚀。

2. 环境因素

海洋环境中，影响钢结构腐蚀的主要因素有大气湿度、温度、含氧量、盐度、流速、海生物污损等。上述因素之间是相互影响的，在一定条件下，任何一种因素都会成为影响钢结构腐蚀的控制因素。

(1) 大气湿度及温度对钢结构腐蚀的影响。相对于内陆普通大气区，海洋大气区具有湿度大、盐分高及温度高等特点。钢材在干燥的环境中一般难以发生腐蚀，大气相对湿度直接影响钢结构表面水膜的形成，只有当大气相对湿度达到钢材临界腐蚀湿度时，大气中的水分才能在钢材表面凝聚成水膜，大气中的氧通过水膜进入钢材表面发生大气腐蚀。环境的温度将影响钢材表面水蒸气凝聚、水膜中各种腐蚀气体和盐类的溶解度、水膜电阻及腐蚀电池中阴阳极过程的反应速度等。一般认为，当大气的相对湿度低于钢材临界腐蚀湿度时，温度对大气腐蚀的影响很小。一旦达到钢材的临界腐蚀湿度，温度的影响十分明显。

(2) 海水温度和含氧量对钢结构腐蚀的影响。海水中的溶解氧是影响海洋钢结构腐蚀的重要因素之一。随着海水中溶解氧的浓度增大，氧的极限扩散电流密度增大，腐蚀速度

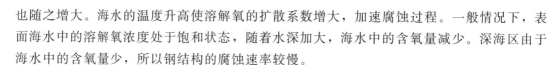

也随之增大。海水的温度升高使溶解氧的扩散系数增大，加速腐蚀过程。一般情况下，表面海水中的溶解氧浓度处于饱和状态，随着水深加大，海水中的含氧量减少。深海区由于海水中的含氧量少，所以钢结构的腐蚀速率较慢。

（3）海水盐度对钢结构腐蚀的影响。海水中溶解有大量 $NaCl$、KCl、Na_2SO_4 等中性盐，其中 $NaCl$ 占 78%。在海水中 $NaCl$ 的浓度一般在 3% 左右，在这个浓度附近时，腐蚀速度表现为最大值。当盐的浓度较低时，腐蚀速度随着含盐量的增加而急速增加，这主要是由于氯离子的增加促进了阳极反应。另外，由于随着盐浓度的增加使氧的溶解度降低，当溶液中的盐度再继续增加时，腐蚀速度反而明显下降。

（4）海水流速对钢结构腐蚀的影响。海水流速对钢结构腐蚀有较大影响。通常情况下，流速增加，可使扩散厚度减小，氧的极限扩散电流增加，导致腐蚀速度增大。钢材对海水的流速很敏感，当速度越过某一临界点时，便会发生快速的侵蚀。磨蚀和腐蚀所产生交互作用比磨蚀与腐蚀单独作用的总和还严重得多。

（5）海生物污损对钢结构腐蚀的影响。海生物可以在金属表面有效生长和附着，经历新陈代谢、死亡等相关生命阶段，对海水环境当中的钢结构腐蚀具有直接影响。影响钢结构腐蚀的海生物主要包括单细胞有机质、柔软生长物和硬质海洋动物。当海生物较多时，海生物污损物对钢结构腐蚀的影响起控制作用。海洋生物附着均匀密布时能在钢表面形成保护膜，减轻建筑物的腐蚀。局部附着时，会因附着部位的钢与氧难以接触，而产生氧浓差电池，使得生物附着部位下面的钢产生强烈腐蚀。

7.2.2.2 混凝土结构

影响混凝土结构腐蚀的因素主要包括混凝土材料特性、环境因素、保护层厚度以及结构类型等。

1. 混凝土材料特性

混凝土是由水泥、水和骨料经搅拌、浇筑和硬化过程的一种水硬性建筑材料。水泥作为混凝土的胶结材料，其物质组成和特性直接影响到混凝土的耐久性。减轻和防止钢筋腐蚀的最好措施是采用质量良好的密实混凝土。混凝土密度与水灰比、水泥含量、骨料尺寸以及减水剂质量有关，例如增加水泥含量可以提高抗腐蚀能力。另外，粗骨料尺寸越大，钢筋腐蚀越严重，是因为较大的粗骨料容易引起混凝土的不均匀收缩裂缝。可以在混凝土中加入减水剂，达到改善混凝土密度的目的。

2. 环境因素

海洋钢筋混凝土结构腐蚀的环境因素主要有酸侵蚀、Cl^- 及 SO_4^{2-} 的影响、Mg^{2+} 腐蚀、环境条件等。

（1）酸侵蚀。工业污染排放的 SO_2、H_2S、CO_2 等酸性气体与水泥水化过程产生的 $Ca(OH)_2$、$CaSiO_3$ 等碱性物质相互作用，导致 pH 值降低和混凝土粉化。

（2）Cl^- 及 SO_4^{2-} 的影响。环境中的 Cl^- 及 SO_4^{2-} 是破坏混凝土结构的重要因素。它们渗入后与混凝土中的 C_3A 反应，生产比反应物体积大几倍的结晶化合物，造成混凝土的膨胀破坏。

（3）Mg^{2+} 腐蚀。海水中的 $MgCl_2$ 和 $MgSO_4$ 与混凝土中的 $Ca(OH)_2$ 反应，产生不可

溶的 $Mg(OH)_2$，使混凝土中的碱度降低。并与铝胶、硅胶缓慢反应，使水泥黏结力减弱，导致混凝土强度降低。

（4）环境条件。环境温度、湿度、干湿交替和冻融循环等严重影响混凝土的耐久性。当温度高于 40℃，湿度大于 90％时将加速混凝土的破坏。

3. 混凝土保护层厚度

混凝土保护层厚度对于阻止腐蚀介质接触钢筋表面起着重要作用。相关试验研究表明，当混凝土保护层厚度从 30mm 增大到 40mm 时，在 6 次干湿循环作用之后，重量损失率和腐蚀率都将减少 91％左右。图 7.1 给出混凝土保护层厚度与混凝土中 NaCl 含量之间的关系。从该图可以发现，混凝土中 NaCl 含量将随保护层厚度的增大而迅速降低。

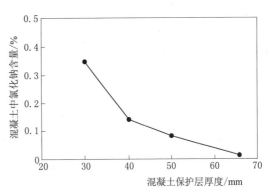

图 7.1　混凝土保护层厚度与
混凝土中氯化钠含量之间的关系

4. 结构类型

混凝土结构宜尽量采用整体浇筑，少留施工缝。严格控制混凝土裂缝开展宽度，防止裂缝开展宽度过宽导致钢筋腐蚀。另外，应尽可能避免出现凹凸部位，这些部位的混凝土很难压实，且这些部位很容易受到冰冻和腐蚀的作用。例如，T 字梁的凸翼缘很容易受到腐蚀。

5. 钢筋锈蚀

钢筋锈蚀是混凝土结构耐久性退化的最主要原因，它所造成的破坏和损失也是最严重的。海水中的 Cl^- 比较容易渗透进入混凝土内部，到达钢筋钝化膜的表面，取代钝化膜中的氧离子，造成钝化膜的破坏，使原来被钝化膜保护着的金属基体暴露出来。金属基体不同部位由于接触到的氧气、Cl^- 等浓度不同，会产生宏观的"浓差电池"。处于相同外界环境中的金属基体表面上也存在着许多微小的"腐蚀电池"，在这些电化学电池的作用下，腐蚀电池的阳极被氧化，造成钢筋的腐蚀。此外，大气中的 CO_2 会通过混凝土微孔进入混凝土内部，与混凝土中的 $Ca(OH)_2$ 反应生成 $CaCO_3$，破坏混凝土的碱性环境，影响钝化膜的保持，加速钢筋腐蚀。钢筋一旦被腐蚀，产生腐蚀产物，就会造成 2～7 倍体积膨胀，给结构造成破坏。其主要破坏特征可归纳如下。

（1）混凝土顺钢筋开裂。混凝土具有较好的抗压性能，但其抗折、抗裂性差，尤其钢筋表面混凝土保护层缺乏足够的厚度时，钢筋锈蚀产物带来的体积膨胀足以使钢筋表面混凝土顺钢筋开裂。大量试验研究和工程实践表明，即使钢筋表面锈层厚度很薄（如 20～40μm）也可导致混凝土顺钢筋开裂。混凝土开裂后，钢筋直接暴露在外界腐蚀环境中，腐蚀介质更容易到达钢筋表面，钢筋锈蚀的速度将会大大加快，甚至可能快于裸露于大气中的钢筋。

（2）"握裹力"下降与丧失。"握裹力"指的是钢筋与混凝土之间的黏结力，腐蚀产物的出现会导致黏结力的下降。混凝土刚发生顺钢筋开裂时，结构的物理力学性能、承载能

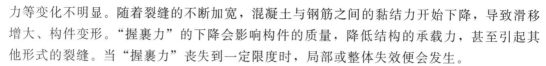

力等变化不明显。随着裂缝的不断加宽，混凝土与钢筋之间的黏结力开始下降，导致滑移增大、构件变形。"握裹力"的下降会影响构件的质量，降低结构的承载力，甚至引起其他形式的裂缝。当"握裹力"丧失到一定限度时，局部或整体失效便会发生。

（3）钢筋断面损失。混凝土中钢筋锈蚀可分为局部腐蚀和全面腐蚀（均匀腐蚀）。锈蚀常常造成钢筋断面损失，严重时甚至造成钢筋中断，当损失率达到一定程度时，构件便会发生破坏。

（4）钢筋应力腐蚀断裂。处在应力状态下的钢筋（包括预应力），在遭受腐蚀时有可能发生突然断裂。应力腐蚀断裂可在钢筋未见明显锈蚀的情况下发生，断裂时钢筋属于脆断。这是"腐蚀"与"应力"相互促进的结果：应力使钢筋表面产生微裂纹，腐蚀沿裂纹深入，应力再促裂纹开展。如此周而复始，直到突然断裂。应力腐蚀断裂与环境介质有关。

6. 施工质量

保证施工质量对于防止海洋钢筋混凝土结构免受腐蚀侵害非常重要。常见的施工质量问题有混凝土保护层厚度不够、混凝土振实不当、梁板连接处施工不够严密及钢筋布置不合理等。

7.3　海上风电机组基础的防腐蚀措施及要求

7.3.1　防腐蚀措施

7.3.1.1　钢结构

海上风电机组基础钢结构防腐蚀应在合理选材和进行详细防腐蚀结构设计的基础上，根据所处环境条件，采取相应的防腐蚀措施。钢结构内部通常采用涂料保护，同时还必须保持内部空气的干燥。钢结构外部常用的防腐蚀措施包括涂料保护、金属热喷涂保护、复层矿脂包覆技术和阴极保护。因此，海上风电机组基础钢结构防腐蚀常采用涂料保护、金属热喷涂保护、阴极保护、增加腐蚀裕量、阴极保护与涂层联合保护以及复层矿脂包覆防腐蚀技术等措施。

1. 涂料保护

涂料保护是海上风电机组基础钢结构应用最为广泛的防腐蚀保护措施，是在钢材表面喷（涂）防腐蚀涂料或油漆涂料，防止环境中的 H_2O、O_2 和 Cl^- 等各种腐蚀性介质渗透到金属表面，使环境中的 O_2 和 H_2O 等腐蚀剂与金属表面隔离，从而防止金属的腐蚀。同时，由于在涂层中添加了阴极性金属物质和缓蚀剂，可利用它们的阴极保护作用和缓蚀作用，进一步加强涂层的保护性能。但是在受到外力碰撞作用下，涂层容易破损，且海上维修难度较大，修补效果不佳。海上风电机组基础钢结构防腐蚀涂料或油漆涂料一般由底层、中间层和面层组成。各涂层需满足如下要求：底层涂料需要拥有较强的附着能力以及防腐能力，中间层需与面层及底层涂料结合牢固，屏蔽效果好，防止水汽、氧等腐蚀性介质渗透，面层涂料则需要良好的耐候性、耐腐蚀、耐老化性能等。根据不同环境区域海上风电机组基础钢结构涂层配套推荐方案可按照表 7.3 选用。

涂层（底层、中间层、面层）之间应具有良好的匹配性和层间附着力。后道涂层对前道涂层应无咬底现象,各道涂层之间应有相同或相近的热膨胀系数。涂层体系性能应满足表 7.4 的要求。

表 7.3 涂层配套推荐方案

环境区域	配套涂层	涂料类型	涂层道数	干膜厚度 /μm	涂层系统干膜厚度 /μm
大气区	底层	有机富锌、无机富锌	1～2	≥60	≥320
	中间层	环氧类	2～3	≥160	
	面层	聚氨酯类、丙烯酸类、氟树脂类	1～2	≥100	
浪溅区	底层	有机富锌、无机富锌	1～2	≥60	≥560
	中间层和面层	环氧类	≥3	≥500	
全浸区	底层	有机富锌、无机富锌	1～2	≥60	≥460
	中间层和面层	环氧类	≥2	≥400	
内部区	底层	有机富锌、无机富锌	1～2	≥60	≥240
	中间层和面层	环氧类	2～3	≥180	

表 7.4 涂层体系性能要求

环境区域	耐盐水试验/h	耐湿热试验/h	耐盐雾试验/h	耐老化试验/h	附着力/MPa
大气区	—	4000	4000	4200	≥5
浪溅区	4200	4000	4000	4200	
全浸区	4200	4000	—	—	
内部区	—	—	1000	800	

注 1. 耐盐水试验后不生锈、不起泡、不开裂、不剥落,允许轻微变色和失光。
    2. 耐老化试验后不生锈、不起泡、不剥落、不开裂,允许轻度粉化和 3 级变色、3 级失光。
    3. 耐盐雾试验后不起泡、不剥落、不生锈、不开裂。
    4. 无机富锌涂层体系附着力不小于 3MPa。

涂层受环境破坏的形式主要是失光、变色、粉化、鼓泡、开裂和溶胀等,究其原因主要是涂层本身性能、环境条件及施工因素的影响。要确保涂层防腐蚀效果,必须做到以下方面:

(1) 严格的涂层前表面处理质量控制。钢结构实施涂料保护前应进行包括预处理、除油、除盐分、除锈和除尘等程序的表面处理。采用刮刀或砂轮机除去焊接飞溅物,粗糙的焊缝需打磨至光滑,锐边要用砂轮打磨成曲率半径大于 2mm 的圆角,对表面层叠、裂缝、夹杂物等进行打磨处理,必要时进行补焊;采用清洁剂对表面油污进行低压喷洗或软刷刷洗,并用洁净淡水冲洗掉所有残余物;除锈前钢材表面可溶性氯化物含量应不大于 70mg/m²,超标时应采用高压洁净淡水冲洗;采用磨料喷射清理方法除锈时,不便于喷射除锈的部位可采用手工或动力工具除锈,钢材表面处理等级和表面粗糙度应满足一定要求;喷射处理完后,需用真空吸尘器或无油、无水的压缩空气清理表面灰尘和残渣。

(2) 正确的涂层品种的选择。在海洋环境中,根据不同部位、不同金属构件、不同施工环境,正确选用不同的涂层品种,是保证防腐蚀效果的另一个主要因素。大气区采用的面漆涂料应具有良好的耐候性。浪溅区采用的涂料应具有良好的耐水性和抗冲刷性能。全

浸区采用的涂料应具有良好的耐水性和耐阴极剥离性能。

（3）规范的涂装施工和严格的涂层质量检测。性能优良的涂层必须经过合理的涂装工艺涂覆在产品或构件上形成优质涂层，才能表现出良好的应用性能。涂层质量（也称涂装质量）的优劣，直接关系到产品构件本身的质量及其经济价值。要保证涂层质量优良，既要求涂层本身质量好，又要求涂装方法恰当和涂装工艺合理。此外，还必须拥有先进、准确的检测仪器和可靠的检测方法，对涂装作业中的每一个重要环节进行检测，以控制涂层质量达到规定的性能要求，从而保证涂层产品和构件的质量及经济价值。

1991年，丹麦建成了全球首个海上风电场——Vindeby海上风电场。风电场共安装风电机组11台，单机容量450kW。在风雨无阻运行25年后，Vindeby海上风电场完成使命，顺利退役。该海上风电场中钢结构的防腐蚀措施就采用了涂料保护。防护涂层见证了风电场从新建到退役的整个过程，更为全球第一个海上风电场提供了长达25年之久的长效防护。

2. 金属热喷涂保护

金属热喷涂保护是使用热源、涂覆材料通过气流加热至熔化状态或部分熔化状态，将金属快速喷到产品或构件表面，形成涂覆表面的处理技术。金属热喷涂保护系统包括金属喷涂层和封闭剂或封闭涂料，复合保护系统还包括涂装涂料。金属热喷涂保护方法具有对钢结构尺寸、形状适应性强等特点，在海洋环境中有着较为突出的防腐蚀性能。根据热源的不同，热喷涂金属涂层分为利用氧-乙炔焰的火焰热喷涂、利用等离子焰流的等离子喷涂、利用电弧的电弧热喷涂及利用爆炸波的爆炸喷涂等4种方法。热喷涂金属材料可选用锌、锌合金、铝和铝合金材料。海上风电机组基础钢结构热喷涂锌及锌合金可采用火焰喷涂或电弧喷涂，热喷涂铝及铝合金宜采用电弧喷涂。

热喷涂铝、锌涂层对钢结构的防腐作用主要如下：

（1）热喷涂铝、锌涂层与涂层一样起着物理覆盖作用。由于热喷涂层经涂料封闭后形成的复合涂层致密完整，可较好地将钢铁基体与水、空气和其他介质隔离开。而铝、锌本身的耐腐蚀性要远远好于钢铁，且寿命高于防护涂层，因此这种覆盖屏蔽作用比涂料更高。

（2）热喷涂铝、锌涂层作为牺牲阳极，保护钢铁基体。由于铝、锌的电极电位比钢铁低，在介质中当铝、锌涂层局部损失或有孔隙时，铝、锌涂层为阳极，钢铁基体为阴极，铝、锌涂层作为牺牲阳极，而使钢铁基体得到保护。

（3）热喷涂铝、锌涂层增强与钢铁基体结合力，提升防腐性能。热喷涂铝、锌涂层与钢铁基体的结合是半熔融的冶金结合，其结合力大大高于防护涂层与钢铁基体的结合力。且封闭涂料能牢牢地抓附在孔隙及粗糙的喷涂层上，因而热喷涂层与封闭涂料所组成的复合涂层不易剥落，进一步增强了防腐作用。

热喷涂金属涂层保护方法的主要要求如下：实施热喷涂金属涂层保护前，应对海上风电机组基础钢结构进行包括预处理、除油、除盐分、除锈和除尘等程序的表面处理。采用刮刀或砂轮机除去焊接飞溅物，对表面层叠、裂缝、夹杂物等进行打磨处理；采用清洁剂对表面油污进行低压喷洗或软刷刷洗，并用洁净淡水冲洗掉所有残余物；除锈前钢材表面可溶性氯化物含量不大于70mg/m^2；采用磨料喷射清理方法除锈，钢结构表面处理等级和表面粗糙度应满足一定要求；喷射处理完后，需用真空吸尘器或压缩空气清理表面灰尘和残渣。热喷涂金属材料应光洁、无锈、无油、无折痕，宜选用直径为 2.0mm 或 3.0mm 的线材。热喷涂涂层表面宜进行封闭处理并涂装涂料。封闭剂和涂装涂料应与热喷涂涂层相容。热喷涂涂层表面宜采用人工封闭的方法对热喷涂层进行封闭处理，若采用自然封闭，腐蚀所生成的氧化物、氢氧化物和（或）碱性盐在金属涂层的暴露环境中应不会溶解。封闭剂宜使用黏度小、易渗透、成膜物中固体含量高、能够使热喷涂涂层表面发生磷化的活性涂料或其他合适的涂料。热喷涂涂层表面的涂装涂料可按表 7.3 选择中间层和面层涂料。涂料涂层的厚度宜为 $240\sim320\mu m$。热喷涂涂层推荐最小局部厚度参见表 7.5。

表 7.5 热喷涂涂层推荐最小局部厚度

环境区域	涂层类型	最小局部厚度/μm	环境区域	涂层类型	最小局部厚度/μm
海洋大气区	喷锌	200	浪溅区、水下区	喷锌	300
	喷铝	160		喷铝	200
	喷 AlMg5	160		喷 AlMg5	200
	喷 ZnAl15	160		喷 ZnAl15	300

江苏如东海上风电场的建成投产是国内风电场从潮间带向近海成功发展的里程碑事件。为了有效解决风电场中钢结构基础在海洋高腐蚀环境中稳定运行的技术难题，技术人员在国内首次将"热喷涂金属＋涂层保护＋牺牲阳极"防腐蚀方案应用到海上风电机组基础钢结构的防腐蚀中，为风电机组基础穿上防护"雨靴"，大大减少了钢结构的腐蚀。

3. 阴极保护

阴极保护是向被保护金属施加一定的直流电，使被保护的金属成为阴极而得到保护的方法。根据所提供直流电的方式不同，可分为牺牲阳极法和强制电流法，一般情况推荐采用牺牲阳极法。牺牲阳极法是选择电位较低的金属材料，在电解液中与保护的金属相连，依靠其自身腐蚀所产生的电流来保护其他金属的方法。这种为了保护其他金属而自身被腐蚀溶解的金属或合金，被称为牺牲阳极。常用的有铝合金、锌合金、镁合金等。强制电流法是通过外加电流来提供所需要的保护电流，从而使被保护金属受到保护的方法。使用强制电流阴极保护时，应尽量减少施工期内钢结构的腐蚀。可使用临时电源对强制电流系统尽早供电或使用短期的牺牲阳极系统。强制电流阴极保护宜与涂料保护联合使用。牺牲阳极阴极保护可单独使用，也可与涂料联合使用。阴极保护可能会导致高应力高强钢的氢脆开裂。高强结构钢构件采用阴极保护时，宜使用涂料或热喷涂金属联合保护以降低氢脆危险。两种阴极保护方法的比较见表 7.6。

表 7.6 两种阴极保护方法的比较

方法	优点	缺点
牺牲阳极法	不需要外加电流，安装方便，结构简单，安全可靠，电位均匀，平时不用管理，一次性投资小	保护周期较短，需定期更换
强制电流法	电位、电流可调，可实现自动控制，保护周期较长，辅助阳极排流量大而安装数量少	一次性投资较大，设备结构较复杂，需要管理维护

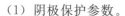

（1）阴极保护参数。

1）阴极保护电流密度。阴极保护时，使金属的腐蚀速度降到安全标准所需的电流密度值，称为最小保护电流密度。最小保护电流密度值与最小保护电位值相对应，要使金属达到最小保护电位，其电流密度不能小于该值，否则金属就达不到满意的保护。如果所采用的电流密度远超过该值，则有可能发生"过保护"，出现电能消耗过大、保护作用降低等现象。阴极保护设计时，应确定钢结构初期极化需要的保护电流密度、维持极化需要的平均保护电流密度和末期极化需要的保护电流密度。保护电流密度可通过有关经验数据或试验确定，无法确定时，可参照下列方法进行选取和计算。无涂层钢常用保护电流密度参考值见表 7.7。

表 7.7　　　　　　　　　　无涂层钢常用保护电流密度参考值

环境介质	保护电流密度/(mA/m²)		
	初始值	维持值	末期值
海水	150～180	60～80	80～100
海泥	25	20	20
海水混凝土或水泥砂浆包覆	10～25		

有涂层钢保护电流密度的计算公式为

$$i_c = i_b f_c \tag{7.3}$$

式中　i_c——有涂层钢的保护电流密度，mA/m^2；

　　　i_b——无涂层钢的保护电流密度，mA/m^2；

　　　f_c——涂层的破损系数，$0 < f_c \leqslant 1$。

常规涂料初期涂层的破损系数为：水中 1%～2%，泥中 25%～50%。涂层破损速率为每年增加 1%～3%。

2）阴极保护电位。保护电位是指阴极保护时使金属停止腐蚀所需的电位值。为了使腐蚀完全停止，必须使被保护的金属电位极化到阳极"平衡"电位。对于钢结构来说这一电位就是铁在给定电解液溶液中的平衡电位。

保护电位值有一定范围，其常作为判断阴极保护是否完全的依据。通过测量被保护各部分的电位值，可以了解保护情况，所以保护电位值是设计和监控阴极保护的一个重要指标。海上风电机组基础钢结构保护电位应符合表 7.8 的规定。

（2）牺牲阳极系统。牺牲阳极材料具有在使用期内应能保持表面的活性，溶解均匀、腐蚀产物易于脱落，理论电容量大，易于加工制造，材料来源充足、价格低廉等特点。常用牺牲阳极材料有铝基、锌基和镁基合金。铝合金适用于海水和淡海水环境，锌合金适用于海水、淡海水和海泥环境，镁合金适用于电阻率较高的淡水和淡海水环境。牺牲阳极材料对环境的适用性见表 7.9，设计时可根据环境介质条件和经济因素选择适用的阳极材料。

表 7.8   **海上风电机组基础钢结构保护电位**

环境、材质		保护电位相对于 Ag/AgCl 海水电极/V	
		最正值	最负值
碳钢和低合金钢	含氧环境	−0.80	−1.10
	缺氧环境（有硫酸盐还原菌腐蚀）	−0.90	−1.10
不锈钢	奥氏体 耐孔蚀指数≥40	−0.30	不限
	奥氏体 耐孔蚀指数＜40	−0.60	不限
	双相钢	−0.60	避免电位过负
	高强钢（σ_s≥700MPa）	−0.80	−0.95

注 强制电流阴极保护系统辅助阳极附近的阴极保护电位可以更负一些。

表 7.9   **牺牲阳极材料对环境的适用性**

阳极材料	环 境 介 质	适 用 性
铝合金	海水、淡海水（电阻率＜500Ω·cm）	可用
	海泥	慎用
锌合金	海水、淡海水（电阻率＜500Ω·cm）	可用
	海泥	可用
镁合金	海水、淡海水（电阻率≥500Ω·cm）	可用
	海泥	慎用

牺牲阳极要有足够负的电位，不仅要有足够负的开路电位，而且要有足够负的工作电位，并能与被保护金属之间产生较大的驱动电位。另外，要求阳极本身极化小，电位稳定。牺牲阳极法的主要技术要求如下：

1) 牺牲阳极的几何尺寸和重量应能满足阳极初期发生电流、维护发生电流、末期发生电流和使用年限的要求。

2) 牺牲阳极的布置应使被保护钢结构的表面电位均匀分布，宜采用均匀布置；牺牲阳极不应安装在钢结构的高应力和高疲劳区域。牺牲阳极的顶高程应至少在最低水位以下1.0m，底高程应至少高于泥面以上1.0m。

3) 牺牲阳极应通过铁芯与钢结构短路连接，铁芯结构应能保证在整个使用期与阳极体的电连接，并能承受自重和使用环境所施加的荷载。

4) 牺牲阳极的连接方式宜采用焊接，也可采用电缆连接和机械连接。采用机械连接时，应确保牺牲阳极在使用期内与被保护钢结构之间的连接电阻不大于0.01Ω；采用焊接法连接时，焊接应牢固，焊缝饱满、无虚焊；牺牲阳极采用水下焊接施工时，应由取得合格证书的水下电焊工进行。

5) 当牺牲阳极紧贴钢结构表面安装时，阳极背面或钢表面应涂覆涂层或安装绝缘屏蔽层；牺牲阳极的工作表面不得沾有油漆和油污。

（3）强制电流保护系统。强制电流保护系统是将外设供电电源的负极连接到被保护钢结构上，正极安装在钢结构外部，并与其绝缘。电路接通后，电流从辅助阳极经海水至钢结构形成回路，钢结构阴极极化得到保护。强制电流保护系统一般包括辅助阳极、供电电源、参比电极、电缆、阳极屏蔽层和监控设备等。

1）辅助阳极。在强制电流保护系统中，与供电电源正极连接的外加电极称为辅助阳极，其作用是使电流从电极经介质到被保护体表面。辅助阳极材料的电化学性能、力学性能、工艺性能及阳极结构的形状、大小、分布与安装等，对其寿命和保护效果都有影响。辅助阳极的规格应根据钢结构的结构型式，以及辅助阳极允许的工作电流密度、输出电流和设计使用年限等进行设计。辅助阳极应以均匀布置为原则，确保钢结构各部位电流分布均匀。辅助阳极应安装牢固，不得与被保护钢结构之间产生短路。

2）供电电源。强制电流保护系统中所使用的供电电源，可选用恒电位仪或整流器。当输出电流变化比较大时宜选用恒电位仪。供电电源应能满足长期不间断供电要求。供电不可靠时，应配备备用电源或不间断供电设备。电源设备应具有可靠性高、维护简便、输出电流和电压连续可调，并具有抗过载、防雷、抗干扰和故障保护等功能。

电源设备功率的计算公式为

$$P = \frac{IU}{\eta} \tag{7.4}$$

式中　P——电源设备的输出功率，W；

$\quad\quad U$——电源设备的输出电压，V；

$\quad\quad I$——电源设备的输出电流，A；

$\quad\quad \eta$——电源设备的效率，一般取 0.7。

电源设备的输出电压计算公式为

$$U = I(R_a + R_L + R_C) \tag{7.5}$$

式中　U——电源设备的输出电压，V；

$\quad\quad I$——电源设备的输出电流，A；

$\quad\quad R_a$——辅助阳极的接水电阻，Ω；

$\quad\quad R_L$——导线电阻，Ω；

$\quad\quad R_C$——阴极过渡电阻，Ω。

3）参比电极。在强制电流保护系统中，参比电极被用来测量被保护体的电位，并向控制系统传递信号，以便调节保护电流的大小，使结构的电位处于给定范围。参比电极应具有极化小、稳定性好、不易损坏、使用寿命长和适用环境介质等特性。采用恒电位控制时，每台电源设备应至少安装一个控制用参比电极。采用恒电流控制时，每台电源设备应至少安装一个测量用参比电极。参比电极应安装在钢结构表面距辅助阳极较近和较远的位置。常用参比电极性能见表 7.10。

在建设福建省第一个海上风电示范项目——平海湾海上风电场时，为减少钢结构腐蚀的发生，采用了阴极保护措施中的强制电流法。在回路中串入一个直流电源，借助辅助阳极，将直流电源通向钢结构表面，使钢结构变为阴极，从而实施保护。经过应用证明，阴极保护法可以有效减少甚至避免海上风电机组基础钢结构腐蚀的发生。

表 7.10   **常 用 参 比 电 极 性 能**

种类	电极电位 （25℃海水）/V	钢保护电位 （25℃海水）/V	生产 工艺	稳定性	极化性能	寿命/a	用途
银/氯化银	0.085	−0.798	复杂	稳定	不易极化 （<5.7 μA/cm^2）	5～10	用于海水中外 加电流设备
铜/氯化铜	0.074	−0.854	简单	较稳定	不易极化	2～3	手提式，用于 现场测量

4. 增加腐蚀裕量

腐蚀裕量是在设计钢结构时，考虑使用期内可能产生的腐蚀损耗而增加的相应厚度。对于海上风电机组基础，处于浪溅区的钢结构应适当增加腐蚀裕量。此外，因结构复杂而无法保证阴极保护电流连续性要求的钢结构，也应采取增加腐蚀裕量或其他措施。腐蚀裕量应根据工程所在地钢的腐蚀速度，以及结构的维修周期和维修方式等确定。钢结构不同部位的单面腐蚀裕量的计算公式为

$$\Delta\delta = K[(1-P)t_1 + (t-t_1)] \tag{7.6}$$

式中　$\Delta\delta$ ——钢结构单面腐蚀裕量，mm；

　　　K ——钢结构单面平均腐蚀速度，mm/a；

　　　P ——保护效率，%；

　　　t_1 ——防腐蚀措施的设计使用年限，a；

　　　t ——钢结构的设计使用年限，a。

工程所在地无确切钢的腐蚀速度时，钢结构的单面平均腐蚀速度可按表 7.11 选取。

表 7.11   **钢结构的单面平均腐蚀速度**

区　　域		平均腐蚀速度/（mm/a）
大气区		0.05～0.10
浪溅区		0.40～0.50
全浸区	水下	0.12
	泥下	0.05
内部区		0.01～0.10

注 1. 表中平均腐蚀速度适用于 pH 值为 4～10 的环境条件，对有严重污染的环境，应适当加大。

    2. 对年平均气温高、波浪大、流速大的环境，应适当加大。

5. 复层矿脂包覆防腐蚀技术

复层矿脂包覆防腐蚀技术（PTC）是在钢结构表面涂覆矿脂防蚀膏，并在其上面缠绕矿脂防蚀带，再外加防护罩的防腐蚀技术。其中，矿脂防蚀膏、矿脂防蚀带是复层矿脂包覆防腐技术的核心部分，含有高效的缓蚀成分，能够有效地阻止腐蚀性介质对钢结构的侵蚀，并且可以带水施工。防蚀保护罩具有良好的整体性能，不但能够隔绝海水，还能够抵御机械损伤对钢结构的损坏。

（1）矿脂防蚀膏。矿脂防蚀膏以矿物脂为原料，加入复合防锈剂、缓蚀剂、稠化剂、润滑剂、填充剂等加工制作的膏状防腐蚀材料，能很好地黏附在需要保护的钢结构表面。矿脂防腐蚀膏中含有多种防锈和转锈成分，在潮湿的环境中具有很好的防腐蚀性能。铁锈

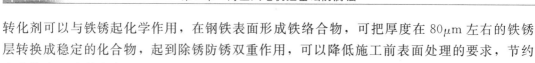

转化剂可以与铁锈起化学作用，在钢铁表面形成铁络合物，可把厚度在 $80\mu m$ 左右的铁锈层转换成稳定的化合物，起到除锈防锈双重作用，可以降低施工前表面处理的要求，节约人力物力，降低成本。

（2）矿脂防蚀带。矿脂防蚀带是一种浸渍了特制防蚀材料的人造纤维制成的聚酯纤维布。矿脂防蚀带所含防蚀材料具有和矿脂防蚀膏相似的成分及性能，除防蚀作用外，还能够增强密封性能，提高整体的强度及柔韧性。防蚀带的载体材料是特种聚酯纤维布，通过聚酯长丝成网和固结的方法，将其纤维排列成三维结构，经纺丝针刺固结直接制成。矿脂防蚀带每卷一般长 10m、宽 20cm，可根据需要定制。

（3）防蚀保护罩。防蚀保护罩包覆在钢铁设施的外表面，除了具有隔绝外界腐蚀性介质的作用外，还能保护矿脂防蚀膏和矿脂防蚀带不被海浪冲刷，对整体保护起决定性作用。防蚀保护罩应具有足够的强度和耐冲击能力，具有良好的抗热胀冷缩性能和良好的耐酸耐碱性能，可以耐高温，能够抵抗海边昼夜温差大、空气湿度大、盐分大的恶劣环境。防蚀保护罩主要包括玻璃钢或增强玻璃钢和聚乙烯泡沫薄片等。

工程技术人员结合江苏海上龙源风电场的现场腐蚀调查，对风电场的浪溅区钢结构进行了复层矿脂包覆防腐施工作业。通过实际施工发现，复层矿脂包覆防腐蚀技术具有操作方便、对基材表面处理要求低、可带水作业等优点。采用该技术对海上风电机组基础钢结构进行保护，可延长维修周期，延长风电机组基础的使用寿命，确保生产的正常进行。

7.3.1.2　混凝土结构

混凝土结构在海洋环境下存在多种腐蚀类型，为了保证工程安全性和可靠性，需要结合所处环境和结构预定功能进行防腐蚀设计并采取相应的防腐蚀措施，保证防腐蚀系统在设计年限内的正常运行。

混凝土结构腐蚀防护方法应针对结构预定功能和所处环境采用以下措施：①选择合理的结构型式和施工工艺，避免结构中形成锈蚀通道；②改善混凝土自身性能，采用抗腐蚀性和抗渗性良好的优质混凝土、高性能混凝土以改善混凝土工作性能；③根据不同的环境，适当增加混凝土保护层厚度；④采用混凝土表面涂层、混凝土表面硅烷浸渍、环氧涂层钢筋及钢筋阻锈剂等特殊防腐蚀方法；⑤采用阴极保护及电化学脱盐等防腐蚀辅助措施。

1. 合理的结构型式和施工工艺

合理的结构型式和构造是防腐的基本措施，海洋混凝土结构型式应根据结构功能和环境条件进行选择。主要归纳如下：

（1）为减少与海水接触或被浪花飞溅范围，尽量选择大跨度的布置方案。

（2）选择合适的结构型式，构件截面几何形状应简单、平顺，尽量减少棱角或突变，避免应力集中，尽可能减少混凝土表面裂缝。

（3）处理好构件的连接和接缝，对支座和预应力锚固等可能产生应力集中部位，采取相应结构措施避免混凝土受拉；在设计中，应尽可能避免结构出现凹凸部位。混凝土连接点处的施工应加倍小心，混凝土结构的质量应严格控制。腐蚀最容易发生在梁板、混凝土连接点处、结构的凹凸部位、承受高静荷载或冲击荷载处、浪溅区以及结构的冰冻区域，应加强这些部位以保护钢筋免受腐蚀。

（4）构件的连接和接缝（如施工缝）应做仔细处理，使连接混凝土的强度不低于本体混凝土强度。对于墩台，不宜在浪溅处设置施工缝。为了保证混凝土尤其是钢筋周围的混凝土能浇筑均匀和捣实，钢筋间距不宜小于 50mm，必要时可考虑并筋。构件中受力钢筋和构造钢筋宜构成闭口钢筋笼，以增加结构的坚固和耐久性。尽量减少混凝土温度裂缝产生。

2. 混凝土自身性能改善

混凝土是一种多孔材料，各种有害物质可以从孔隙中渗入混凝土内部造成危害。为了提高混凝土结构的耐久性，可以通过优化配合比，减小水灰比降低用水量，最大限度地保证混凝土自身密实度完好，提高混凝土本身的抗氯离子渗透性能和密实性，减少裂纹的发生。采用优质混凝土或高性能混凝土，提高混凝土密实度和抗渗性，是一种防止钢筋锈蚀的良好措施。

（1）混凝土原材料的选择。水泥是混凝土的胶结材料。水泥石一旦遭受腐蚀，水泥砂浆和混凝土的性能将大幅降低。海洋工程中宜采用硅酸盐水泥、普通硅酸盐水泥、矿渣硅酸盐水泥、火山灰质硅酸盐水泥。不得使用立窑水泥和烧黏土质的火山灰质硅酸盐水泥。普通硅酸盐水泥和硅酸盐水泥的熟料中铝酸三钙含量宜控制在 6%～12% 的范围内。当采用矿渣硅酸盐水泥、粉煤灰硅酸盐水泥、火山灰质硅酸盐水泥时，宜同时掺加减水剂或高效减水剂。

粗、细骨料的耐蚀性和表面性能对混凝土的耐蚀性能具有很大影响。海洋混凝土中的骨料应选用质地坚固耐久，具有良好级配的天然河砂、碎石或卵石。发生碱-骨料反应的必要条件是碱、活性骨料和水，海洋工程中细骨料不宜采用海砂，不得采用可能发生碱-骨料反应的活性骨料。

拌和水宜采用城市供水系统的饮用水。由于海水中含有硫酸盐、镁盐和氯化物，除了对水泥石有腐蚀作用外，对钢筋的腐蚀也有影响，因此海洋混凝土不宜采用海水拌制和养护。钢筋混凝土和预应力混凝土的拌和用水的氯离子含量不宜大于 200mg/L。

根据福建东山乌礁湾风电场的特定环境条件，设计人员向管桩生产厂家提出了采用高抗硫酸盐水泥作为混凝土预制管桩的水泥想法，并且针对管桩生产中的高温蒸养对抗硫酸盐水泥的影响，提出了高抗硫酸盐水泥预制管桩的蒸养具体温度要求，同时对管桩接头的金属构件提出了防腐要求，以及在桩身敷设带渗透性膜的防渗涂层，实际防腐蚀效果良好。

（2）混凝土配合比设计。优化配合比，在保证混凝土满足强度和泵送施工要求下减小水灰比，使拌和用水最少，并通过掺入膨胀剂、粉煤灰、高炉矿渣、微硅粉等多种掺合料，来提高混凝土性能，如高密实度、低渗透性和抵抗腐蚀的能力。对于普通混凝土，在浪溅区的混凝土水灰比最大值宜控制在 0.4～0.5。使用减水剂、早强剂、加气剂、阻锈剂、密实剂、抗冻剂等外加剂，提高混凝土密实性或对钢筋的阻锈能力，从而提高混凝土结构的耐久性。

（3）高性能混凝土。高性能混凝土是在大幅度提高普通混凝土性能的基础上，采用现代混凝土技术制作的混凝土。它以耐久性作为设计的主要指标，针对不同用途要求，对耐

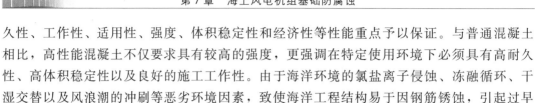

久性、工作性、适用性、强度、体积稳定性和经济性等性能重点予以保证。与普通混凝土相比，高性能混凝土不仅要求具有较高的强度，更强调在特定使用环境下必须具有高耐久性、高体积稳定性以及良好的施工工作性。由于海洋环境的氯盐离子侵蚀、冻融循环、干湿交替以及风浪潮的冲刷等恶劣环境因素，致使海洋工程结构易于因钢筋锈蚀，引起过早破坏，影响海洋工程钢筋混凝土结构的耐久性，而高性能混凝土是提高海洋环境钢筋混凝土结构耐久性的有效选择。

配制海洋高性能混凝土宜选用标准稠度低、强度等级不低于42.5号的中热硅酸盐水泥、普通硅酸盐水泥，不宜采用矿渣硅酸盐水泥、火山灰质硅酸盐水泥、粉煤灰硅酸盐水泥。细骨料宜选用级配良好、细度模数在2.6～3.2的中粗砂；粗骨料宜选用质地坚硬、级配良好、针片状少、空隙率小的碎石，其岩石抗压强度宜大于100MPa，或碎石压碎指标不大于10%；减水剂应选用与水泥匹配的坍落度损失小的高效减水剂，其减水率不宜小于20%；掺合料应选用细度不小于$4000cm^2/g$的磨细高炉矿渣、粉煤灰（Ⅰ、Ⅱ级）及硅灰等。

3. 合理增加钢筋混凝土保护层厚度

混凝土保护层是防止钢筋腐蚀的重要屏障，混凝土保护层的中性化深度、有害离子扩散深度，均与结构物使用年限成比例关系。适当加大混凝土保护层的厚度，可以有效延长结构物的使用年限。但保护层厚度也不能过厚，以防止混凝土本身的脆性和收缩导致混凝土保护层开裂。对混凝土结构的强度、保护层厚度等取值规定见表7.12。

表7.12　不同环境区域混凝土结构的最低等级强度、最大水胶比以及保护层最小厚度

环境区域	最低强度等级	最小胶凝材料用量/(kg/m^3)	最大水胶比	保护层最小厚度/mm
大气区	C45	360	0.40	45
浪溅区	C50	400	0.36	55
水位变动区	C45	360	0.40	45
水下区	C45	340	0.42	40

4. 特殊防腐蚀方法

（1）混凝土表面涂层。涂层保护是在混凝土表面涂装有机涂料，通过隔绝腐蚀性介质与混凝土的接触达到延缓混凝土中钢筋腐蚀速度目的。混凝土表面涂层是海洋工程混凝土结构耐久性特殊防护措施之一。引起混凝土内钢筋腐蚀最主要的原因是混凝土的碳化和氯化物的渗透。使用混凝土表面长效防腐涂层来保护钢筋混凝土是较为方便实用的方法，它可以有效阻止氯化物、溶解性盐类、O_2、CO_2和海水等腐蚀介质的浸入，从根本上切断腐蚀的源头。

混凝土属于强碱性的建筑材料，采用的涂层应具有良好的耐碱性、附着性和耐腐蚀性，环氧树脂、聚氨酯、丙烯酸树脂、氯化橡胶和乙烯树脂等涂料均可使用。海洋工程混凝土结构涂装位置定在平均潮位以上部位，并将涂装范围分为表湿区和表干区，按照不同海洋环境确定涂装方案，表面涂层保护的设计年限不能低于10年。

涂层系统应由底层、中间层和面层或底层和面层的配套涂料涂膜组成。底层涂料（封

闭漆）应具有低黏度和高渗透能力，能渗透到混凝土内起封闭孔隙和提高后续涂层附着力的作用，有效缓蚀防锈；中间层涂料是过渡层，应具有较好的防腐蚀能力，能抵抗外界有害介质的侵入；面层涂料起抵抗腐蚀介质和外部应力的作用，应具有抗老化性，对中间和底层起保护作用。选用的配套涂料之间应具有相容性，即后续涂料层不能伤害前一涂料所形成的涂层。

根据混凝土结构基础设计的 30 年使用年限、环境状况及参考相应规范后，湛江粤电海上风电场工程采取了如下防腐涂装方案：对于预埋锚固螺栓，采用达克罗＋环氧厚浆漆＋PVC 套管＋螺栓保护罩的复合防腐保护方案；对于混凝土结构基础底部和承台外表面，分别采用环氧混凝土封闭漆＋环氧沥青漆、环氧混凝土封闭漆＋环氧玻璃鳞片厚浆漆＋丙烯酸聚氨酯面漆的复合防腐保护方案。

（2）混凝土表面硅烷浸渍。混凝土表面硅烷浸渍是采用硅烷类液体浸渍混凝土表层，使该表层具有低吸水率、低氯离子渗透率和高透气性的防腐蚀措施。硅烷浸渍适用于海洋工程浪溅区及水位变动区混凝土结构表面的防腐蚀保护。硅烷浸渍保护设计年限宜为 15～20 年，宜采用异丁烯三乙氧基硅烷或异辛基三乙氧基硅烷长链单体作为硅烷浸渍材料，其他硅烷浸渍材料经论证也可以采用。

混凝土硅烷浸渍防护技术是利用硅烷特殊的小分子结构，穿透混凝土的表层，渗入混凝土表面深层，分布在混凝土毛细孔内壁，与暴露在酸性和碱性环境中的空气及基底中的水分产生化学反应，在毛细孔的内壁及表面形成防腐渗透斥水层。通过抵消毛细孔的强制吸力，硅烷混凝土防护剂可以防止水分及可溶盐类，如氯盐的渗入。可有效防止基材因渗水、日照、酸雨和海水的侵蚀而对混凝土及内部钢筋结构的腐蚀、疏松、剥落、霉变而引发的病变，还有很好的抗紫外线和抗氧化性能，能够提供长期持久的保护，提高建筑物的使用寿命。处理后的基材形成了远低于水的表面张力，并产生毛细逆气压现象，且不堵塞毛细孔，既防水又保持混凝土结构的"呼吸"。同时，因化学反应形成的硅酮高分子与混凝土有机结合为一整体，使基材具有了一定的韧性，能够防止基材开裂且能弥补 0.2mm 的裂缝。当防水表面由于非正常原因导致破损（如外力作用），其破损面上的硅烷与水分进行反应，使破损表面的防水层具有自我修复功能。除了公认的憎水性，硅烷混凝土防护剂也不会受到新浇混凝土碱性环境的破坏。相反，碱性环境如浇筑不久的混凝土，会刺激该反应并加速表面斥水层的形成。理论上，硅烷可以和混凝土同样持久，且混凝土强度越强使用寿命可能越长。

硅烷是一种新型的混凝土结构用有机防腐材料。施工过程中应使用未经稀释硅烷，干燥养护。从工程应用效果来看，硅烷不断向膏体化、凝胶化方向发展。硅烷浸渍防腐技术是一种有效提高混凝土结构防水、防护功能，延长混凝土工程使用寿命的新技术，具有广阔的应用前景。

（3）环氧涂层钢筋。环氧涂层钢筋是将填料、热固环氧树脂与交联剂等外加剂制成的粉末，在严格控制的工厂流水线上，采用静电喷涂工艺喷涂于表面处理过的预热的钢筋上，形成一层具有坚韧、不渗透、连续的绝缘涂层的钢筋，从而达到有效防止钢筋腐蚀的目的。在普通钢筋表面喷涂的环氧树脂薄膜能明显提高钢筋的防腐蚀性能，是防止钢筋锈蚀的有效措施之一。环氧涂层钢筋的设计保护年限宜为 20～30 年。涂层干膜厚

度一般为 $180\sim300\mu m$，适用于结构浪溅区和水位变动区。环氧涂层钢筋应采用专用的包胶铁丝或尼龙扎带绑扎，不得采用无涂层钢筋固定。同一构件中的环氧涂层钢筋与无涂层钢筋不得有电连接。不同于通常的环氧树脂涂料涂刷在钢筋表面，环氧涂层钢筋制作是采用静电粉末喷涂的方法，在工厂内对钢筋表面进行涂层加工，方便控制施工质量。环氧树脂粉末涂层具有以下性能：①与基体钢筋黏结良好；②抗拉、抗弯性能良好；③对混凝土的握裹力影响很小；④弹性和耐摩擦性良好；⑤耐碱性能良好；⑥耐化学侵蚀性能良好。环氧涂层钢筋在制造和使用中要保证钢筋表面环氧涂层的完整性。如果涂层不完整（有孔洞或膜层太薄等局部缺陷），这些涂层不完整的部位在腐蚀环境中局部锈蚀发展常常比无涂层钢筋还要快。所以，环氧涂层钢筋对制作和施工工艺提出了更高的要求。

（4）钢筋阻锈剂。阻锈剂能抑制钢筋电化学腐蚀，阻锈剂的加入可以有效阻止或延缓氯离子对钢筋的腐蚀。钢筋阻锈剂的实际功能，不是阻止环境中有害离子进入混凝土中，而是当有害离子不可避免地进入混凝土后，钢筋阻锈剂能使有害离子丧失侵害能力。实际是抑制、阻止、延缓钢筋腐蚀过程，从而达到延长结构物使用寿命的目的。钢筋阻锈剂具有以下优点：①一次性使用而长期有效（能满足 50 年以上设计寿命要求）；②使用成本较低；③施工简单、方便，节省劳动力；④适用范围广等。

用于钢筋混凝土结构的阻锈剂本质是缓蚀剂，根据其作用原理的不同，可以分为阳极型阻锈剂、阴极型阻锈剂和复合型阻锈剂，这三种阻锈剂分别对阳极极化、阴极极化和阴阳极极化有阻滞作用。

1）阳极型。以亚硝酸盐、铬酸盐、苯甲酸盐为主要成分。其特点是具有接受电子的能力，能有效抑制阳极反应。

2）阴极型。以碳酸钠和氢氧化钠等碱性物质为主要成分。其特点是阴离子为强的质子受体，它们通过提高溶液 pH 值，降低 Fe 离子的溶解度，而减缓阳极反应或在阴极区形成难溶性膜而抑制反应。

3）复合型。复合型阻锈剂有硫代羟基苯胺等。其特点是分子结构中具有两个或更多的定位基团，既可作为电子授体，又可作为电子受体，兼具以上两种阻锈剂的性质，能够同时影响阴阳极反应。因此，它不仅能抑制氯化物侵蚀，而且能有效抑制金属表面上微电池反应引起的锈蚀。

对于海上风电机组基础混凝土结构工程，下列情况宜掺加亚硝酸钙阻锈剂，或以亚硝酸钙为主剂的复合阻锈剂以及质量符合规定的其他阻锈剂：①因条件限制，混凝土构件的保护层偏薄；②混凝土氯离子含量超过规定要求；③恶劣环境中的重要工程，其浪溅区和水位变动区，要求进一步提高优质混凝土或高性能混凝土的护筋性。

按照阻锈剂使用方法的不同，可以分为掺入型和渗透型。掺入型是在混凝土制作过程中直接掺入；渗透型是在已经成型的混凝土表面涂敷，渗透进入混凝土内部。掺入型阻锈剂用量较大，成本较高；渗透型阻锈剂虽然能够直接对腐蚀区域进行保护，但存在渗透深度有限的问题。水运工程施工时，宜采用掺入型阻锈剂。

阻锈剂可与高性能混凝土、环氧涂层钢筋、混凝土表面涂层、硅烷浸渍等联合使用，并具有叠加保护效果。

海水环境混凝土结构采取的附加防腐蚀措施宜按表 7.13 选用。

表 7.13　　　　　　　　混凝土结构附加防腐蚀措施

结构所处区域	设计保护年限 20 年及以下	设计保护年限 20 年以上
大气区	表面涂层、硅烷浸渍	环氧涂层钢筋、外加电流阴极保护、环氧涂层钢筋或以上措施与表面涂层、硅烷浸渍联合保护
浪溅区	表面涂层、硅烷浸渍、钢筋阻锈剂	环氧涂层钢筋、外加电流阴极保护、环氧涂层钢筋或以上措施与表面涂层、硅烷浸渍联合保护
水位变动区	表面涂层、钢筋阻锈剂	环氧涂层钢筋、外加电流阴极保护、环氧涂层钢筋或以上措施与表面涂层、硅烷浸渍联合保护
水下区	不需采取保护措施	不需采取保护措施

5. 防腐蚀辅助措施

（1）阴极保护。阴极保护是一种有效降低钢筋腐蚀速率的辅助措施。一般在钢筋开始腐蚀、混凝土开始碳化后启用，用于降低腐蚀扩展速率。阴极保护法的基本机理是利用了钢筋电化学腐蚀的原理，人为给钢筋施加负向电流，使局部电池的阴极区域达到其阳极开路电位，使钢筋表面电位相等，从而使腐蚀电流不再流动。

阴极保护分为牺牲阳极法和外加电流法。牺牲阳极法工作原理简单、施工简单、性能稳定且无须额外工作电源和供电设备，但存在保护年限较短、范围较小的缺点，因此常用于海洋工程结构的局部维修保护。外加电流法保护效果好，但需要有外部主流电源，负极与被保护钢筋相连，正极与辅助阳极相连，辅助阳极与钢筋不能直接有电连接。国外对新建结构更多采用外加电流法。

混凝土结构采用外加电流阴极保护的设计保护年限不宜小于 30 年。外加电流应根据构件的具体情况，分成若干个单独的阴极保护单元进行单独控制，各阴极保护单元内钢筋之间、钢筋与金属预埋件之间应具有良好的电连接性，连接电阻不应大于1.0Ω。阴极保护钢筋保护电流密度可参照表 7.14 确定。

表 7.14　阴极保护钢筋保护电流密度参考值

保护区域	钢筋保护电流密度 / （mA/m²）
大气区	1～5
浪溅区、水位变动区	5～20

（2）电化学脱盐。氯离子引起钢筋锈蚀是影响混凝土结构耐久性的重要因素，电化学方法能抑制氯离子继续侵入，还可以使已受氯离子侵入的混凝土脱盐。施工时，在混凝土表面敷设金属网和电解液保持层，以金属网作为阳极，钢筋作为阴极，在电场驱动下，氯离子等阴离子向金属网移动，而阳离子向钢筋周围聚集。氯离子浓度下降到临界浓度以下后，钢筋不会继续锈蚀。电化学脱盐过程中最重要的是电流密度，电流密度过大会降低钢筋与混凝土之间的黏结强度，并引发碱骨料反应，并会使预应力钢筋产生析氢反应。因此在实际施工时必须保证对混凝土性能不产生影响。

2008 年，江苏南通东凌风电场开工建设，在其设计施工过程中，采取的防腐蚀措施基本覆盖了前文提到的主要防腐蚀措施：①风电机组基础混凝土承台采用八边形棱台柱体或圆形台柱体；②风电机组基础施工时，要求所有风电机组基础混凝土浇筑时入仓温度不大于25℃，必要时要求采取骨料预冷、散装水泥冷却、加冷却水或加冰拌和等措施；③该风电机组基础所用混凝土强度等级为C35，抗渗等级为P8，抗氯离子渗透性不大于2000C；④采用普通硅酸盐水泥，对混凝土配合比进行有效控制；⑤对混凝土采取良好的温控和养护措施；⑥混凝土保护层厚度为100mm；⑦混凝土表面涂刷环氧树脂漆防腐涂层。单台风电机组基础混凝土防腐蚀处理费用1.5万～2.0万元，至今未出现腐蚀破坏现象。

7.3.2　防腐蚀要求

7.3.2.1　钢结构

海上风电机组基础钢结构防腐蚀措施应从结构整体考虑，根据结构的部位、保护年限、施工、维护管理、安全要求及技术经济效益等因素，采取相应的防腐蚀措施。海上风电机组基础钢结构在结构设计时应简洁，合理选用耐蚀材料。海上风电机组基础钢结构可采用但不限于增加腐蚀裕量、涂料保护、热喷涂金属涂层保护、阴极保护，以及阴极保护与涂层联合保护等防腐蚀措施。防腐蚀系统的设计使用年限应考虑风力发电机组的设计使用年限，一般不宜小于15年。具体要求如下：

（1）大气区宜采取涂料保护或热喷涂金属涂层保护。大气区应采取用管型构件代替其他形状构件，金属构件组合在一起时采用密封焊缝和环缝，以及尽量避免配合面和搭接面等措施减少需要保护的钢表面积，并易于涂层施工。同时设置涂层维修搭设脚手架用的系缆环。

（2）浪溅区应增加腐蚀裕量。浪溅区宜采取热喷涂金属涂层保护或涂料保护，或采取经实践证明防腐效果优异的防腐蚀措施，如包覆耐蚀合金、硫化氯丁橡胶等。

（3）全浸区应采取阴极保护或阴极保护与涂料联合保护。采用阴极保护与涂料联合保护时，海泥面以下3m可不采取涂料保护。没有氧或氧含量低的密封桩的内壁可不采取防腐蚀措施。因结构复杂而无法保证阴极保护电流连续性要求的钢结构，应采取增加腐蚀裕量或其他措施。

（4）内部区有海水时，与海水接触的部位宜采取阴极保护或阴极保护与涂料联合保护，水线附近和水线以上部位宜采取涂料保护。内部区没有海水时，宜采取涂料保护措施。内部区浇筑混凝土或填砂时，可不采取防腐蚀措施。

7.3.2.2　混凝土结构

海上风电机组基础混凝土结构必须进行防腐蚀耐久性设计，保证混凝土结构在设计使用年限内的安全和正常使用功能。混凝土结构防腐蚀耐久性设计，应针对结构预定功能和所处环境条件，选择合理的结构型式、构造和抗腐蚀性、抗渗性良好的优质混凝土。应根据预定功能和混凝土建筑物部位所处的环境条件，对混凝土提出不同的防腐蚀要求和措施。对处于浪溅区的混凝土构件，宜采用高性能混凝土，或同时采用特殊防腐蚀措施；处于浪溅区的构件，宜采用焊接性能好的钢筋。

预应力混凝土构件在作用效应基本组合时的混凝土拉应力限制系数 α_{ct}，以及钢筋混凝土构件在作用效应基本组合时的最大裂缝宽度，不得超过表7.15规定的限值。

表 7.15 混凝土拉应力限制系数 α_{ct} 及最大裂缝宽度限值

构件 类别	钢 筋 种 类	大气区	浪溅区	水位 变动区	水下区
预应力 混凝土	冷拉Ⅱ级、Ⅲ级、Ⅳ级	$\alpha_{ct}=0.5$	$\alpha_{ct}=0.3$	$\alpha_{ct}=0.5$	$\alpha_{ct}=1.0$
	碳素钢丝、钢绞线、热处理钢筋、 LL650 级或 LL800 级冷轧带肋钢筋	$\alpha_{ct}=0.3$	不允许出 现拉应力	$\alpha_{ct}=0.3$	$\alpha_{ct}=0.5$
钢筋 混凝土	Ⅰ级、Ⅱ级、Ⅲ级钢筋和 LL550 级冷轧带肋钢筋	0.2mm	0.2mm	0.25mm	0.3mm

7.4 海上风电机组基础的防腐蚀性能试验

由于海上风电机组基础结构长期处于高湿、高盐的海洋环境中，存在腐蚀风险，多种防腐蚀措施应用于海上大型钢结构基础和混凝土结构基础以提高使用寿命。不同的防腐蚀措施在实施之前，需要根据规范要求进行相应的试验，以验证其可行性，为安全施工提供理论依据。

7.4.1 钢结构

7.4.1.1 涂层耐湿热性能试验

海洋环境复杂恶劣，高温、高湿的环境条件使得钢结构表面涂层极易发生破坏。因此，有必要对涂层进行耐湿热性能试验，测试涂层抗高温、高湿环境能力，验证采用的涂层保护措施的可靠性。

1. 试验工具

试验需要的工具有调温调湿箱、尺寸为 $150mm \times 70mm \times 1mm$ 的试板、纯度至少为三级水的试剂和隔板等。

2. 试验步骤

（1）试验样板：将涂装好的试板在规定的条件下干燥（或烘烤）并放置规定的时间，之后放入温度为 $(23\pm2)℃$ 和相对湿度为 $50\%\pm5\%$ 的调温调湿箱中进行状态调节至少 16 小时。

（2）试板干涂层的厚度测定：采用《色漆和清漆 漆膜厚度的测定》 （GB/T 13452.2—2008）规定的非破坏性方法，测定试板干涂层的厚度，以 μm 计。

（3）试板暴露：试板垂直悬挂于隔板上，试板的正面不允许相互接触。将隔板放入预先调到温度为 $(47\pm1)℃$、相对湿度 $96\%\pm2\%$ 的调温调湿箱中。当温度和湿度达到设定值时，开始计算试验时间。试验过程中试件表面不应出现凝露。

（4）试板检查：连续试验 48 小时检查一次。两次检查后，每隔 72 小时检查一次。每次检查后，试板应变换位置。试板检查时必须避免指印，在光线充足或灯光直接照射下与标准板比较，结果以三块试板中级别一致的两块为准。

试验结果可根据需要选择以下两种评定方法：

1）分别评定试板生锈、气泡、变色、开裂或其他破坏现象。

2）按表 7.16 评定综合破坏等级。

表 7.16   涂层耐湿热性能综合破坏等级

等级	破 坏 现 象			
	生锈	气泡	变色	开裂
1	0（S0）	0（S0）	很轻微	0（S0）
2	1（S1）	1（S1）、1（S2）	轻微	1（S1）
3	1（S2）	3（S1）、2（S2）、1（S3）	明显	1（S2）
4	2（S2）、1（S3）	4（S1）、3（S2）、2（S3）、1（S4）	严重	2（S2）
5	3（S2）、2（S3）、1（S4）、1（S5）	5（S1）、4（S2）、3（S3）、2（S4）、1（S5）	完全	3（S3）

注　涂层有数种破坏现象，评定等级时应按破坏最严重的一项评定。

7.4.1.2　涂层耐盐雾性能试验

钢结构表面涂层长期处于海洋高盐环境中，涂层耐盐雾性能试验是检测涂层保护体系质量的重要检测方法。试验将涂装好的试板置于盐雾箱中，模拟涂层处于真实海洋盐雾环境中的状态，测试涂层耐盐雾性能。

1. 试验工具

试验需要的工具有盐雾试验箱、尺寸为 150mm×70mm×1mm 的试板、氯化钠溶液和调温调湿箱等。同时，盐雾试验箱由盐雾箱、恒温控制元件、喷雾装置、试板支架等部件组成。

2. 试验步骤

（1）试验溶液配制：将氯化钠溶于符合《分析实验室用水规格和试验方法》（GB/T 6682—2008）中规定的至少纯度为三级的水中，配制质量浓度为（50±5）g/L 的试验溶液，并将试验溶液的 pH 值调整到 6.5～7.2。超出范围时，可加入分析纯盐酸或碳酸氢钠溶液来进行调整。

（2）试验样板：将涂装好的试板按标准规定时间和条件干燥完毕后，放入温度为（23±2）℃、相对湿度为 50%±5%、具有空气循环和不受阳光直接暴晒的调温调湿箱中进行状态调节至少 16 小时，然后尽快投入试验。

（3）试板干涂层的厚度测定：采用《色漆和清漆　漆膜厚度的测定》（GB/T 13452.2—2008）规定的非破坏性方法，测定试板干涂层的厚度，以 μm 计。

（4）试板暴露：将试板置于温度为（35±2）℃的盐雾试验箱中。放置时不应将试板放置在雾粒从喷嘴出来的直线轨迹上。每块试板的受试表面朝上，与垂线夹角为 20°±5°。试板的排列应不使其互相接触或与箱体接触，受试表面应暴露在盐雾能无阻碍沉降的地方。

（5）试板检查：关闭盐雾试验箱并使试验溶液通过喷嘴开始流动，在整个规定试验周期内应连续喷雾。定期检查样板，注意不应损伤受试表面。试验结束后，从设备中取出试板，用清洁的温水冲洗以除去试板表面上的试验溶液残留物，而后立即将试板弄干并检查试板表面的损坏现象。

7.4.1.3 热喷涂涂层结合强度试验

热喷涂金属涂层保护是减少甚至避免海上风电机组基础钢结构发生腐蚀破坏的重要措施。在实际应用之前，需要对热喷涂涂层结合强度进行检测，判断涂层结合强度是否满足要求。

1. 试验工具

试验需要的工具有形状如图 7.2 所示的具有硬质刃口的切割工具、黏胶带和辊子等。

2. 试验步骤

（1）使用图 7.2 所示的工具，切出表 7.17 中规定的格子尺寸。

（2）切痕深度，要求应将涂层切断至基体金属。

（3）切割成格子后，采用供需双方协商认可的一种合适黏胶带，借助于一个辊子施以 5N 的荷载将黏胶带压紧在这部分涂层上，然后沿垂直涂层表面方向快速将黏胶带拉开。

（4）无涂层从基体上剥离或每个格子的一部分涂层仍然黏附在基体上，并损坏发生在涂层的层间而不是发生在涂层与基体界面处，则认为合格。

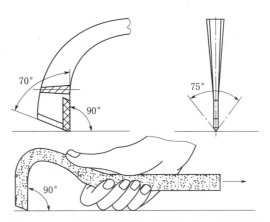

图 7.2 热喷涂涂层结合强度检测切割工具示意图

表 7.17 热喷涂涂层结合强度检测格子尺寸

覆盖格子的近似表面/(mm×mm)	涂层厚度/μm	划痕之间的距离/mm
15×15	≤200	3
25×25	>200	5

7.4.1.4 牺牲阳极电化学性能试验

对于钢结构保护措施中的牺牲阳极系统，需要对锌合金、铝合金和镁合金牺牲阳极的电化学性能进行检测，测试各合金牺牲阳极在海洋环境中的电化学性能。目前常用的检测方法包括常规试验法和加速试验法。

1. 试验工具

试验装置主要由辅助阴极、试验容器、可调电阻、直流电流表、电量计、电源、直流电压表、参比电极等组成，装置如图 7.3 所示。

2. 试验步骤

测试方法包括常规试验法和加速试验法两种。常规试验法是在规定的试验周期内，对阳极试验通以恒定电流，定期监测阳极试样的工作电位。试验结束后，计算阳极试样的实际电容量和电流效率，并观测阳极试样的溶解情况。该方法常用于准确测量牺牲阳极电化学性能。加速试验法是在规定的试验周期内，按规定顺序改变阳极试样的电流密度，定期监测阳极试样的工作电位。试验结束后，计算阳极试样的实际电容量和电流效率，并观测阳极试样的溶解情况。对牺牲阳极产品进行质量控制、对比分析时，使用加速试验法。具体试验步骤如下：

（1）连接试验装置。

（2）将铝阳极试样浸入人造海水或洁净的天然海水中 3 小时，锌、镁阳极试样浸入人造海水或洁净的天然海水中 1 小时。

（3）测量阳极试样的开路电位。

（4）将试验装置通电，调节可调电阻使阳极电流密度保持在表 7.18 的规定值。

（5）每天测量一次阳极试样的工作电位。测量时参比电极的盐桥顶端应尽可能靠近阳极试样表面。

（6）常规试验法的试验周期为 240 小时，加速试验法的试验周期为 96 小时。

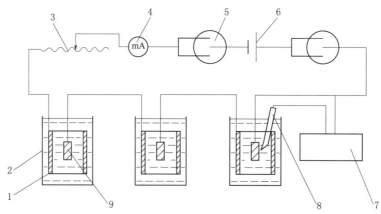

图 7.3　牺牲阳极电化学性能试验装置示意图

1—辅助阴极；2—试验容器；3—可调电阻；4—直流电流表；5—电量计；

6—电源；7—直流电压表；8—参比电极；9—阳极试样

表 7.18　　　　　　　　　牺牲阳极电化学性能试验电流密度规定值

常　规　试　验　法		加　速　试　验　法	
试验时间/h	电流密度/(mA/cm²)	试验时间/h	电流密度/(mA/cm²)
240	1mA/cm² 恒定电流	0～24	1.5
		>24～48	0.4
		>48～72	4.0
		>72～96	1.5

7.4.2　混凝土结构

7.4.2.1　混凝土表面涂层防腐蚀试验

对混凝土进行表面涂层是防止混凝土结构腐蚀的常用方法，在实际工程应用之前需要先对混凝土表面涂层进行试验，包括耐碱性试验、抗氯离子渗透性试验、黏结强度试验等，确保满足条件后方可应用于工程中。

1. 混凝土表面涂层耐碱性试验

（1）试验工具。试验需要的工具有量程为 $0\sim500\mu m$ 的涂层湿膜厚度规、尺寸为 $100mm\times100mm\times100mm$ 的混凝土试块、显微镜式测厚仪、化学纯试剂配制的饱和氢氧化钙溶液等。

（2）试验步骤。

1）试验试件：试验所用混凝土试块共 6 个，标准养护 28 天。试块应采用强度等级不低于 C25 的混凝土，水泥宜选用 32.5 级普通硅酸盐水泥。

2）制作涂层试件：需对混凝土试块每个非成型面用饮用水和钢丝刷刷洗。如有气孔，则用普通硅酸盐水泥砂浆填补。处理完毕后，置于室内，用纸覆盖，自然干燥 7 天，即可涂装。将试验配套的涂料，依照其使用说明书要求，按底层、中间层、面层的顺序进行涂装，同时控制涂层的干膜总厚度为 $250\sim300\mu m$，涂装过程中用湿膜厚度规检测各层的湿膜厚度，并用称重法核实各层涂料的涂布率（kg/m^2 或 L/m^2）。试件制成后，置于室内自然养护 7 天。

3）耐碱性试验：取 3 个试件，如图 7.4 所示，涂料涂层面朝上，半浸于水或饱和氢氧化钠溶液中 30 天。在试验过程中，每隔 1～2 天，检查涂层外观是否有起泡、开裂或剥离等现象。

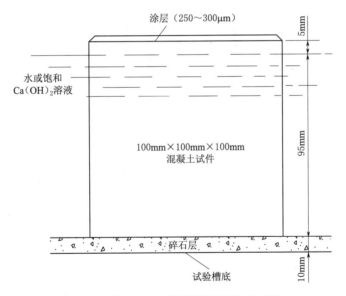

图 7.4 混凝土表面涂层耐碱性试验示意图

4）将余下的 3 个涂层试件，用显微镜式测厚仪检测涂层干膜总厚度，并计算至少 30 个测点的平均厚度。

2. 混凝土表面涂层抗氯离子渗透性试验

（1）试验工具。试验需要的工具有内径为 40～50mm 的有机玻璃试验槽、湿膜厚度规、磁性测厚仪。

（2）试验步骤。

1）制作活动涂层片：采用 150mm×150mm 的涂层细度纸作为增强材料，平铺于玻璃板上,将试验配套的涂料,依照使用说明书的要求,先涂底层涂料一道,再涂中间层涂料两道,面层涂料一道。每一道涂料施涂后,应立即将细度纸掀离玻璃板并悬挂在绳子上,经 24 小时再涂下一道,如此反复施涂,用湿膜厚度规控制涂料形成的涂层干膜总厚度为 $250\sim300\mu m$。按此方法共制作 3 张活动涂层片,制成后悬挂在室内自然养护 28 天,再用磁性测厚仪测量涂层片厚度,供试验使用。

2)抗氯离子渗透性试验:将活动涂层片剪成直径为 60mm 的试件,按图 7.5 所示方法进行抗氯离子渗透性试验。试件涂漆一面朝向 3%生理盐水;细度纸另一面朝向蒸馏水。共用 3 组装置,置于室内常温下进行试验,经 30 天试验结束后测定蒸馏水中氯离子含量。

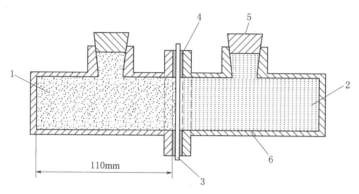

图 7.5　混凝土表面涂层抗氯离子渗透性试验装置示意图
1—3%食盐水;2—蒸馏水;3—试件(活动涂层片);
4—硅橡胶填料;5—硅橡胶塞;6—试验槽

3. 混凝土表面涂层黏结强度试验

(1)试验工具。试验需要的工具有涂层拉拔式附着力测定仪、混凝土表面含水率测定仪、涂层湿膜厚度规、超声波涂层测厚仪或涂层显微镜式测厚仪、化学纯试剂配制的 3%氯化钠溶液、尺寸为 150mm×150mm×150mm 的混凝土试块等。

(2)试验步骤。

1)试验试件:混凝土试块需 5 个,混凝土强度等级不低于 C30,在标准养护条件下自然养护 28 天。

2)制作涂层试件:涂层的涂装面应选取混凝土试块的侧面进行打磨,除去表面浮浆等不牢物,再用洁净淡水清洁;进行湿表面涂料黏结强度试验时,试件表面处理后浸泡在清水中;进行干表面涂料黏结强度试验时,试件表面处理后放置于室内阴干。混凝土涂层试件应按涂层配套体系和涂料说明书要求分别涂装各层涂料。在涂装时应使用涂层湿膜厚度规测定各涂层的湿膜厚度,控制涂层干膜总厚度。

3)涂层黏结强度试验:①取表湿区表面或表干区涂层试件各 3 个,在每一个试件涂层面上随机取 3 个测点,测点边长 30mm×30mm;②用零号细砂纸将每个测点的涂层面打磨粗糙,再用丙酮或酒精等溶剂清洁,涂层拉拔式附着力测定仪的铆钉头型圆盘座也按同样方式打磨和清洁;③在强胶黏剂硬化后,用套筒式割刀将圆盘座周边涂层切除,深度达到混凝土基层,使其与周边外围的涂层完全分离;④用涂层拉拔式附着力测定仪拔出测点上的圆盘座,记录每个测点读数。

4）涂层干膜总厚度测定：取余下的 2 个涂层试件，用超声波涂层测厚仪或涂层显微镜式测厚仪测定涂层干膜总厚度，每个试件测点数不少于 10 个。随后计算涂层干膜厚度的最大值、最小值和平均值。

7.4.2.2　混凝土抗氯离子渗透性试验

海洋环境中氯离子是穿透力极强的腐蚀介质，容易渗透进混凝土内部，造成钢筋腐蚀、混凝土膨胀等危害。因此，对混凝土需要进行抗氯离子渗透性试验。目前混凝土抗氯离子渗透性试验主要有电通量和电迁移两种。

1. 混凝土抗氯离子渗透性电通量试验

（1）试验工具。试验需要的工具有塑料或有机玻璃试验槽、紫铜垫板［宽为（12±2）mm，厚度为 0.51mm；铜网孔径为 0.95mm 或 20 目］、60V 直流稳压电源、数字式电流表、真空泵、真空干燥器、化学纯试剂配制的 3％氯化钠溶液、化学纯试剂配制的 0.3mol/L 氢氧化钠溶液、硅橡胶或树脂密封材料、硫化橡胶垫子（外径 100mm，内径 75mm，厚 6mm）等。

（2）试验步骤。抗氯离子渗透性电通量试验可用电通量指标快速测定混凝土的抗氯离子渗透性，但不得用于掺亚硝酸盐和钢纤维等良导电材料的混凝土。

1）试验试件：试验采用直径为（95±2)mm、厚度为（51±3)mm 的素混凝土试件或芯样试件。试件应在标准养护条件下养护 28 天或 56 天。试验时 3 个试件为一组。

2）将浓度为 3％氯化钠溶液和 0.3mol/L 氢氧化钠溶液分别注入试件两侧的试验槽中，氯化钠溶液的试验槽内的铜网连接电源负极；氢氧化钠溶液的试验槽内的铜网连接电源正极。

3）接通电源，两铜网施加 60V 直流恒电压，并记录电流初始读数，通电并保持试验槽中充满溶液，开始时每隔 5 分钟记录一次电流值；当电流值变化不大时，每隔 10 分钟记录一次电流值；当电流变化很小时，每隔 30 分钟记录一次电流值，直至通电 6 小时。

4）采用自动采集数据的测试装置时，记录电流的时间间隔设定为 5 分钟，电流测量值精确到±0.5mA。

5）结果处理：绘制电流与时间关系图。将各点数据用光滑曲线相连，对曲线作面积积分，或按梯形法进行面积积分，得到试验 6 小时通过的电量。若试件直径不等于 95mm 时，将所得的电量按截面面积比的正比关系换算成直径为 95mm 的标准值。

6）结果评定：①取同组 3 个试件通过电量的算术平均值；②同组 3 个试件通过电量的最大值或最小值，与中间值之差有一个超过平均值的 20％时，取中间值；③同组 3 个试件通过的电量的最大值和最小值，与中间值之差均超过平均值的 20％时，该组数据无效。

2. 混凝土抗氯离子渗透性扩散系数电迁移试验

（1）试验工具。试验需要的工具有橡胶套筒、电解质水槽、阳极和阴极、不锈钢管卡、真空泵、真空容器、温度计或可读热电偶、两脚规和游标卡尺、符合标准的蒸馏水或去离子水、分析纯试剂配制的饱和氢氧化钙溶液、化学纯试剂配制的 10％氯化钠溶液 12L、化学纯试剂配制的 0.3mol/L 氢氧化钠溶液约 300mL、显色指示剂（分析纯试剂配制的 0.1mol/L 的硝酸银溶液）等。

（2）试验步骤。

抗氯离子渗透性电通量指标快速测定混凝土的抗氯离子渗透性，如图 7.6 所示，但不得用于掺亚硝酸盐和钢纤维等良导电材料的混凝土。

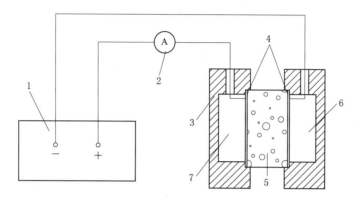

图 7.6 混凝土抗氯离子渗透性电通量试验装置示意图
1—直流稳压电源；2—电流表；3—试验槽；4—紫铜垫板和铜网；
5—混凝土试件；6—3％氯化钠溶液；7—0.3mol/L 氢氧化钠溶液

1）试件制作：试验采用直径为 100mm、厚度为 100mm、骨料最大粒径不大于 25mm 的混凝土试件，试件用内径为 100mm、高度为 100mm 的圆柱体钢模按标准方法成型，或对硬化混凝土钻芯取样，试验以 3 个试件为一组。试件成型后立即用塑料薄膜覆盖并放入标准养护室内，经 24 小时后拆模并进行标准养护。养护完成后，将试块切割成两个直径为 100mm、厚度为 50mm 的圆柱形试件。用刷子清洗表面及缝隙浮灰，擦去水分，置于空气中干燥后，将试件放入真空容器中抽真空处理。

2）将浓度为 10％的氯化钠溶液注入阴极电解质水槽中，将 0.3mol/L 氢氧化钠溶液注入橡胶套筒内约 300mL，将橡胶套筒放入阳极电解质水槽中，测量此时氢氧化钠溶液的初始温度；注入氯化钠溶液的电解质水槽中的阴极连接电源负极，注入氢氧化钠溶液的橡胶套筒中的阳极连接电源正极，如图 7.7 所示。

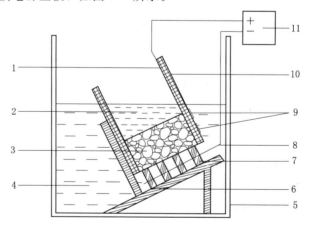

图 7.7 混凝土抗氯离子渗透性扩散系数电迁移试验装置示意图
1—阳极；2—阳极溶液；3—试件；4—阴极溶液；5—电解质水槽；6—有机玻璃支架；
7—阴极架；8—阴极；9—不锈钢管卡；10—橡胶套筒；11—直流稳压电源

3）以 3 个试件为一组，分别与电源的接口相连。接通电源后，调节各回路电压到 30V，分别观察各回路初始电流，根据初始电流值选择试验电压；根据实际施加的试验电压测得的试验电流，选择试验时间进行试验。通电结束测量氢氧化钠溶液的最终温度。

4）取出试件并用自来水冲洗表面，再用干抹布擦干，立即用压力试验机沿轴向劈成两半。在断面处喷涂 0.1mol/L 的硝酸银溶液，放置 15 分钟。用两脚规和游标卡尺测量白色氯化银标示的渗透深度，从正中间向两边每隔 10mm 测量一个数据，精确到 0.1mm，共测得 7 个数据。根据试验结果计算氯离子扩散系数。

7.4.2.3 钢筋阻锈剂防锈性能试验

使用钢筋阻锈剂是一种抑制钢筋电化学腐蚀的有效措施，在实际应用之前，需要先对钢筋阻锈剂的防锈性能进行试验。试验模拟不同环境，评测其防锈性能，主要有盐水溶液、电化学环境、盐水浸烘。

1. 钢筋阻锈剂在盐水溶液中的防锈性能试验

（1）试验工具。试验需要的工具有干燥器、玻璃磨口瓶、热风机、便携式热风筒、HPB235 钢筋、分析纯氯化钠、分析纯氢氧化钙、符合标准的蒸馏水或去离子水、化学纯乙醇或丙酮等。

（2）试验步骤。

1）试验试件：试验所用钢筋直径为 10mm，长度为 50mm，表面粗糙度不低于 6.3μm，以 3 根钢筋为一组。用乙醇或丙酮除去钢筋上的油脂等物质，并用热风机吹干，经检查无锈痕后放入干燥器内备用。

2）在 250g 蒸馏水或去离子水中先后加入 3g 氢氧化钠、钢筋阻锈剂、5.75g 氯化钠并搅拌均匀，边搅拌边加入蒸馏水或去离子水至 500g，共配置 3 瓶。

3）将 3 根钢筋试件分别没入 3 瓶盛满试验用盐水溶液的玻璃磨口瓶中，钢筋试件顶面距液面不少于 30mm，盖紧玻璃磨口瓶瓶盖。试验环境温度为（22±5）℃，试验时间至少 7 天。若同组 3 根钢筋表面无锈蚀痕迹或瓶中溶液无腐蚀锈迹，则为无腐蚀发生。

2. 钢筋阻锈剂电化学综合防锈性能试验

（1）试验工具。试验需要的工具有钢筋锈蚀测量仪、电解池试验箱、烘箱、干燥器、热风机、便携式热风筒、HPB235 钢筋、分析纯氯化钠、分析纯氯化钾、符合标准的蒸馏水或去离子水、化学纯乙醇或丙酮、环氧树脂类密封材料等。

（2）试验步骤。

1）钢筋试验试件：试验所用钢筋直径为 10mm，长度为 50mm，表面粗糙度不低于 6.3μm，以 3 根钢筋为一组。用乙醇或丙酮除去钢筋上的油脂等物质，并用热风机吹干，经检查无锈痕后放入干燥器内备用。

2）砂浆试验试件：砂浆配合比按强度等级为 42.5 硅酸盐水泥、标准砂和水按 1∶20∶5 的质量比例成型，钢筋阻锈剂的加入量按产品说明书的推荐量确定，试件用直径为 50mm、高度为 50mm 的模具按标准方法成型，以 3 个试件为一组。将钢筋试件插入砂浆试件正中央，埋深为 30mm，并振捣密实。成型后置于标准养护室，24 小时后拆模并标准养护 7 天。养护结束后，将试件置于（60±5）℃烘箱中 24 小时，取出自然冷却 30 分钟。

3）将砂浆试件放入电解池试验箱中，钢筋锈蚀测量仪电源负极接不锈钢环状辅助电极，电源正极接砂浆试件钢筋引出导线测量电极，参比电极接饱和甘汞参比电极，如图7.8所示。在电解池试验箱中注入 3%氯化钠溶液，液面高度（45±2）mm。施加 1200mV的恒定电压保持 168 小时。随后分别测量 3 个试件通电 168 小时后的电流值。当试验结果代表值小于 150μA 时，认为钢筋无锈蚀发生。

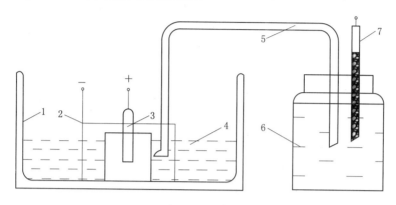

图 7.8　钢筋阻锈剂电化学综合防锈性能试验装置示意图
1—电解池；2—不锈钢环状辅助电极；3—钢筋试件；4—3%氯化钠试验溶液；
5—玻璃盐桥；6—饱和氯化钾溶液；7—饱和甘汞参比电极

3. 钢筋阻锈剂在盐水浸烘环境中防锈性能试验

（1）试验工具。试验需要的工具有烘箱、干燥器、热风机、便携式热风筒、HPB235钢筋、游标卡尺、分析纯氯化钠、化学纯乙醇或丙酮、塑料密封箱等。

（2）试验步骤。

1）钢筋试验试件：试验所用钢筋直径为 10mm，长度为 120mm，表面粗糙度不低于6.3μm，以 3 根钢筋为一组。用乙醇或丙酮除去钢筋上的油脂等物质，并用热风机吹干，用游标卡尺测量钢筋直径并编号，检查无锈痕后用纸包裹后放入干燥器内。

2）混凝土试验试件：混凝土试件尺寸为 200mm×100mm×50mm，保护层厚度为20mm，粗骨料粒径为 5～15mm，砂率为 0.38，水灰比为 0.6。试件成型数量为基准混凝土试件不少于 8 个，掺加钢筋阻锈剂混凝土试件不少于 6 个。基准混凝土试件及掺加钢筋阻锈剂的混凝土试件中均掺入质量分数为 3.5%的氯化钠溶液，钢筋阻锈剂的掺入量按产品说明书的推荐量加入。成型前在试模内放置 2 根钢筋试件，钢筋试件两头采用端头板和木楔固定，如图 7.9 所示。混凝土装入试模后振捣密实，成型 24 小时后卸去端头板和木楔，在试件两端浇筑水灰比为 0.50 的封闭砂浆，并插捣密实。试块在成型 72 小时后再拆模，并放入标准养护室养护 7 天。

3）养护结束后，将试件置于（80±5）℃烘箱中 24 小时，取出自然冷却 30 分钟。冷却完毕后将试件放入装有 3.5%氯化钠溶液的密闭塑料箱中浸泡 96 小时，然后再放入（60±5）℃的烘箱中烘 72 小时。

4）以浸泡 96 小时、烘 72 小时为一个循环。试件浸烘 4 个循环后，劈开 1 个基准试件，测定钢筋锈蚀面积百分率，当钢筋锈蚀面积达到 15%及以上时，劈开掺加钢筋阻锈剂的试件进行测定；当基准试件的钢筋锈蚀面积小于 15%时，再进行 1 个浸烘循环，然后再测定基准试件的钢筋锈蚀面积，直至锈蚀面积大于15％后停止浸烘循环。浸泡过程中保持氯化钠溶液浸没试件，且试件间距不小于10mm。

5）试验结束后检查试块，当封闭砂浆与混凝土裂开或钢筋的混凝土保护层厚度小于16mm时，该试件作废，有效的基准混凝土、掺加钢筋阻锈剂混凝土试件数量不少于4个。劈开试件取出钢筋，用透明纸包裹在钢筋表面描绘锈蚀轮廓，在方格纸上统计钢筋锈蚀面积，分别计算基准混凝土钢筋和掺加钢筋阻锈剂混凝土钢筋的平均锈蚀面积。

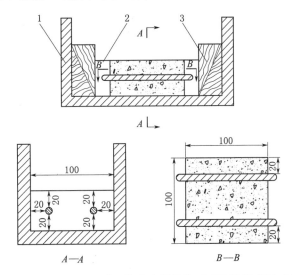

图 7.9　钢筋阻锈剂在盐水浸烘环境中防锈性能试验装置示意图（单位：mm）

1—试模；2—钢筋试件固定端板；3—木楔

思 考 题

1. 简述海上风电机组基础的防腐蚀意义。

2. 海上风电机组基础有哪些腐蚀分区？各分区的腐蚀有何特点？

3. 简述海上风电机组基础钢结构的局部腐蚀类型及特点。

4. 简述海上风电机组基础混凝土结构的腐蚀类型及影响因素。

5. 海上风电机组基础钢结构及混凝土结构的防腐蚀措施有哪些？各项措施有何特点？

6. 简述海上风电机组基础钢结构及混凝土结构的防腐蚀设计要求。

参 考 文 献

［1］ GB/T 1740—2007 漆膜耐湿热测定法［S］

［2］ GB/T 1771—2007 色漆和清漆　耐中性盐雾性能的测定［S］

［3］ NB/T 31006—2011 海上风电场钢结构防腐蚀技术标准［S］

［4］ GB/T 17848—1999 牺牲阳极电化学性能试验方法［S］

［5］ JTS/T 209—2020 水运工程结构防腐蚀施工规范［S］

［6］　NB/T 31133—2018 海上风电场风力发电机组混凝土基础防腐蚀技术规范［S］

［7］　JTS 151—2011 水运工程混凝土结构设计规范［S］

［8］　JTS 202—2011 水运工程混凝土施工规范［S］

［9］　JTS 202-2—2011 水运工程混凝土质量控制标准［S］

［10］　侯保荣. 海洋钢结构浪花飞溅区腐蚀控制技术［M］. 北京：科学出版社，2011.

［11］　王健，高宏飚，刘碧燕. 海上风电防腐技术［M］. 北京：中国电力出版社，2018.

［12］　马爱斌，江静华. 海上风电场工程防腐工程［M］. 北京：中国水利水电出版社，2015.

附录　海上风电机组基础结构设计常用标准规范清单

1. 通用设计标准

(1)《风电场工程等级划分及设计安全标准》(NB/T 10101—2018)

(2)《风电机组地基基础设计规定》(FD 003—2007)

(3)《港口工程结构可靠性设计统一标准》(GB 50158—2010)

(4)《海上风电场工程风电机组基础设计规范》(NB/T 10105—2018)

(5)《海上风力发电场勘测标准》(GB 51395—2019)

(6)《陆地和海上风电场工程地质勘察规范》(NB/T 31030—2012)

(7)《海上平台场址工程地质勘察规范》(GB/T 17503—2009)

(8)《海上风电场风能资源测量及海洋水文观测规范》(NB/T 31029—2012)

(9)《港口工程荷载规范》(JTS 144 - 1—2010)

(10)《中国海海冰条件及应用规定》(Q/HSn 3000—2002)

(11)《钢结构设计标准》(GB 50017—2017)

(12)《混凝土结构设计规范》(GB 50010—2010)(2015 年版)

(13)《建筑抗震设计规范》(GB 50011—2010)(2016 年版)

(14)《高耸结构设计规范》(GB 50135—2019)

(15)《风力发电场设计规范》(GB 51096—2015)

(16)《海上风力发电场设计标准》(GB 51308—2019)

(17)《海上风力发电机组设计要求》(GB/T 31517—2015/IEC 61400 - 3：2009)

(18)《海上风电场风力发电机组基础技术要求》(GB/T 36569—2018)

(19)《码头结构设计规范》(JTS 167—2018)

(20)《水运工程钢结构设计规范》(JTS 152—2012)

(21)《水运工程混凝土结构设计规范》(JTS 151—2011)

(22)《水运工程混凝土施工规范》(JTS 202—2011)

(23)《水运工程抗震设计规范》(JTS 146—2012)

(24)《港口与航道水文规范》(JTS 145—2015)

(25)《滩海环境条件与荷载技术规范》(SY/T 4084—2010)

(26)《风力发电场项目建设工程验收规程》(GB/T 31997—2015)

(27)《海上风电场风力发电机组基础维护技术规程》(NB/T 10218—2019)

(28)《海上风电场工程施工安全技术规范》(NB/T 10393—2020)

(29)《海上固定平台规划、设计和建造的推荐作法——荷载抗力系数设计法(增补 1)》(SY/T 10009—2002)

（30）《海上固定平台规划、设计和建造的推荐作法　工作应力设计法》（SY/T 10030—2018）

（31）《浅海钢质固定平台结构设计与建造技术规范》（SY/T 4094—2012）

（32）《海上风力发电机组认证指南》（2021）

（33）《海上风机平台作业指南》（2011）

（34）《海上浮式风机平台指南》（2021）

（35）《海上固定平台入级与建造规范》（1992）

（36）《海上移动平台入级与建造规范》（2005）

（37）《浅海固定平台建造与检验规范》（2004）

（38）《海上固定平台安全规则》（2000）

（39）《钢质海船入级规范》（2018）

（40）《钢质海船入级与建造规范》（2001）

2. 钢结构设计标准

（1）《钢及钢产品交货一般技术要求》（GB/T 17505—2016）

（2）《船舶及海洋工程用结构钢》（GB/T 712—2011）

（3）《低合金高强度结构钢》（GB/T 1591—2018）

（4）《厚度方向性能钢板》（GB/T 5313—2010）

（5）《结构用无缝钢管》（GB/T 8162—2018）

（6）《碳素结构钢》（GB/T 700—2006）

（7）《热轧花纹钢板及钢带》（GB/T 33974—2017）

（8）《热轧 H 型钢和部分 T 型钢》（GB/T 11263—2017）

（9）《结构用冷弯空心型钢》（GB/T 6728—2017）

（10）《无缝钢管尺寸、外形、重量及允许偏差》（GB/T 17395—2008）

（11）《热轧钢板表面质量的一般要求》（GB/T 14977—2008）

（12）《钢结构焊接规范》（GB 50661—2011）

（13）《材料与焊接规范》中国船级社（2018）

（14）《海上风力发电机组钢制基桩及承台制作技术规范》（NB/T 31080—2016）

（15）《浅海固定平台建造与检验规范》中国船级社（2004）

（16）《钢结构高强度螺栓连接技术规程》（JGJ 82—2011）

（17）《钢结构用高强度大六角头螺栓》（GB/T 1228—2006）

（18）《钢结构用高强度大六角头螺栓、大六角螺母、垫圈技术条件》（GB/T 1231—2006）

（19）《钢结构用扭剪型高强度螺栓连接副》（GB/T 3632—2008）

（20）《水利水电工程压力钢管制作安装及验收规范》（GB 50766—2012）

3. 混凝土结构设计标准

（1）《水工混凝土结构设计规范》（DL/T 5057—2009）

（2）《水工混凝土试验规程》（SL 352—2006）

（3）《水工混凝土试验规程》（DL/T 5150—2017）

（4）《水工混凝土施工规范》（SL 677—2014）

（5）《用于水泥、砂浆和混凝土中的粒化高炉矿渣粉》（GB/T 18046—2017）

（6）《用于水泥和混凝土中的粉煤灰》（GB/T 1596—2017）

（7）《水泥砂浆和混凝土干燥收缩开裂性能试验方法》（GB/T 29417—2012）

（8）*Petroleum and Natural Gas Industries—Concrete Offshore Structures*（ISO 19903：2019）

4. 附属设施

（1）《橡胶护舷》（HG/T 2866—2016）

（2）《钢格栅板及配套件　第1部分：钢格栅板》（YB/T 4001.1—2007）

（3）《海上平台栏杆》（CB/T 3756—2014）

（4）《固定式钢梯及平台安全要求》（GB 4053.1～4053.3—2009）

（5）《码头附属设施技术规范》（JTS 169—2017）

（6）《船舶靠泊海上设施作业规范》（SY/T 10046—2012）

（7）《土工合成材料　长丝机织土工布》（GB/T 17640—2008）

（8）《水运工程土工合成材料应用技术规范》（JTJ 239—2005）

（9）《水运工程土工织物应用技术规程》（JTJ/T 239—98）

5. 防腐蚀设计标准

（1）《海上风电场钢结构防腐蚀技术标准》（NB/T 31006—2011）

（2）《海上风电场工程防腐蚀设计规范》（NB/T 10626—2021）

（3）《海上风电场风力发电机组混凝土基础防腐蚀技术规范》（NB/T 31133—2018）

（4）《沿海及海上风电机组防腐技术规范》（GB/T 33423—2016）

（5）《海上风力发电机组防腐规范》（GB/T 33630—2017）

（6）《水运工程结构防腐蚀施工规范》（JTS/T 209—2020）

（7）《涂覆涂料前钢材表面处理表面清洁度的目视评定　第1部分：未涂覆过的钢材表面和全面清除原有涂层后的钢材表面的锈蚀等级和处理等级》（GB/T 8923.1—2011）

（8）《海上钢质固定石油生产构筑物全浸区的腐蚀控制》（SY/T 10008—2016）

（9）《色漆和清漆　防护涂料体系对钢结构的防腐蚀保护》（GB/T 30790.1—2014～GB/T 30790.8—2014）

（10）《色漆和清漆　海上建筑及相关结构用防护涂料体系性能要求》（GB/T 31415—2015）

（11）《色漆和清漆　漆膜厚度的测定》（GB/T 13452.2—2008）

（12）《色漆和清漆　摆杆阻尼试验》（GB/T 1730—2007）

（13）《色漆和清漆　铅笔法测定漆膜硬度》（GB/T 6739—2006）

（14）《铝-锌-铟系合金牺牲阳极》（GB/T 4948—2002）

（15）《铝-锌-铟系合金牺牲阳极化学分析方法》（GB/T 4949—2007）

（16）《牺牲阳极电化学性能试验方法》（GB/T 17848—1999）

（17）《港工设施牺牲阳极保护设计和安装》（GJB 156A—2008）

（18）《海船牺牲阳极阴极保护设计和安装》（CB/T 3855—2013）

（19）《锌铬涂层技术条件》（GB/T 18684—2002）

（20）《色漆和清漆　防护涂料体系对钢结构的防腐蚀保护》（ISO 12944 - 1～9—2017）

（21）《涂覆涂料前钢材面处理　表面清洁度的评定试验　第 4 部分：涂覆涂料前凝露可能性的评定导则》（ISO 8502 - 4：2017）

（22）《色漆和清漆　海上建筑及相关结构用防护涂料体系性能要求》（GB/T 31415—2015）

（23）《海上平台结构压载水舱涂层体系评估》（NACE TM 0104—2004）

（24）《浸入海水中（的构件）外部防护涂层标准试验方法》（NACE TM 0204—2004）

（25）《海上平台大气区和浪溅区维修用涂层体系的评估》（NACE TM 0304—2004）

（26）《海上平台大气区和浪溅区新建防腐用涂层体系的评估》（NACE TM 0404—2004）

（27）《使用防护涂层对海上平台结构进行腐蚀控制》（NACE SP0108—2008）

（28）《海港工程钢筋混凝土结构电化学防腐蚀技术规范》（JTS 153 - 2—2012）

6. 挪威船级社标准

（1）*Support Structures for Wind Turbines*《风机支撑结构》（DNVGL - ST - 0126—2018）

（2）*Design of Offshore Steel Structures，General - LRFD Method*《海洋钢结构设计概述-荷载与抗力系数法》（DNVGL - OS - C101—2018）

（3）*Offshore Concrete Structures*《近海混凝土结构》（DNV - OS - C502—2018）

（4）*Marine and Machinery Systems and Equipment*《海洋和机械系统及设备》（DNVGL - OS - D101—2018）

（5）*Fire Protection*《防火》（DNVGL - OS - D301—2017）

（6）*Metallic Materials*《金属材料》（DNVGL - OS - B101—2018）

（7）*Stability and Watertight Integrity*《稳定性与水密完整性》（DNVGL - OS - C301—2018）

（8）*Fabrication and Testing of Offshore Structures*《海洋结构的制造与测试》（DNVGL - OS - C401—2018）

（9）*Cathodic Protection Design*《阴极保护系统的设计》（DNVGL - RP - B401—2017）

（10）*Column Stabilised Units*《柱的稳定性》（DNVGL - RP - C103—2018）

（11）*Fatigue Design of Offshore Steel Structures*《海洋钢结构疲劳设计》（DNVGL - RP - 0005—2016）

（12）*Environmental Conditions and Environmental Loads*《海洋环境条件和环境负荷》（DNV - RP - C205—2017）

（13）*Design Against Accidental Loads*《事故设计荷载》（DNV - RP - C204—2017）

（14）*Geotechnical Design and Installation of Suction Anchors in Clay*《岩土工程勘察与设计》（DNVGL - RP - E303—2017）

（15）*Composite Components*《复合结构》（DNV - OS - C501—2017）